5125

4차 산업혁명 시대에 안전보건문화
수준 향상을 위한 혁명을 어떻게 할 것인가?

안전문화 혁명

윤 양 배 지음

(사)대한산업안전협회 회장

㈜지구문화
JIGU CULTURE Co.Ltd

프롤로그

안전문화혁명의 주체자가 되기 위한 아홉가지 제언

최근 문재인 정부 대통령 공약사항인 〈3대 사망사건(산업안전, 교통, 자살) 절반감축사업〉이 효과를 발휘하고 있습니다. 근래에 이처럼 대통령으로부터 총리실 이하 정부부처에서 관심있게 노력해본 일이 없으며, 특히 공공기관 경영평가에 안전분야를 포함함으로서 획기적인 성과를 거두고 있습니다. 그럼에도 이 또한 안전분야 전문가의 입장에서 보면 아쉬운 면이 없지 않습니다.

그러나 이러한 정책도 '언발에 오줌누기'식에 불과하다고 할 수 있습니다. 재해예방은 투자한 만큼 좋은 결과를 얻을 수 있으므로 확실하게 크로스 체크할 수 있는 제도적인 뒷받침이 되어야 지속가능한 효과를 발휘할 수 있습니다.

우리나라는 50~60년 동안 압축고도성장을 목표로 그 동안 파격적인 성장, 필사의 노력으로 도약을 하여 온 국민의 DNA가 하루아침에 바뀔 수는 없습니다. 심지어 지도층까지도 부지불식간에 압축고도경제성장에 대한 DNA가 내재되어 있어서 안전에 높은 비중을 두어 안전문화를 꽃을 피우기에는 어려움을 있다 해도 과언이 아닙니다.

따라서 우리나라의 안전보건문화 수준을 향상시키기 위해서 변화와 개혁만으로는 한계가 있으며, 가히 혁명적인 발상으로 그동안 압축고도성장에 대한 집착을 바꾸어야만 합니다. 그러기 위해서는 폭넓은 안전보건에 대한 이해와 안전보건문화 수준향상을 위한 노력을 새마을 운동 이상 범 국가적으로 전국민이 참여할 수 있도록 정부가 선도하여 총력을 기울여야 한다는 것입니다.

민 · 관 · 학 협력 속에 차근차근 정진해 나아간다면 경제발전의 기적을 이룬 것처럼 안전문화 수준향상도 성공의 꽃을 피울 것입니다.

우리나라는 촛불문화운동이 촛불문화혁명으로 승화되어 “이게 나라냐?”라는 과거를 청산하고 이제 “나라다운 나라”를 만들겠다는 현 정부의 개혁 물결이, 안전분야에도 흘러들어서 안전문화 수준향상을 위한 주춧돌을 쌓아가고 있어서 천만다행이라 할 수 있습니다.

이 책은 ‘안전보건문화 수준향상’이라는 목표의 대 전제 하에 안전문화의 근본이 되는 이념이나 철학을 4대 성인과 4대 종교, 그리고 우리나라 정신문화 근간을 이루었던 유교문화에서 찾은 것입니다. 또한 대학연의(大學衍義)의 4서 3경(논어論語, 맹자孟子, 중용中庸, 대학大學, 시경詩境, 서경署經, 주역周易에 예기禮記, 춘추春秋)까지 포함하여 정리하였으며, 특히, 대학(大學)을 중심으로 3강령(三綱領) 8조목(八條目)으로 무려 43권의 방대한 내용의 핵심을 정리하여 수록했습니다.

여기서 잠깐 한학(漢學), 특히 대학연의(大學衍義)에 대하여 부연하자면, 필자가 어렸을 때부터 아버님으로 부터 한학공부를 한 자로서 읽어본 소감은 심오하고 깊은 철학이 들어있는 4서3경(四書三經) 등이 포함된 대학연의는 조선의 정치철학서로서 바로 조선 정치의 근간에 되었던 것입니다. 그런데 왜? 이와 같은 유학(儒學)이 조선을 “4색 당쟁으로 나라를 망하게 만들었다.”라는 낙인이 찍혀있을까? 하는 의문이 들었습니다.

대학연의(大學衍義)는 4서 3경(四書三經) 등이 너무나 어렵기 때문에 송나라 대 유학자 진덕수(眞德秀, 1178~1235)가 후세들이 좀 더 쉽게 이해하도록 정리하여 만든 책입니다. 그 후 중국 요순왕 등 역대왕들은 물론이고 이조 개국왕 이태조부터 임금들이 경연을 펼쳤으며 세종대왕께서 대학연의(大學衍義)를 무려 100번 이상 탐독하여 성군이 되었다는 기록도 있습니다.

이 책은 내용도 어렵지만 한자로 되어있어서 일반국민이 접근하기가 쉽지 않다고 판단하여 서울대 행정대학원에서 2013년에 국가리더십센터를 설립하여 김병섭 교수님을 중심으로 수 많은 교수님들께서 참여해서 한글판으로 편집되어 수천 페이지달하는 내용을 상 · 중 · 하권으로 최근에 출판 · 보급하고 있습니다.

조선은 500여년의 역사에 찬란한 문화유산(한글, 해시계, 거북선 등)과 세종대왕, 이순신, 이율곡, 이황, 정약용, 장영실, 송시열 등 훌륭한 위인들도 많이 배출하였습니다. 그러나 4서3경(四書三經)이 포함된 대학연의가 너무나 어렵기 때문에 일부분만 공부한 정치인들이 서로 자기주장을 하다가 4색 당쟁이 심화되지 않았을까? 하는 생각이 들어서, 왜 진작 쉽게 번역한 책이 출판되어 조선시대에 모든 유생들이 방대한 내용을 모두공부했다면 그러한 4색 당쟁이 격화되지는 않았을 것이 아닌가? 하는 마음에 역사는 가정(假定)이 없다지만 아쉬운 생각을 떨쳐버릴 수가 없었습니다. 그러나 안전문화의 뿌리가 대학연의에 있음을 직시하였다는 자체만으로도 큰 위안으로 여깁니다.

문재인 대통령취임사(2017.5.10.)에서 "오늘부터 나라를 나라답게 만드는 대통령이 되겠다."고 한 것이 단순한 의미가 아니고 이미 성인과 성현들이 깊게 연구한 결과물이라는 것을 알게 되었습니다. 따라서 안전문화의 꽃을 피우기 위해서는 공공기관이 앞장서야 하며, 공공기관에서는 물론 민간기관도 "대학연의(大學衍義), 리더십을 말하다."를 설파하고 실행하여야만 그 토대 위에 안전문화의 꽃을 피울 수 있다고 생각합니다.

대한민국 현대사에서 바쁘게만 살아 온 국민들의 고착화된 '빨리빨리'라는 DNA가 바뀌려면, 담배 니코틴이 몸에서 모두 빠지는데 담배 피우는 기간 만큼의 시간이 걸리듯 압축고도성장기간 만큼 기다릴 수는 없는 일로, 안전문화의 수준향상방안을 구체적으로 제시하면서 방법론적으로 "안전문화혁명"을 이루자는 주장을 하는 바입니다.

안전문화 혁명을 이루기 위하여, **첫 번째**로 4차 산업혁명에 따른 안전문화의 대응방안을 논하기 위해 문화의 특성과 태도, 동서양 문화의 차이를 설명하였으며 문화와 안전문화의 근본적인 이념과 철학을 제시하였습니다.

두 번째로는 안전문화의 수준향상을 위한 PDCA(Plan, Do, Check, Action)로 1단계 법적(규제)기반에 의한 안전관리가 완벽한 수준으로 실행되고 2단계로 리스크(위험)기반에 의한 안전관리를 하여야 하며 1단계, 2단계가 완벽하게 이루어져야 마지막 3단계로 안전문화 수준이 향상할 수 있다는 "안전문화 수준향상"을 위한 3단계 발전론을 제시하였습니다.

세 번째는 수십년동안 갈고 닦은 안전과 청렴(감사)은 동전의 양면으로 안전과 청렴(감사)에 대한 전략적인 추진방안으로 활용할 수 있는 기본이론을 체계적으로 제시하였으며 이를 바탕으로 안전문화 수준이 향상된다는 것을 보여주고자 노력을 하였습니다.

네 번째는 리스크(위험)기반에 의한 안전관리를 위해서 최신 안전관리 기법은 물론 안전관리의 마지막 총서라 할 수 있는 ISO45001안전보건경영시스템의 탄생 배경부터 활용방안까지 제시하여 현장에서의 안전문화수준향상을 실행력을 높이고자 하였습니다.

다섯 번째로 우주의 삼라만상에서 안전문화 이념과 철학의 근본 뿌리는 4대종교, 4대성인의 영향을 받았지만 특히, 우리나라는 대동사회의 이상사회 구현을 위한 유가사상의 본류를 체계적으로 정리한 대학연의(大學衍義)를 제시하였으며, 여기에 단군고조선의 이념인 홍익인간 사상까지 제시함으로써 근본 뿌리를 완성하였습니다.

여섯 번째로 안전문화를 그동안"코끼리 다리만지는 식"의 내용들이 난무하였으나, 안전문화의 개념과 이론을 체계적으로 정리하여 우주에서 안전문화를 코끼리에 비유하였으며 코끼리가 머리에서부터 몸통, 꼬리까지 체계적으로 선명하게 보일 수 있도록 모듈(Module)화를 하여 혼선방지와 편의성을 극대화하고자하였습니다.

일곱 번째로 4차 산업혁명 시대에는 아직도 경험과 지식에 근거하여 미래를 예측하고 의사결정을 내리고 있지는 않는가? 파괴적이고 다양한 미래의 변화는 특히 비즈니스 세계에서 조직의 미래 및 사업의 존폐 여부에 지대한 영향을 미치게 될 것입니다. 따라서 미래를 뒤바꿀 근본적 변화는 무엇인가? 변화를 예측할 기술은 준비하고 있는가? 지금까지의 지식으로 미래에 대응 할 수 없습니다.

우리가 이미 알고 있는 지식과 직관을 새로 정립해야 한다고들 주장하는 것은 너무나 당연한 귀결입니다. 하지만 가장 중요한 것은 4차 산업혁명도 그 이전과 마찬가지로 설계, 제조, 설치, 이전, 변경 할 때부터 근원적인 안전대책을 우선순위로 고려한 안전문화수준이 되어야 만이 안전문화혁명이 성공할 수 있다는 것을 강조하였습니다.

여덟 번째로 이 책에서는 그림에서 보는 바와 같이 안전문화혁명의 근본을 이상사회 국가 건설을 위한 대학연의(大學衍義)대동사상과 우리민족의 뿌리인 단군조선의 홍익인간을 바탕으로 한 안전, 문화, 혁명을 설명하였으며 이공계와 인문사회의 융합 학문으로서 너무나 방대하기에 가능한 1장과 2장, 5장은 누구나 쉽게 볼 수 있도록 하였으며 3장과 4장 안전보건관계자와 관심이 있는 사람이 볼 수 있도록 편집하였습니다.

마지막 아홉 번째로 본서 출간을 위해 헌신적으로 노력하며 선도적으로 연구하여 주신 안전보건전문가, 안전협회 임직원과 ㈜지구문화 대표이사 및 임직원에게 감사드립니다. 특히 안전문화 수준향상은 범국가적인 차원에서 혁명적으로 하여야 한다는 저의 출판기획의도에 공감하여 추천사를 기꺼이 써주신 노사정 대표로 이재갑 고용노동부 장관님, 김주영 한국노총위원장님, 손경식 경총회장님, 그리고 입법부 대표로 정세균 20대 국회의장님, 사법부 대표로 김지형 전 대법관님께 무한한 감사를 드립니다.

안전 · 문화 · 혁명

안전(보건)문화 혁명의 배경

■ 안전(보건)

- 법적 · 규제기반에 의한 안전관리(1단계)
- 위험기반에 의한 안전관리(2단계)
- 안전보건문화수준향상(3단계)
- 위험감수성사회
- 존 허베이(John Harvey)와 하인리히(Herbert William Heinrich) 이론
- 인간의 과오와 의식
- 기술적인 대책의 우선순위

■ 문화

① 사회구성원에 의해 습득, 공유, 전달이 되는 행동양식

– 또는 생활양식의 과정 및 그 과정에서 이룩해낸 물질적, 정신적 소산을 통틀어 이르는 말

② 물질문화 : 구성원의 욕구를 충족 시켜주는 것

③ 비물질 문화(제도문화, 관념문화)

- 제도문화 : 규범체계로 인간이 만들어낸 규범
- 관념문화 : 이념체계로 철학, 문학, 전설 등 정신적인 가치

④ 제도가 정착이 되어 문화를 주도 또는 반대

■ 혁명

① 혁명은 과거의 전통적 양식에서 갑자기 벗어나는 것을 의미

- 혁명은 통치형태의 순환을 의미

② 혁명은 정부를 전복하는 형태도 있지만 산업혁명처럼 사회, 경제, 문화적인 성격도 띔

③ 고대부터 혁명은 매우 파괴적인 힘으로 간주

- 플라톤, 아리스토텔레스, 마키아 벨리, 밀턴, 칸트, 헤겔, 마르크스, 루소, 소불, 슘페터(창조적인 파괴)

④ 좋은 혁명(프랑스, 영국, 미국혁명)

- 4 · 19혁명, 5 · 18광주 민주화 운동, 6 · 10항쟁, 10 · 16 부마항쟁
- 이것이 나라냐?에서 나라를 나라답게 정부를 탄생한 촛불문화운동이 촛불문화혁명으로 승화됨

⑤ 나쁜 혁명(5 · 16쿠데타 등 제 3세계 국가)

- 정권 찬탈을 위해 무력으로 정부를 전복하는 등 제 3세계의 혁명(리비아, 칠레, 앙골라, 베네수엘라, 필리핀, 캄보디아 등)

⑥ 4차 산업혁명(수평적이면서 직관적인 인사이트)

- 물질, 소유, 자원을 바탕으로 한 Offline 현실(1,2차 산업혁명)과 정보, 공유관계를 바탕으로 한 Online 가상(3차산업혁명)의 융합
- IT산업(3차 산업혁명)을 모든 다른 곳에 접목(AI, IoT, 5G활용)
- 초지능(AI)과 초연결(IoT, 5G)을 통한 산업구조 사회시스템의 혁신
- 파괴적인 혁신을 요구한 것은 물론 인류가 지금까지 추구해온 점진적인 혁신은 접근이 불가능하며 과거의 경험이 적용되지 않는다는 특징
- 미래를 예측할 수 없는 불확실한 시대에는 각자의 혁신전략을 세우고 이를 실행하고, 자유를 추구하면서 수평적 혁명을 할 때 혁신에 성공할 수 있다.

내곡동 인능산 자락에서......

추천사

김 주 영

(한국노총위원장)

"이 책은 4차 산업혁명 시대의 안전강국으로 도약하기 위해 우리가 반드시 향상시켜야 할 안전문화의 패러다임을 제시하는 지침서다"

4차 산업혁명의 등장과 함께 인공지능, 사물인터넷 등 첨단 정보통신기술이 사회 전반에 융합되면서 전 세계의 산업구조가 빠르게 변화하고 있습니다.

다행히도 그동안 경제 성장 정책 속에서 철저히 등한시되었던 산업안전보건 분야도 이러한 변화에 잘 대응해나가고 있습니다. 육안으로 점검하기 어려운 위험지역은 드론을 이용해 안전점검을 실시하고 있으며, 빅데이터 수집과 분석을 통해 업종 · 현장별 적합한 맞춤형 안전관리를 전개할 수 있게 된 것입니다. 이러한 기술들은 지금보다 더 많은 위험요인을 발굴 · 제거하고 통제할 수 있게 함으로써, 현장에서 일하는 노동자가 안심하고 일할 수 있는 환경과 여건을 조성해 줄 것입니다.

하지만 기술이 모든 문제를 해결해줄 것이라는 생각은 매우 위험하며, 경계할 필요가 있습니다. 그 어떤 뛰어난 기술도 노동자들의 안전을 100% 보장하지는 못합니다.

우리나라는 세계를 선도하는 과학기술을 보유하고 있음에도 OECD 국가 중 가장 높은 산재발생률을 보이고 있습니다. 또한 여타 선진국과 마찬가지로 안전을 국민의 기본 권리로 규정하고, 생명과 노동을 존중하는 정책을 펼치고 있지만 그들과 같은 '안전선진국'이라는 타이틀이 아닌 '산재공화국'이라는 안타까운 오명을 쓰고 있습니다.

뛰어난 기술, 안전선진국과 같은 정책기조를 가지고 있음에도 이토록 다른 성적표를 받게 된 원인은 무엇일까요? 저는 기술과 제도의 차이가 아닌 문화의 차이가 만들어 낸 결과라 생각합니다. 안전선진국들은 안전을 최우선시 하고 이를 성실히 이행하는 문화가 이미 구축됐기에, 기술의 발전으로 인해 환경이 변화하고 정책의 세부내용이 달라지고 세대가 바뀌더라도 안전을 대하는 시선만큼은 흔들림이 없습니다. 문화의 특성상 더 굳건해지기도 합니다.

저는 이러한 관점에서 4차 산업혁명에 대응하기 위한 근본적인 방안이 안전문화를 구축하는 것이지 또 다른 기술의 발전과 제도의 보완이 아니라는 대한산업안전협회 윤양배 회장님의 의견을 전적으로 지지하고 공감합니다. 앞으로 4차 산업혁명 시대가 본격화되면, 새로운 기술들이 융합되면서 예상치 못한 위험요인이 속출할 것으로 예상되기에 더더욱 그러합니다.

윤 회장님은 저서 '안전문화혁명(4차 산업혁명시대에 안전문화 수준 향상을 위한 혁명을 어떻게 할 것인가?)'을 통해 과거부터 현재까지의 안전관리실태를 면밀하게 분석하고, 앞으로 우리가 나아가야 할 안전문화 혁명 방향을 제시했습니다. 안전문화 발전이론을 연구한 이 책은 뿌리부터 안전체질로 바꾸고, 격변하는 시대를 함께 살아가는 모든 국민들의 안전문화 수준 향상을 위한 안전의식을 기르는 데 도움이 될 것이라고 봅니다.

경제만 성장한 반쪽짜리 국가가 아니라 기술의 진화가 안전의 진화로 연결되는 안전한 일터, 안전한 사회, 안전한 나라를 바라는 국민들에게 일독을 권합니다.

추천사

손 경 식
(한국경영자총협회 회장)

"안전문화의 개념부터 적용까지 총망라 되어있는 책으로 기업의 지속가능한 경영을 원한다면 필독해야 한다."

4차 산업혁명의 도래, 주 52시간 근로제의 도입 등 다양한 요인들로 인해 경영환경이 급격하게 달라지고 있습니다. 경영계는 지금 아무도 가보지 않았지만, 가야만 하는 변화의 길을 마주하고 있는 것입니다.

특히나 변화의 폭이 클수록 그로 인한 영향을 예측하고 적절한 대응책을 마련하는 것이 어려워지기에, 기업을 경영하는 입장이라면 단 한 걸음을 앞으로 내딛을 때도 신중에 신중을 기할 수밖에 없는 상황입니다.

여기에 정부는 '2022년까지 산재 사망자를 절반으로 줄이겠다'는 목표를 세우고, 30년 만에 산업안전보건법을 전부 개정하는 등 '안전'이라는 가치의 중요성을 더욱 강조하고 있습니다.

안전에 대한 국민들의 관심 또한 날이 갈수록 높아지고 있습니다. 따라서 경영자에게 현재는 그 어느 때보다도 고민이 깊어져 가는 매우 중대차한 시기일 것입니다.

이러한 고뇌의 시점에서 '안전문화혁명(4차 산업혁명시대에 안전문화 수준 향상을 위한 혁명을 어떻게 할 것인가?)'은 경영계에 '안전문화'라는 실마리를 쥐어주고 있습니다.

기업이 폭풍과 같은 변화 속에서 '지속가능한 성장'과 '안전경영'이라는 거대한 두 마리 토끼를 잡을 수 있는 방법으로, 안전문화의 확산과 정착이라는 키워드를 제시한 것입니다.

서두에서 말씀 드렸다시피 이 책은 안전문화의 개념부터 적용, 즉 A부터 Z까지 총망라하고 있습니다. 또 과거부터 현재까지의 변천사를 짚으며, 나아갈 미래를 제시합니다.

저는 평소 "기업이 앞장서 일자리를 만들고, 일자리가 최고의 복지가 되는 선순환 구조를 구축하고 싶다"는 목표를 밝혀왔습니다. 그리고 기업의 궁극적인 목표를 달성하기 위해서는 '근로자의 안전과 건강이 지켜지는, 신뢰할 수 있는 일자리 환경을 마련하는 것'이 선행되어야 한다고 생각해왔습니다.

이러한 입장에서 '안전문화 수준 향상이 우리 사회에서 새로운 혁명이 될 것'이라는 윤양배 회장님의 고견에 전적인 동의를 표합니다.

안전문화를 통한 안전한 사업장 구축이야 말로 기업의 미래를 튼튼히 세워나가기 위해 현 시점에서 놓치지 않고 주목해야 할 핵심요소입니다. 기업과 근로자와 상생하고 오래도록 모두가 행복할 수 있는 일터를 가꾸고자 한다면, 이 책을 꼭 읽어보시길 권합니다.

감사합니다.

추천사

이 재 갑
(고용노동부장관)

정부가 '안전한 대한민국'을 만들겠다고 다짐하며 출범했습니다. 노동자의 안전하고 건강한 일터 조성이 그 어느 때보다도 중요한 시대적 과제가 되었습니다.

국민께서 염원해 주시고 또 적극적으로 지지해주신 덕분에 사업장 안전보건의 핵심 뼈대라 할 수 있는 산업안전보건법이 30여년 만에 전부 개정되어 시행을 앞두고 있습니다.

또한 간호사 태움 문화 등으로 그 동안 이슈가 된 직장내 괴롭힘을 근절하기 위한 법령이 최근 본격 시행되면서 이제 노동자의 안전과 보건은 선택이 아닌 필수라는 국민적 공감대가 형성되고 있습니다.

그러나 아직도 가야 할 길이 멉니다. 여전히 현장에선 노동자의 안전에 대한 공감대가 크게 확산되고 있지는 못합니다. 또한 최근 4차 산업혁명 시대가 도래하면서 일하는 방식과 기술 변화 등 일터의 작업환경 변화에 따른 새로운 형태의 위험요인이 나타나고 있습니다. 이에 대응할 수 있는 안전보건관리 역량이 요구되고 있습니다.

이와 같은 상황에서 산업안전 발전에 기여해 온 윤양배 대한산업안전협회장이 출간한 '안전문화혁명(4차 산업혁명 시대, 안전문화 수준향상을 위한 혁명을 어떻게 할 것인가?)'은 우리사회가 나아가야 할 안전보건의 미래상을 제시했다는 점에서 큰 의미가 있습니다.

저자는 안전하고 건강한 일터 조성의 근원적 해결책으로 조직의 안전문화 조성과 그 구축방안을 제시하고 있습니다. 특히 국제사회가 노동자 안전보건에 관심을 갖게 된 배경부터 안전의 기본원리, 이론과 정부의 역할 등 안전과 관련한 궁금증을 '청렴(감사, Auditing)' 등 우리가 익숙한 관점에서 알기 쉽고 명쾌하게 풀어내고 있습니다.

현재 우리나라는 경제 뿐 아니라 안전분야에서도 선진국 수준으로 나아가기 위한 뼈아픈 성장통을 겪고 있습니다. 이번에 출간되는 '안전문화혁명'이 그 고통의 시간을 조금이라도 단축시켜 줄 것으로 기대합니다.

추천사

정 세 균
(국회의원, 제20대 국회의장)

안전은 지속 가능한 사회를 위한 기본 요소입니다. 경제 성장에서 도외시되던 안전은 이제 미래를 위한 가장 강력한 투자이자 원동력이 되었습니다. 정부에서도 사람존중, 생명존중, 노동존중이라는 기치 아래 안전의 가치를 정책 결정 과정에 있어 중요한 기준으로 제시하고 있는 상황입니다.

시대 변화에 발맞추어 우리는 안전문화의 수준을 어느 기준까지, 어떠한 노력을 기울여 높일 수 있을지에 대해 함께 고민해야 합니다. 이와 같은 시대의 요구에 따라 오랜 기간 안전 분야의 전문가로 자리매김한 윤양배 대한산업안전협회 회장이 책을 출간했습니다. 〈4차 산업혁명 시대에 안전문화 수준 향상 어떻게 가야 할 것인가?〉입니다.

이 책에는 안전문화의 기본 개념부터 실행방안까지 세세한 내용들이 담겨 있습니다. 안전문화수준 제고를 위한 목표와 과정이 명확하게 제시돼 있는 것입니다. 또한 대학연의(大學衍義)를 바탕으로 대동사회와 홍익인간 사상을 통해 우리문화를 함께 분석함으로써 한국형 안전문화의 정착을 이끄는 마중물이 되어줄 것이라고 생각합니다.

'안전은 백년대계'입니다. 하루아침에 이룰 수 없습니다. 지난해 연간 교통사고로 인한 부상자 32만3,036명, 산업재해로 인한 부상자수도 10만2,305명에 달합니다. 교통사고와 산업재해만 놓고 봐도 하루에만 1,165명 정도가 다치고 있는 것입니다. 안전문제를 해결하기 위해 다양한 정책들이 쏟아지고 있지만, 제도만으로는 해결할 수 없습니다. 안전은 사회 구성원들의 가치와 행동관습이 함께 바뀔 때 정착 시킬 수 있다고 생각합니다. 그 출발점이 바로 안전문화입니다.

안전이 문화로 뿌리 내리는 과정을 이 책에서는 구체적으로 담고 있습니다. 사회적 합의와 노력에 대해 이야기하고 있습니다. 우리는 이 책에서 말하는 청사진을 바탕으로 정계, 재계, 노동계, 정부, 시민단체 등 다양한 사회의 주체가 함께 합의하여, 안전을 위한 새로운 길에 발을 내딛어야 할 것입니다.

안전문화혁명(4차 산업혁명 시대에 안전보건문화 수준 향상을 위한 혁명을 어떻게 할 것인가?)의 책을 통해 안전문화 정착의 필요성과 노력에 대해 함께 공감하고, 실천해 나갈 수 있는 소중한 시발점이 마련되길 기원합니다.

감사합니다.

추천사

김 지 형
(전 대법관, 석탄화력발전소
특별노동안전조사위원회 위원장)

2019년 4월 '고 김용균 사망사고 진상규명과 재발방지를 위한 석탄화력발전소 특별노동안전조사위원회'의 위원장으로 위촉되어 15명의 위원들과 함께 다각도의 조사활동에 착수했습니다.

약 4개월에 걸친 다양한 실태조사와 논의 끝에, 그 결과를 2019년 8월 19일 세상에 내놓았습니다. 고인이 사망한지 9개월여가 지나서야 고인을 죽음으로 몰아넣은 구조적 원인 등의 진상들이 밝혀진 것입니다.

발전 노동자 1만여 명에 대한 전수조사를 통해 우리는 위험의 외주화 그 자체가 노동자의 산재를 야기하는 핵심 변수라는 것을 규명해냈습니다. 이것을 바탕으로 구조 · 고용 · 인권 분야, 안전 · 보건 · 설비 분야, 법 · 제도 개선 분야로 나누어 여러 권고안을 냈지만, 무거운 마음이 컸습니다.

특조위 위원들은 한결같이 처음 현장을 방문한 순간부터, 위험한 작업이 이뤄짐에도 작업환경이 안전하지 않다는 느낌을 받았습니다. 더불어 조사를 할수록 재해의 발생은 노동자만이 아닌 사회적 과제라는 생각을 갖게 됐습니다. 산업안전은 남의 문제가 아니라 우리 모두의 문제이기에, 기업은 물론이고 국가와 시민사회가 함께 공감하고 풀어나가야 한다는 것입니다.

저자인 윤양배 대한산업안전협회 회장님은 일찍부터 우리나라에 선진안전체계를 정착시키기 위한 정책연구에 선구자적인 관심을 갖고 무려 30여 년이 넘도록 이에 줄기차게 매진해온 분으로 알고 있습니다. 이 분이 심혈을 기울여 이번에 펴낸 저서에서 화두로 삼은 '안전문화혁명', 즉 4차 산업혁명 시대에 안전문화 수준 향상을 위한 혁명을 어떻게 할 것인가'는 특조위가 그토록 매달렸던 노동안전권 보장과 같은 연장선 위에서 산업안전의 미래를 대비하는 안전전문가의 탁월한 식견을 그대로 접할 수 있는 역작이 아닐 수 없습니다.

저서를 통해 윤 회장님은 항구적인 안전사고의 예방을 이끌어내는 '안전보건문화 3단계 발전이론'을 제시했습니다. '법적(규제)기반에 의한 안전관리'와 '위험기반에 의한 안전관리'를 제대로 시행하면서 최종적으로 안전문화 수준의 향상(태도, 인식, 규범, 사고방식, 관습, 의식 등 전반에 걸쳐 안전을 중심으로 개선하는 것)을 이끌어내는 것이 핵심입니다.

근시안적인 정책과 미봉책으로 단기간의 수습에 몰두하는 것이 아닌, 안전문화의 수준을 높이는 것이 대한민국 안전이 가야 할 방향이라고 생각하신 저자의 견해에 다른 의견이 있을 수 없을 것입니다. 한 마디로 안전은 문화처럼 자리 잡아야 합니다. 우리는 서둘러 이 방향으로 나아가야 합니다. 지금은 온라인과 오프라인이 융합하고 기술이 시공간을 초월하는 4차 산업혁명의 시대로, 이 거대한 변화의 시기에 안전보건문화의 수준 향상을 위한 기반을 제대로 닦지 못하면 큰 도약을 이룰 기회를 놓칠 수도 있기 때문입니다.

저자가 제안한 '안전문화혁명'에 많은 분들이 동참해 주실 것으로 예상해 봅니다. 혁명 수준의 참여가 있어야 대학연의(大學衍義)에서 이야기한 대동사회를 만들고, 홍익인간사상을 바탕으로 하는 인간 삶의 근간인 안전문화의 수준을 향상시킬 수 있으며, 이를 기반으로 우리사회가 안정적으로 4차 산업혁명 시대를 선도해 나갈 수 있습니다.

많은 분들이 이 책에서 우리 사회 그리고 우리 산업현장이 꿈꿔온 모두가 행복한 세상, 바로 그 밝은 미래로 가는 방법을 직접 확인해 보시기 바랍니다.

감사합니다.

차례

제1장 | 서언

제2장 | 문화와 안전보건문화

Ⅱ. 청렴(감사) 기본 원리 – '청렴(감사)의 10계명'

제4장 | 시스템 안전보건경영(OHSMS)

제5장 | 결어(結語)

제1장

서 언序言

오늘날에는 4차 산업혁명 시대로 '물질, 소유, 자원을 바탕으로 한 아날로그'(1,2차 산업혁명) 시대를 지나 '정보, 서비스 공유관계를 바탕으로 한 디지털'(3차 산업혁명)의 가상 융합 시대라고도 할 수 있습니다.
이제 안전보건문화 수준 향상으로 개인적 · 사회적 가치실현을 이루어 안전보건문화의 르네상스 시대를 열어가야 하겠습니다.

제1장

서언

1. 안전문화와 제4차 산업혁명

안전과 문화 및 산업 혁명 등은 상호 밀접한 관계를 지속하며 변화와 혁신을 거듭해 왔고, 우리 인류는 이처럼 변화하는 세상에 부합하기 위해 부단한 노력을 기울여 왔다. 하지만 최근 우리가 체감하는 기술의 발전과 혁신의 속도는 과거 우리가 경험해 온 것과는 비교도 할 수 없을 정도로 빠르게 전개되고 있다.

그 원인 중 하나로, 모든 분야에 파괴적 혁신을 요구하는 '4차 산업혁명'이 꼽히고 있다. 4차 산업혁명은 지난 2016년 1월에 개최된 스위스 다보스 세계경제포럼(WEF)에서 처음 제시되며 전 세계적인 관심사로 떠올랐다.

당시 클라우스 슈밥(Klaus Schwab) WEF 회장은 '4차 산업혁명'이 앞으로 약 50년 간 우리 사회를 지배할 새로운 패러다임이라고 다음과 같이 선언했다.

① 4차 산업혁명은 그림 1-1과 같이 "물질, 소유, 자원을 바탕으로 한 Offline 현실(1,2차 산업혁명)과 정보, 공유관계를 바탕으로 한 Online 가상(3차 산업혁명)의 융합"이라고 정의해 볼 수 있다. 다시 말하면 "IT산업(3차 산업혁명)을 모든 다른 곳에 접목하는 것"이다.

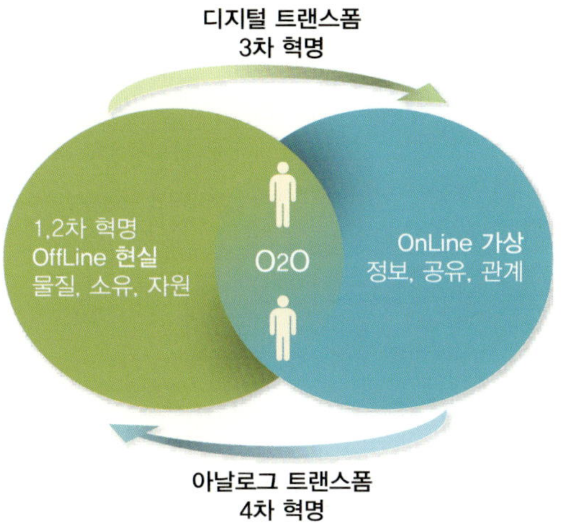

그림 1-1　4차 혁명, 현실(1, 2차)과 가상(3차)의 융합

4차 산업혁명은 초지능(AI)과 초연결을 통한 산업구조 사회 시스템의 혁신이라고 할 수 있으며, 모든 분야에 파괴적인 혁신을 요구하기 때문에 인류가 지금까지 추구해 온 점진적인 혁신으로는 접근이 불가능하며 과거의 경험이 적용되지 않는다는 특징이 있다.

② 우리나라는 정보 및 ICT혁명 중심의 3차 산업혁명 시대를 선도해 나간 결과, 일본 등 주요 선진국의 주력 산업분야(조선업, 전자반도체, 자동차)와 격차를 많이 줄일 수 있었고 일부는 앞선 것도 있다.

최근에는 중국이 4차 산업혁명 시대를 선도하며 선진국을 넘어서는 중국몽(夢) 및 일대일로의 굴기를 시작하고 있다. 특히 정보통신 분야에서 화웨이 등이 5G를 바탕으로 무섭게 성장하고 있다.

이런 점으로 미루어 볼 때, 변화와 혁신을 통한 창조를 위해서는 다음 그림 1-2와 같이 혁신공동체의 구성요소에 21세기 안전(보건) 분야를 포함해서 모든 조직에 대한 새로운 사고를 하여야 한다는 것을 알 수 있다.

특히 최근처럼 미래를 예측할 수 없는 불확실한 시대에서는 각자가 혁신전략을 세우고 이를 실행해 나가면서 대책을 강구해야 한다. 아울러 자유를 추구하면서 수평적 협력을 할 때 혁신에 성공할 수 있다.

혁신은 새롭고 독창적인 아이디어를 창출하는 과정(확산적 사고)과 다양한 아이디어를 결합–융합–정제하는 과정(수렴적 사고)으로 구성

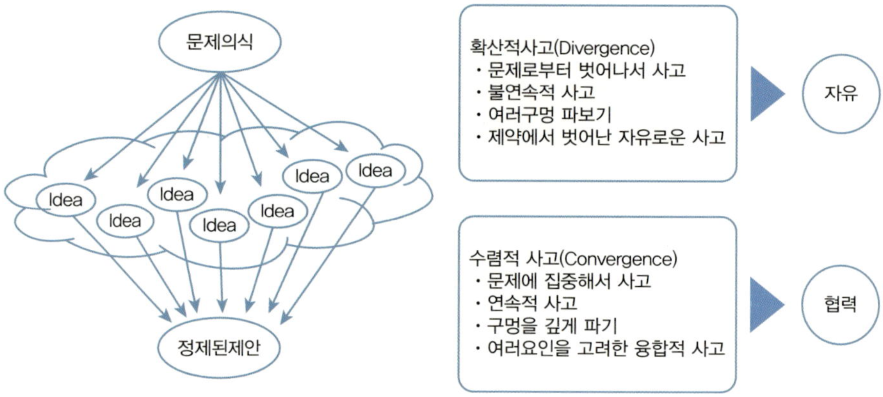

그림 1–2 혁신공동체의 구성요소

글로벌 IT기업인 구글(Google)의 경우 그림 1–3과 같이 "똑똑한 사람를 뽑아서 방해하지 않는다."라는 HR정책을 세우고 실천하고 있다. 최고 수준의 사람들을 고용해 그들에게 자유를 보장하고 권한을 위임하며 새로운 아이디어를 창출 · 융합해 혁신을 이뤄 나가고 있는 것이다.

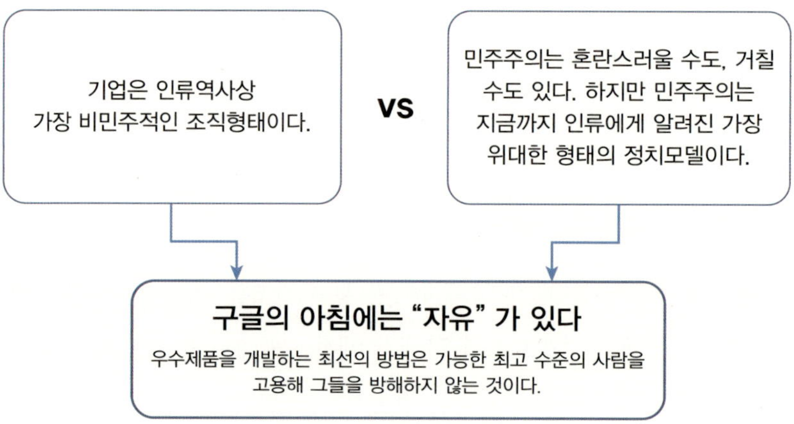

그림 1–3 구글의 21세기 조직에 대한 새로운 사고

② 4차 산업혁명의 추이와 성공요건

• ICT패러다임의 진화

	1990	2000	2010	2020
Platform	PC통신	www	모바일	IoT
Channel	이야기	익스플로러	앱스토어	멀티 디바이스
Tech	VT	미디어 커머스 콘텐츠	통신 교통 금융 의식주	제조 자동차 의료 농업
Killer app	BBS			
Value	FUN			
Paradigm	Online business	산업의 지각변동	전방위산업의 혁신	산업간 경계의 붕괴
Input interface				

그림 1-4 ICT 패러다임 진화

4차 산업혁명을 이끄는 주요 도구와 수단은 AI와 IoT 그리고 5G라 할 수 있으며 그림 1-4와 같이 ICT패러다임의 진화가 10년 단위로 급격하게 변화함에 따라 기술혁신을 통한 비즈니스 모델(Business Model)을 혁신하지 않으면 안 된다. 또한 그림 1-5와 같이 Digital Transformation(DT)이 산업간에 경계가 붕괴되고 미들맨의 대체와 통합화가 이루어지는 등 혁명적으로 바뀌고 있기 때문에 안전문화도 이에 대응하지 않으면 안 된다.

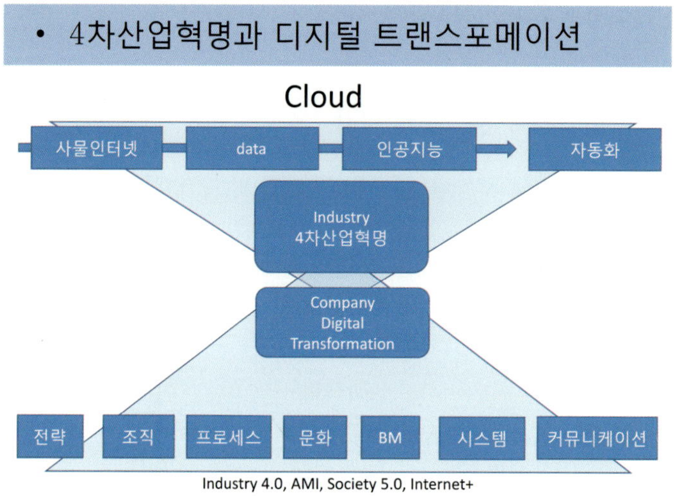

그림 1–5 4차 산업혁명과 Digital Transformation

위와 같이 4차 산업혁명으로 급격하게 일하는 문화가 바뀌면 안전문화도 바꾸지 않을 수 없기 때문에 안전에 대한 기본을 알고 안전문화도 바꿔 가야만 할 것이다. 우선 4차 산업혁명시대가 왔다고 해서 모든 것을 Digital Transformation(DT)이 되는 것은 아니지만 생존하기 위해서는 DT를 안 할 수 없기 때문에 DT를 성공적으로 이루기 위해서는 그림 1–6과 같이 각 산업의 목적에 맞게 6W 1H에 의해서 실행하지 않으면 안 된다.

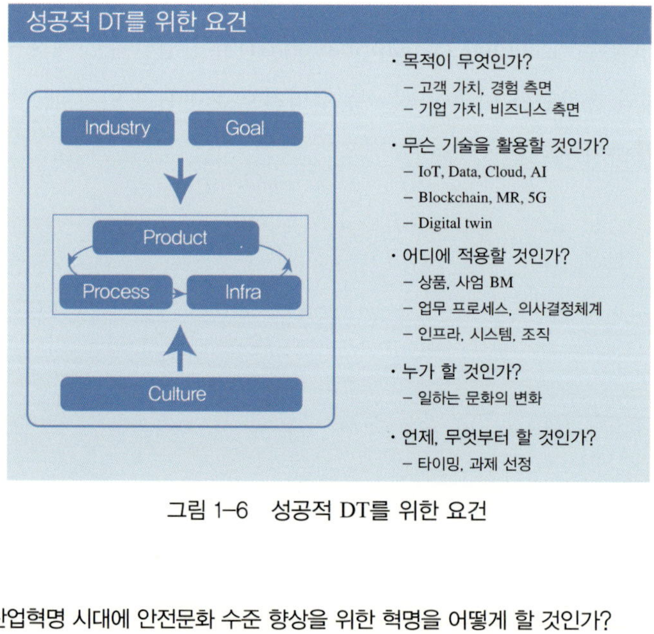

그림 1–6 성공적 DT를 위한 요건

2. 안전보건문화 발전의 중요성

① 앞서 언급했던 것처럼 4차 산업혁명은 모든 분야에 파괴적인 혁신을 요구한다. 안전보건문화도 예외는 아니다. 즉, 4차 산업혁명 시대에 안전보건문화를 어떻게 효율적으로 구축 · 정착 하느냐에 따라 미래의 안전보건이 달라질 수 있는 것이다.

과거 인류의 역사를 살펴봐도 시대 환경변화에 제대로 대응한 나라는 흥했던 반면, 반대로 행하거나 안주했던 나라는 소멸했다. 변화에 대한 대응 역량이 일국의 흥망성쇠와 밀접하게 관련이 있는 것이다.

이러한 관점에서 4차 산업혁명 시대가 요구하는 요건에 따라 안전보건문화를 혁신 · 발전해 나가는 것은 그 무엇보다 중요하다고 할 수 있다. 그렇지 않으면 앞으로 안전하고 건강한 일터를 조성하고, 안전보건에 대한 효율적인 정책을 수립하는 데 있어 난관에 봉착할 수 있다.

② 안전보건문화는 인간의 존엄성과 가치를 구체적으로 실현하기 위한 행동양식과 사고방식 및 인식이나 태도 등의 총체적인 것을 포함한다. 안전보건문화 수준 향상만이 재해예방의 첩경이라고 할 수 있다. 안전보건문화 수준은 사회 구성원 모두가 함께 안전을 실천하고, 이를 누릴 수 있을 때 향상될 수 있다.

지난 2019년 3월 29일 열린 대한산업안전협회의 '안전기술 20주년 · 안전저널 10주년' 창간 기념식에서 김주영 한국노총 위원장이 참석해 "안전은 삶이다"라고 말한 것과, 2019년 1월 안전보건공단이 "안전은 권리이다"라는 당연하면서도 파격적인 슬로건을 선포한 것도 이러한 의미를 내포하고 있다.

안전보건문화 수준 향상은 곧 산업재해 없는 안전한 일터가 조성될 수 있음을 의미한다. 이는 곧 건강한 직장과 행복한 대한민국이 건설됨을 뜻한다. 그러기 위해서는 안전에 대한 투명성과 사회적 신뢰가 뒷받침되어야 한다. 이를 통해 인간의 최종목표인 행복(OECD정의: Good Mental State, 최상의 마음 상태)을 얻을 수 있다.

3. 3실 3시 3박의 안전문화

인간은 '3실(실패, 실연, 실수) · 3시(멸시, 무시, 경시) · 3박(핍박, 압박, 구박)'에 의해 깨닫고 성장하며 성공에 이르게 된다. 늦게나마 안전문화에 대하여 이렇게 정리하여 쓸 수 있는 것도 '3실 · 3시 · 3박'에 의해 수많은 시련과 깨달음을 얻었기 때문이다.

국가가 발전하기 위해서는 정치, 경제, 사회, 문화 등 어느 것 하나 소홀히 여기면 안 된다. 다양한 분야가 함께 발전하고 그 수준이 향상되어야 우리 민족이 염원하고 있는 선진국으로 도약할 수 있으며, 우리 국민들이 행복한 삶도 영위할 수 있다.

우리나라는 전반적으로 큰 발전을 이뤄냈다. 전 세계에서 7번째로 30~50클럽(국민소득 3만 달러, 인구 5000만 명 이상인 국가)에 이름을 올렸으며, 수출 분야 세계 6위를 기록할 만큼 괄목할 만한 경제 성장을 이뤘다. 특히 우리나라처럼 민주화를 성공적으로 이룬 나라가 없을 정도로 정치적으로도 발전했다. 여기에 스포츠 4대 그랜드슬램으로 불리는 동 · 하계 올림픽, 월드컵, 2011년 세계 육상 선수권 대회(대구) 등의 국제 스포츠 경기를 국내에서 개최할 정도로 뛰어난 인프라가 구축돼 있다.

이는 분명 압축고도경제성장이 가져다 준 성과이다. 하지만 그 부작용도 만만치 않다. 특히 사회 · 문화적인 측면에서 많은 어려움을 겪고 있다.

먼저 사회적인 측면에서 문화를 살펴보면 공통되고 중복되는 것이 많으며 양면성이 있다. 어떤 측면에서는 사회가 훨씬 큰 분야인 것 같으면서도 크기를 따지는 것이 불가능하다. 다른 측면에서 보면 사회적인 면과 문화적인 면은 서로 교집합의 관계라고 말할 수도 있다.

공통점을 살펴보면 인류가 탄생하면서 사회적인 관계나 문화가 발생했으며, 사회적 가치가 실현되고 문화수준이 향상되어야만 진정한 선진국으로 도약이 가능했다. 즉, 사회와 문화는 떼려고 해야 뗄 수 없는 불가분의 관계라고 할 수 있다. 사회활동이 문화 활동이며 문화활동이 사회활동이라고 할 수 있을 만큼 서로 중복되어 있다 해도 과언이 아니다.

미국의 윌리엄 번스타인Bernstein, william J.은 “부의 탄생”The Birth of plenty을 통해 서구가 인류사회를 거의 지배하게 된 원인으로 ① 안전한 재산화 ② 과학적 합리주의 ③ 활력있는 자본주의 ④ 수송 통신 발달 등을 꼽았다.

일부 경제학자는 인류가 5세기의 서(西)로마 멸망 이후 1,000여 년 동안 암흑의 시대로서 0% 성장을 했지만, 주식회사 탄생을 계기로 산업화와 고도성장을 이루었다고 말하기도 한다. 아울러 2차 세계대전 이전까지 선진국에 진입한 나라는 북구 4국(스웨덴, 노르웨이, 핀란드, 덴마크)뿐이라고 주장하기도 하며, 2차 대전 이후 현재까지 선진국으로 진입한 나라는 아일랜드, 일본, 싱가포르 3국에 불과하다는 주장도 있다.

우리나라는 이미 산업화와 민주화를 성공시키면서 다소 불신에 의한 갈등이 있지만 정치와 경제적인 측면에서 선진국 수준에 도달한 자랑스럽고 영광스러운 역사를 가지고 있다. 사회적 가치 실현과 문화수준만 향상된다면 우리나라도 명실상부한 선진국으로의 진입이 머지않을 것으로 보인다.

4. 우리나라와 일본의 안전문화

영국 런던에 살고 있는 일본인 다니모토 마유미(谷本眞由美 · 43) 씨는 트위터에서 ‘촌철살인’寸鐵殺人의 멘트로 유명하며, 온라인상에서도 인기가 매우 높다. 이런 그녀가 ‘세계에서 바보 취급을 당하는 일본인’이라는 책을 출간하자 자연스럽게 많은 사람들의 이목이 쏠렸다.

아베 신조(安倍晋三) 정권이 TV 등 대중매체를 통해 ‘일본은 훌륭하다’라고 과한 애국심을 조장하는 일본의 분위기와는 상반된 것이 관심을 받은 주요 이유였다.

필자는 책을 통해 일본이 훌륭하다는 것은 맞지 않다고 설명했다. 손님을 극진하게 접대하는 일본 특유의 문화 ‘오모테나시’가 외국인에게는 민폐가 될 수 있으며, 직장 내 쓸데없는 회의문화가 잦다고 말했다. 이어 정치에는 관심이 없어도 소고기덮밥(규동)이 10엔(약 100원)만 올라도 큰 소동이 벌어진다고 덧붙였다.

아이러니한 점은 일본인 저자가 일본 문화에 대한 환상을 깨는 이 책이 일본 내에서 큰 인기를 끌고 있다는 것이다. 이는 마유미 씨가 지적한 일본의 문제에 대해 공감하는 일본인들이 많다는 것을 나타낸다. 실제로 독일 등 2차 대전 전범 국가들이 진솔한 사과와 함께 역사적으로 끊임없이 화해를 시도하는 데 반해, 일본은 역사적 진실을 외면하고 왜곡하고 있다. 이처럼 잘못을 반성하지 않는 태도는 절대 선진문화라고 할 수 없다.

그뿐만 아니라 역사적으로 보면 일본은 메이지유신(明治維新, 1868) 성공으로

- 19세기 후반 일본에서 일어난 정치사회적 대변혁
- 19세기 말까지 비 서구세계 유일의 성공적인 근대화/서양화
- 20세기 일본사뿐만 아니라, 동아시아사, 나아가 세계사에 큰 영향
- '근대화의 모범사례'를 넘어서 한 사회가 위기를 맞았을 때 어떻게 대응/극복할 수 있는가를 생각할 수 있는 '좋은 사례'가 되는 국가이다.

일본은 지금까지 150년 동안 잘 먹고 잘 살았다고 할 수 있다. 하지만 이러한 급속한 고도성장은 세계질서에 역행하고 지금도 수많은 인류에 정신적인 고통을 주고 역사왜곡의 늪 속에 살아가고 있으며, 존경을 받지 못하고 있는 것은 물론이고 문화수준이 높다고 할 수도 없다.

동경대 의학부 교수를 오랫동안 역임한 독일 출신 의사, 베르츠(1849-1913)는 1876년부터 도쿄대학에서 27년 간 의학부 교수를 하면서 정확하게 다음과 같이 일본을 예리하게 분석하였다.

동경대학 의학부 교수
베르츠(1849–1913)

한마디로 "죽음의 도약"이라고 표현하였다. "일본 국민은 (불과 10년 전까지 계속됐던 중세적인 사회를) 한 번에 넘어서서 우리 유럽이 걸린 5백 년을 뛰어넘어 19세기의 모든 발전 성과를 일시에 자기 것으로 하려고 한다. 이것은 거대한 문화혁명이다. 이것은 대도약, 아니 죽음의 도약이라고 불러야 한다."라고 하였다. 특히, 후쿠시마 원전 방사능 문제를 호도하고 있는 일본 정부는 메이지유신의 성공이 물거품이 되는 시기를 맞이할 수 있으며 이웃인 우리나라에도 악영향을 줄 것으로 예상되어 모골이 송연하며 이웃 일본 정부의 자세를 걱정하지 않을 수 없다.

한편, 우리나라는 50여 년 동안 압축고도성장을 하였으니 일본보다 3배의 파괴적인 성장을 하였기에 안전문화는 더욱 척박하다고 할 수 있다. 경제성장기 동안 우리나라에서 안전은 '비용'이자 부차적인 것으로 여겨졌다. 하지만 수많은 선각자들의 노력이 더해지고, 각종 대형 사고로 인한 깨달음과 안전 선진국의 지식이 전해지며 안전에 대한 사회적 인식이 크게 변화했다.

안전은 이제 기업의 지속 성장을 가능케 하는 필수불가결한 '투자'이자 능동적 대처가 요구되는 필수가치로 인정받고 있다. 현 정부에서 사람 존중이나 노동 존중, 생명존중, 건강존중 등으로 대변되는 안전의 가치를 정책 결정에 있어 가장 중요한 기준으로 제시하고 있는 것이 대표적인 예다. 실제 공공기관 경영평가에서도 안전 분야에 대한 평가 비중을 점점 강화하고 있는 상황이다. 안전, 윤리경영, 일자리 상생 협력 등 사회적 가치 관련 평가 배점을 종전보다 50% 이상 대폭 확대했을 정도다. 이에 대해 정부는 "국민의 건강과 생명은 무엇과도 바꿀 수 없는 최선의 가치"라면서 정책 추진의 의의를 설명하기도 했다. 정부가 이와 같이 능동적이고 적극적인 움직임을 지니자 민간이나 지자체 등도 국민들의 안전의식 향상을 위한 노력에 속도를 내고 있다. 최근 몇 년 사이에 안전과 관련된 서적이 많이 나오고 있으며, 여러 지자체와 공공기관 등에서는 신규 안전교육 과정을 앞을 다투어 선보이고 있는 것이 이를 방증한다.

우리나라 안전문화수준 향상에 대한 국민적 열기는 정부의 적극적인 선도적 역할이 기폭제가 되었으나 시대와 환경변화도 주요 요인이라고 말할 수 있다. 이 책이 우리나라가 아시아의 안전문화는 물론, 문화강국으로 발돋움할 수 있는 밑거름이자 기본서 역할을 할 수 있기를 기대해 본다.

5. 문화수준 향상의 절대가치

상기에서 언급한 것처럼 안전보건의 문화수준을 발전시키는 것이 중요하다면 그 향상 방안에는 어떤 것이 있을까?

그동안 우리는 사회·문화적 발전 수준을 특정·평가하는 기준으로 GDP(국내총생산지표)를 사용했다. 하지만 이는 옳지 않다. 예컨대 쿠웨이트 등 중동 산유국 중 일부는 GDP가 5만 불이 넘지만 선진국이라고 하지 않으며, 소득수준이 이미 3만 불을 넘어선 우리나라도 행복, 삶의 질, 지속 가능성, 문화수준 등 사회문화적인 지표 측면에서 OECD 국가 중에 하위 수준을 나타내고 있기 때문이다.

실제 그림 1-7과 표 1-1에서 보는 바와 같이 GDP(국내총생산지표)로 측정·평가한 것과는 달리 행복, 삶의 질, 지속가능성 지표로 보면 우리나라의 안전문화 수준은 더욱 낮게 나타나고 있다.

OECD 2018 '더 나은 삶의 질 지수'
우리나라 순위 (총 40개국)

항목	순위	항목	순위
전체 순위	30	환경	40
주거	36	시민참여	13
소득	23	건강	10
일자리	27	주관적 웰빙	33
사회적 관계	40	안전	25
교육	13	일과 삶의 균형	37

자료: 경제협력개발기구(OECD)

그림 1-7 OECD '보다 나은 삶 지수' (2017년 발표, 38개국 조사 종합순위 29위)

OECD, IMF, KDI 등의 전문가들은 우리나라가 이처럼 소득수준이 높음에도 사회·문화적인 한계를 나타내는 원인으로 '소득격차' '불평등 증가' '부패' '블랙리스트' 등을 지적했다. 여기서 눈길을 끄는 점은 '블랙리스트'가 포함돼 있다는 것이다. 블랙리스트는 경계를 요하는 사람들의 목록을 지칭하는 말이다.

표 1-1　행복지표로 본 한국의 사회 · 문화 발전 수준

부문	지표	2017년		
		지표	순위	
주거환경	기본 시설을 갖춘 주거	95.8%	28/38	6위(7.6점)
	주거관련 지출	15%	1/38*	
	개인당 방 수	1.4개	25/38	
소득	가구당 순가처분소득	21,723달러	23/38	23위(2.5점)
	가구당 금융자산	33,495달러	21/38	
직업	고용률	66.1%	22/38	19위(7.3점)
	직업 안정성	2.4%	8/38	
	장기 실업률	0.03%	1/38*	
	개인소득	32,399달러	24/38	
공동체	지원관계망의 질	75.9%	38/38*	38위(0.0점)
교육	교육성취	86.9%	13/38	10위(7.3점)
	학생들의 역량	519점	5/38	
	기대교육기간	17.4년	18/38	
환경	대기의 질	27.9 micro	38/38*	36위(2.7점)
	수질	77.8%	26/38	
시민참여	규칙 제정에서의 참여	2.4 index	14/38	10위(6.4점)
	투표참여자	77.2%	11/38	
건강	기대수명	82.1년	11/38	35위(4.7점)
	주관적 건강상태	32.5%	38/38*	
안전	야간보행 안전도	63.9%	26/38	25위(7.5점)
	살인율	1.1명	24/38	
삶의 만족	삶에 대한 만족도	5.9점	30/38	30위(5.9점)
일과 삶의 균형	장시간 근로자 비율	20.8%	35/38	35위(4.7점)
	여가와 개인적 돌봄에 쓴 시간	14.7시간	26/38	
BLI(종합순위)		29위		

* 2017년 OECD 회원국 35개국과 브라질, 러시아, 남아프리카공화국을 포함해 총 38개국을 대상으로 조사 실시(Better Life Index 2017)

국제사회에서는 이러한 블랙리스트가 사회 · 문화의 선진화와 발전을 크게 저해하는 요소로 작용한다고 지적한다. 대표적인 예로 워터게이트 사건으로 불리는 미국 리처드 닉슨 대통령의 사임과 우리나라 전 대통령의 탄핵을 꼽을 수 있다.

닉슨과 우리나라의 블랙리스트는 면밀히 살펴보면 그 성질이 조금은 다를 수 있다. 하지만 민주주의와 헌법, 정의와 양심, 상식과 원칙에 반한다는 점에서 동일하다고 볼 수 있다.

이러한 저해요인을 제거하고 형평성과 공정성, 투명성과 신뢰, 공유와 협력 같은 사회적 가치와 안전 문화 등 전반적인 문화수준을 향상시켜 나갈 때 우리나라의 가장 큰 현안이라고 할 수 있는 양극화 문제, 그리고 보수와 진보의 대립을 뛰어넘어 우리 모두가 염원하는 선진국 진입을 이루어 낼 수 있다.

6. 사회적 가치실현과 안전문화

사회적 가치 실현과 안전문화 수준향상에 대해 이해를 하려면 우선 사회와 문화의 어원을 살펴볼 필요가 있다.

사회(社會)는 ① Social ② Society ③ Community ④ The Public 등으로 공동생활을 하는 사람들의 조직화된 집단이나 세계라고 하며 동양에서는 모일사(社) 모일회(會)로 단순히 '모여 있다'로 표현한다. 라틴어에서는 "Societas"로 여럿이 / 함께로 개인화와 집합적 유래를 의미하고 있다. 그 밖에도 "Public"은 공익적 의미로 자기이익 추구와 공공이익을 추구하는 것이다.

'사회적 가치'의 정의를 좀 더 살펴보면 일반적으로 "한 사회에서 어떤 현상, 사물, 행위 등이 구성원에게 의미 있고 바람직하다고 인정되는 것(vs, 경제적 효용) (Mulgan, 2010)"이라는 설명도 있고, "한 지역의 경제적 · 사회적 · 환경적 복리(Well-being)를 증진시키는 것" (Mark Upton, 2012 "that is social value?")이라는 설명도 있다.

한편, "사회적 가치란 사회적 · 경제적 · 환경적 · 문화적 영역에서 공공의 이익과 공동체 발전에 기여하는 가치" (〈공공기관의 사회적 가치 실현에 관한 기본법안〉, 2014/2016)라는 정의도 있다.

특히, 공공기관의 사회적 가치 실현에 관한 기본 법안들의 목록만 살펴보아도 아래와 같이 13가지 이상이 있다.

① 인간의 존엄성을 유지하는 기본권리로서 인권 보호

② 재난과 사고로부터 안전한 근로, 생활환경의 유지

③ 건강한 생활이 가능한 보건복지의 제공

④ 노동권의 보장과 근로조건의 향상

⑤ 사회적 약자에 대한 기회제공과 사회통합

⑥ 대기업과 중소기업 간의 상생과 협력

⑦ 품위 있는 삶을 누릴 수 있는 양질의 일자리 창출

⑧ 지역사회 활성화와 공동체 복원

⑨ 경제활동을 통한 이익이 지역에 순환되는 지역경제 공헌

⑩ 윤리적 생산과 유통을 포함한 기업의 자발적인 사회적 책임 이행

⑪ 환경의 지속 가능성 보전

⑫ 시민적 권리로서 민주적 의사결정과 참여의 실현

⑬ 그 밖에 공동체의 이익실현과 공공성 강화

문화(文化)는 영어로 "Culture"다. 이 Culture는 Cultivate(경작하다)의 동사가 명사화(Culture)된 것으로 '마음을 쌓아 가는 것' 또는 '교양을 쌓아 가는 것'이라는 의미를 담고 있다. 그러나 동양에서는 역사적으로 보면 근본적으로 문화(文化)라는 단어가 존재하지 않았다. 메이지 유신 이래 개혁 개방에 앞선 일본 학자들이 19세기 이래 Culture를 번역하는 과정에서 적정한 단어가 없자 공자의 사상인 문치교화에서 착안해 가장 접근한 단어인 문화라는 단어를 번역 사용하기 시작한 게 바로 그 배경이다. 또한 4대 문명발상지 등을 언급하면서 문명과 문화를 구분하여 사용하는데 흔히 '문화를 정신 · 지적인 발전'으로, 문명을 '물질 · 기술적인 발전'으로 구별하기도 하나 그리 엄밀히 구별할 수 있는 것은 아니며, 혼용하여 사용하기도 한다.

안전보건문화라는 동전이 있다면 그의 양면이라고 할 수 있는 청렴감사문화를 구체적으로 살펴보고자 한다. 존 하비John Harvey가 설파한 3E 대책(관리, 교육, 기술적인 대책)을 기반으로 한 규제기반의 법적 요구사항(Requirements)과 준수(Compliance) 의무는 지속 강화되어 왔으나 이러한 법적 규제 기반에 의한 재해 재난 예방은 이제 사실상 한계에 다다랐다. 이에 몇 십 년에 걸쳐 국경을 넘나드는 논의 끝에 그 한계를 극복할 대안으로 ISO45001이라는 새로운 국제표준이 제시되었다. 이를 바탕으로 2018년 3월부터 새로운 역사적인 환경변화가 시작됐다.

오늘날 많은 학자들은 완성된 안전보건경영 시스템(ISO 45001)을 준수하면 모든 재해재난을 예방할 수 있다고 착각해서는 안 된다고 경고하고 있다. 결국 안전보건경영 시스템도 안전보건문화를 구현하는 인공창작물(Artifact)에 불과하다는 것이 그들의 설명이다.

그림 1-8에 나타난 안전보건문화의 위치에서와 같이 법적 · 규제 기반에 의한 3E 대책과 안전보건경영 시스템은 재해, 재난 예방 및 성과 개선을 위한 도구일 뿐이다.

그림 1-8 안전보건문화의 위치

근본적으로 재해와 재난을 예방하기 위해서 선진국에서는 위험기반에 의한 안전관리를 강조하지만, 사실 궁극적으로는 안전보건문화 수준 향상을 위한 작업자의 태도, 조직의 안전가치, 규범, 신뢰를 기본적인 전제로 구축되어야 한다. 이를 바탕으로 사용자 및 관리자들의 안전에 대한 태도변화를 이끄는 조직문화가 상위개념 요소로 작동하여야 비로소 안전보건문화 수준이 향상되어 제대로 성숙된 안전문화가 정착되었다고 할 수 있다.

7. 재해예방의 첩경은 안전보건문화 수준 향상

재래형 안전관리기법으로 운동차원에서 추진하던 무재해 운동, 위험예지훈련, 역 FTA(Fault Tree Analysis) 분석기법, 인간공학 등은 법적 규제, 위험기반에 의한 안전관리기법에 내재되어 있다고 할 수 있다. 최근 안전관리 패러다임 변화 속에 최신 안전관리기법으로 시스템 안전관리, 리질리언스(Resilience)와 BCM(Business Continuity Management)기법이 적용되어 근원적인 안전대책의 보완수단으로 활용되고 있다.

결론적으로 정리하면 '안전보건문화 수준 향상만이 재해와 재난을 예방할 수 있는 첩경'이라고 단언할 수 있으며 여기에서 왜 이렇게 결론을 내리는지에 관한 것과 안전보건문화에 대한 역사적인 배경부터 안전문화 수준 향상 방안까지 제시하고자 한다. 특히 안전보건관리자와 관리감독자는 물론, 전 국민이 안전보건문화에 대해 쉽게 접근하고 쉽게 읽을 수 있도록 복잡한 이론을 자제하여 '안전보건문화 수준 향상'에 기여하고자 한다.

앞서 언급한 바와 같이 안전문화와 청렴 및 감사문화가 동전의 양면처럼 불가분의 관계가 있음에도, 그동안 안전 · 청렴 · 감사, 이 3가지 문화는 자연과학과 인문사회과학 분야에서 각자 전혀 다른 별도의 학문으로 발전해 왔다. 하지만 요즘 통섭 혹은 융합 학문이 부각되며 기본철학과 이론이 리스크(Risk)를 기반으로 해서 거의 같은 방향성을 갖고 있다는 것이 공감대를 형성하고 있다.

안전, 청렴, 감사 이 3가지 분야가 동시적 · 병행적으로 발전하지 않으면 한계가 있는 만큼 여기에서는 청렴(감사)문화 향상 방안에 대해서도 일부 언급하고자 한다. 아울러 시스템 안전관리기법의 근간을 이루는 위험기반에 의한 안전관리(RBS), 리스크 엔지니어링(Risk Engineering), HEMP (Hazards and Effects Management Process), 리질리언스(Resilence), BCMs기법, SCRM, 안전보건경영 시스템(SMS), ISO 45001(2018, 3월 발표) 기본이론과 위치, 배경 등을 비교적 자세하게 설명하였다.

또한, 방송이나 언론에서 재해가 발생하면 국민들이나 근로자들이 안전불감증이라고 하거나 안전의식이 낮아서 그렇다고 주장하는 것이 3단계 발전론에서 보면 얼마나 잘못되었는가를 알 수 있도록 상세히 기술했다. 즉, 안전문화에 대한 전반적인 사항을 담아낸 기본지침서라고 이 책을 지칭할 수 있다.

서양문화에서는 이러한 지침서를 흔히 '바이블'(Bile)에 비유하곤 한다. 또한, 동양문화에서는 '다라니'(陀羅尼)라고도 한다. 참고로 불경 8만4천 경 중 가장 큰 다라니 중에 하나를 금강경이라고 하며, 금강경에는 8만4천 경이 거의 다 들어 있다고도 한다.

금강경을 한마디로 요약하면 무심(無心)이라고 한다. 본서에 방대한 안전보건문화를 모두 펼칠 수는 없기에, 분야별로 잘 정리를 하여 안전보건의 '바이블'이자 '금강경'이 되도록 하고자 한다. 더불어 이를 바탕으로 세상이 행복해질 수 있는 신뢰사회의 구축은 물론, 안전보건문화의 꽃을 피워 선진국 수준의 행복(幸福)한 사회가 만들어지길 기원한다.

8. 안전문화의 르네상스 시대가 열린다.

(1) 르네상스란?

본 서의 기획의도는 아무래도 세월호를 들지 않을 수 없으며 안전문화의 계기가 체르노빌 원전사고에 기인하듯이 우리나라 안전문화는 세월호 이전과 이후로 크게 나눌 수 있다고 할 수 있다.

다시 말해서 세월호 사건 이전(사건처리 완료시점, 2018년 4월 검찰의 세월호 사건 수사결과 발표)과 이후로 크게 나누어질 수 있다고 보며 세월호 사건 이전을 안전문화 측면에서 보면 안전문화 르네상스 이전 유럽 중세 암흑기와 같으며 세월호 사건처리 이후 새정부가 탄생하여 안전문화의 르네상스 시대를 이루었다고 감히 말할 수 있다.

먼저 르네상스는?

- 14~16세기 이탈리아에 시작 되어 학문 또는 예술의 재생 부활 의미
- 인간성 해방을 위한 문화 혁신 운동
- 중세의 야만시대를 극복하여 근대화가 이루어진 과도기 시대
- 신(神) 중심에서 인간 중심의 세계관의 도래(시대적 정신운동)
- 휴머니즘을 바탕으로 한 자연스러움과 인간다움을 회복

안전문화의 르네상스는?

- 안전관리의 목표는 인명존중이다.
- 안전문화의 핵심은 인간존중이다.(휴머니즘)
- 안전불감증의 안전문화 암흑기에서 국민 안전을 위한 안전문화 중흥기 시대
- 안전제일의 가치관이 충만 되어 모든 활동 속에서 의식과 관행이 안전으로 체질화 됨.
- 인간의 존엄성과 가치의 구체적 실현을 위한 행동양식과 사고방식, 태도 등의 총체적 의미

(2) 안전문화의 암흑기와 중흥기

안전문화의 암흑기에서 중흥기 도래(1)

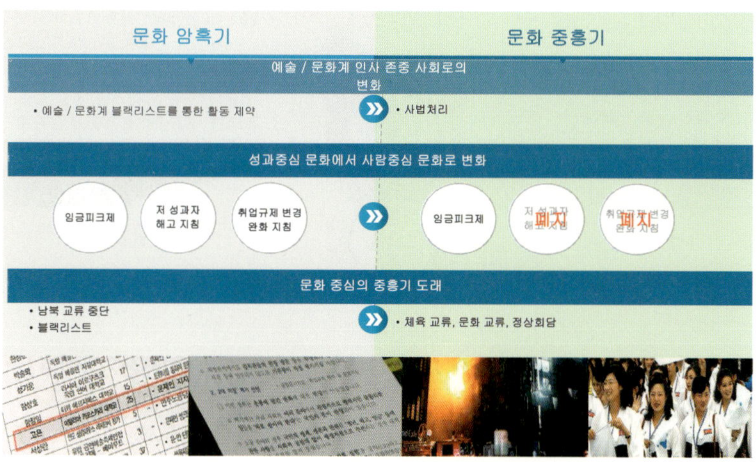

안전문화의 암흑기에서 중흥기 도래(2)

문화 암흑기	문화 중흥기

국가안전보장회(NSC) 기능 안보에서 국민 안전으로 기능 확대

NSC는 안보, 통일, 정보, 국방분야를 다루는 곳
NSC는 재해(재난) 발생 시 컨트롤타워 아니다.

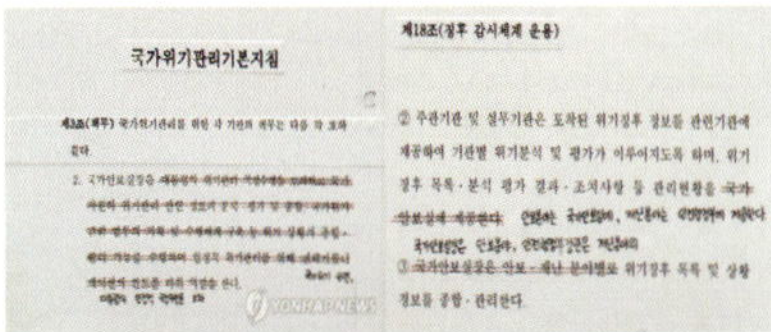

NSC 안보와 더불어 재난, 재해에 대한 현장 지휘권 확보.대응

청와대 현안 브리핑(2017. 5. 15)

랜섬웨어 피해와 관련하여 "청와대는 국민 생활과 관련한 안전에도 컨트롤타워 역할을 해야 한다"

수석, 보좌관 회의(2017. 7. 27)

"중대 재난, 재해의 컨트롤 타워는 청와대라는 자세를 갖고 임해야 한다."

인천 낚싯배 충돌사고 후
수석, 보좌관 회의(2017. 12. 4)

안전문화의 암흑기에서 중흥기 도래(3)

사고에 대한 책임 발본색원(拔本塞源)

세월호 사고 시 컨트롤타워 부재
세월호 사고 은폐 / 세월호 사고 수사 회피

세월호 사고 발본색원(拔本塞源)
(대통령 7시간 행적 드러남, 2018.3.28 검찰발표)

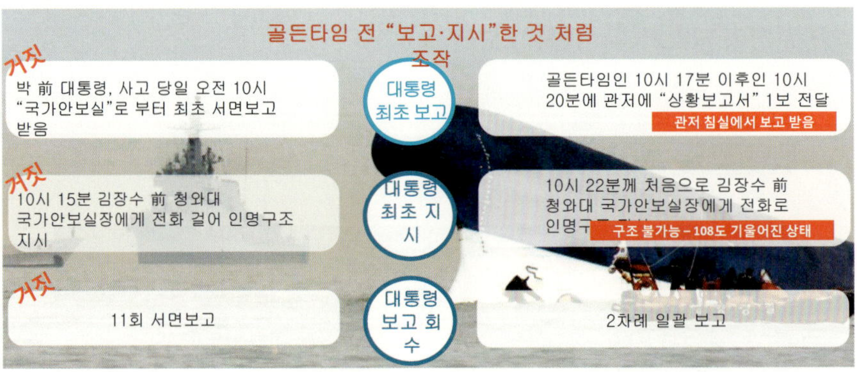

(3) 우리나라의 경우 세월호가 안전문화 발전의 계기

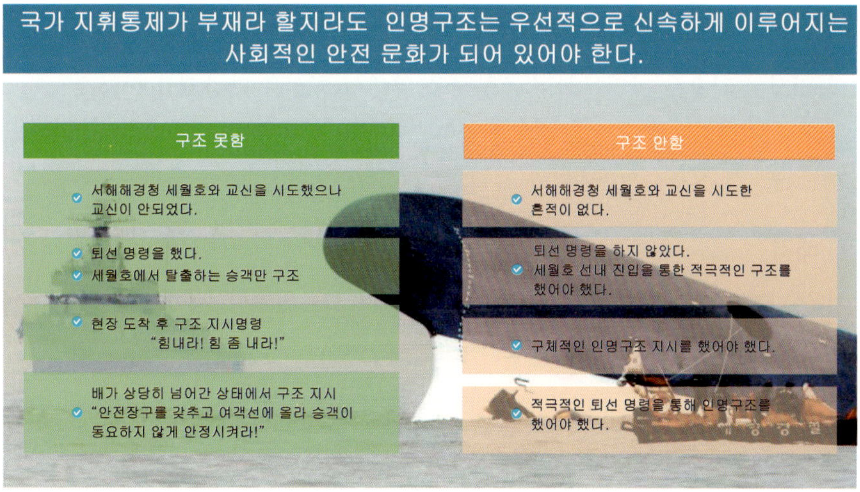

위에서 보는 바와 같이 세월호 사건 등에 기인하여 촛불 문화운동이 벌어졌으며 촛불 문화운동이 촛불 문화혁명으로 이어져 새정부가 탄생하게 된 것은 거의 모두가 공감하고 있는 내용이다.

새 정부들어서 대통령, 국무총리, 각 부처장관, 공공기관장까지 안전에 대한 관심을 갖고 공공기관 경영평가에 반영하는 등 안전에 대한 르네상스 시대를 열어가고 있다. 다만 50~60년 동안 압축고도성장에 대한 국민의 DNA가 일부 지도자까지 내재되어 있기 때문에 폴 로머 교수, 베르츠 교수 등이 파괴적인 성장, 죽음의 도약, 필사의 도약이라 하였으며 이에 대한 치유를 위해서는 수 많은 시간과 물적 · 인적 자원을 투자하여야 한다고 하였다.

본서에서 안전문화 수준향상을 위해서 3단계 발전론을 제시하면서 범국가적으로 최선을 다해야 한다고 주장하였으나 이는 일반론적인 관점이고 우리나라가 50~60년 만에 압축고도성장으로 서구가 500년, 일본이 150년 만에 이룬 경제적인 성과를 이룬만큼 안전문화 수준도 변화와 혁신을 통한 혁명적인 사고와 비상한 각오로 하지 않으면 안 된다는 결론에 다다랐다.

본서에서는 이러한 방법론을 구체적으로 제시하였으며 안전협회도 VISION 2030, 안전문화 회관건립, 브랜드 마켓팅 전략, 협회 디지털 전산화, 전문성 향상을 위한 역량강화 방안 등에서 기반을 닦은 것을 바탕으로 지금부터 혁명적인 사고와 비상한 각오로 안전문화 수준향상을 위해서 최선을 다하고자 한다.

(4) 우리나라 안전문화 암흑기가 일본으로

1) 배경

이웃 나라인 일본을 백제시대 왕인박사 등이 가르쳤으나 메이지 유신 이후 근현대사에 와서 우리는 일본으로부터 많이 배워 왔다. 그러나 후쿠시마 원전 방사능 유출사건(2011.03.11.) 이후 일본 정부의 대처방법은 안전문화 수준의 측면에서 보면 엄청난 재앙으로 보이는 것은 물론이고 안전문화 암흑기를 향해 달려가고 있으며 역사의 흐름을 거꾸로 돌리고 있어서 여기에서 언급하지 않을 수가 없다.

일본과 무역분쟁을 하고 독도를 분쟁지역으로 만들고 아베 정권의 '정한론'(征韓論) 같은 일본 극우파 광기보다는 이웃 일본과 함께 숙명적으로 결국 지고가야 할 실질적인 삶의 위협인 방사능 오염문제에 대하여 살펴보고자 한다.

방사능, 피폭문제가 검은 구름처럼 일본 하늘을 뒤덮고 있다. 얼마 전 환경운동단체 그린피스가 아베 정부가 방사능 오염수 100만 톤을 바다에 방류하려고 한다는 경고를 발했을 때 지구촌 전체에 불붙었던 우려와 논란은 우리나라에선 정치공방에 가려져 선명하게 보이지 않는다.

하지만 2011년 3월 11일 대지진과 쓰나미로 후쿠시마 원전의 원자로가 용해되면서 대량의 방사성물질이 유출되는 사고로 일본 정부가 내렸던 "원자력 긴급사태선언"은 8년이 지난 지금도 해제되지 않고 있다. 주민통제와 강제이동, 기밀 봉쇄가 쉽기 때문이다. 원자로의 용해된 노심의 상태조차 파악하지 못 하는 깜깜이 방사능 오염 속에서 세기적 재해는 아직도 계속 중인데, 거기에서 올림픽 대회가 치러지려고 한다.

2) 후쿠시마 방사능 은폐를 위해 '올림픽'유치

가장 큰 문제는 아베 정권은 문제를 해결하기보다는 덮는 쪽을 선택했다. 이른바 2020년의 '부흥 올림픽'을 내걸고 사고당시 정부 지시나 자의로 피난했던 후쿠시마 주민들을 향해 2017년 3월 귀환명령을 내린다. 아베 눈에는 지방 국민은 사람으로 보이지 않는 모양이다. 그나마 불충분했던 주거보조금이 끊긴 사람들은 어쩔 수 없이 피난처에서 아직도 상당량의 방사능이 검출되고 있는 고향으로 돌아가야 했다. 지금 후쿠시마에선 '부흥운동'이 활발한데 오염이나 불안감을 입에 올리면 '부흥 방해분자'로 비판을 받을 정도로 자기 최면이 팽배해 있다. 무섭지만 어쩔수 없으니 나쁜 소식엔 귀를 닫고 '부흥'을 외치며, 정부가 부추기는 대로 방사능에 대해선 잊으려고 애쓰며 산다.

이 문제를 끈질기게 고발해온 전 교토대 원자력실험소의 원자력전공 과학자 고이데 히로아키는 2018년 8월 이런 심각한 위험에도 아베 정권의 부도덕성에 눈을 감고 '도쿄 하계 올림픽' 유치를 허가해 준 국제올림픽위원회(IOC)와 230여 개국 올림픽위원회에 편지를 보냈다. 후쿠시마 사고는 통제불능 상태이며 도쿄 역시 방사능 오염지대임을 알리고 참가 선수들과 관객들이 처할 위험을 막기 위해서였다. "은폐된 원자력, 핵의 진실"(2011)의 저자인 그는 2018년까지 각국 올림픽위원회에 더 이상 일본의 반인륜적 범죄행위의 공범이 되어선 안 된다고 설득했지만 대회개최를 취소시키지는 못했다.

이쯤해서 한국도 도쿄올림픽에 대해서 좀 더 심각하게 고려해 봐야 한다고 생각한다. 일본이 한국을 백색국가에서 제외하며 무역분쟁을 일으켰을 때 '최강의 시나리오'로 거론되었던 도쿄 올림픽 보이콧 가능성은 순전히 정치적 공격카드로 반짝 비쳤다가 사라졌다. 방사능 피폭문제 등 현실적인 고려보다는 국제적 체면, 정치외교 스포츠계의 득실이 우선이었다.

3) '원자력 비상사태 선언' 8년째, 언론 입막아

후쿠시마 원전사고 당시에 체르노빌처럼 원자로 전체를 석관으로 막아 버려야 한다고 주장했던 고이데는 왕따를 당하고 만년 조교로 경력을 끝냈다. 하지만 그는 내부 위기가 심할수록 위기로부터 국민의 눈을 돌리고 올림픽 선전에나 몰두

하는 아베 정권과 지금 후쿠시마의 상황이 태평양전쟁 당시 일본사회와 똑같다고 지적했다. 언론은 대본영 발표만을 보도했고 국민은 전쟁에 협력했으며, 자신이 진짜 일본인이라 여기는 사람들은 반대자를 '비국민'으로 단죄하고 말살했다는 것이다.

방사능 오염물질 세슘은 반감기가 길어 100년이 지나도 10분의 1로 줄어들 뿐이다. 도쿄 올림픽 참가자들은 결국 방사능 피폭 피해자가 되면서 동시에 일본의 범죄에 공범이 될 수밖에 없다는 것이 고이데의 주장이다.

4) 일본의 안전문화 후퇴 사례

언론인이며 번역가인 차미례의 발차기에서 주장한 바와 같이 후쿠시마 오염원 전체를 체르노빌처럼 석관으로 덮고 막아야 하고 광범위한 피폭 · 오염 지역을 제거하여야 하는데 손도 대지 못하고 있으며 오히려 피폭량과 피폭 지역이 확대되고 있다고 해도 과언이 아니다. 일본이 태평양 전쟁 시대의 군국주의 사상으로 후쿠시마 방사능 오염문제를 2020년 하계 올림픽으로 덮으려고 할 것이 아니라 그 비용을 가지고 방사능 문제를 해결하는 것이 인류역사에 공헌하고 일본이 살 길이라 확신한다. 역사의 흥망성쇠는 반복한다지만 일본이 지난 150년의 부흥기를 마감하고 급격하게 후퇴하고 있으며 안전문화 수준도 아울러 암흑기에 접어들어 가고 있다해도 과언이 아니다.

5) 우리나라 경제 성장과 안전문화 방향

"4차 산업혁명을 위한 대외 혁신"을 하여야 지속 가능한 경제 성장을 한다고 주장하시는 서울대 행정대학원 김태유 명예 교수님은 공학도이지만 경제학 박사이고 인류 문명사를 연구하고 계시는 역사학자이기도 하여서 그러한지 우리에게 많은 시사점을 주었다.

그 내용을 간략히 살펴보면 "인간은 행복하기 위해서 태어나는데 우리는 행복한가?"부터 시작된 강의는 한국 경제성장률 추이, 국민소득 천 불 시대(1979)에서 3만 불 시대(2019)에 맞이하는 3포 세대(결혼, 출산, 내 집 마련)에 이어서 N포 세대

(꿈, 희망직업, 인간관계, 연예)를 언급하면서 노인 자살률 압도적인 세계 1위로 대한민국이 위기 상황임을 자세히 설명하였다.

위기의 원인은 성장 동력 상실과 빈부격차 확대를 일으킨 신자유주의 실패에 기인하였으며, 자유무역주의(18세기), 자유무역 국제주의(20세기), GATT 체제(20세기), WTO 체계(21세기)에 따라 G2(미 · 중 무역 전쟁 또는 패권전쟁), 일본의 경제보복 등으로 인한 한일 무역 분쟁, 저 출산 고령화와 양극화 등으로 나타난 신자유주의 실패를 어떻게 극복할 것인가? 가 그 주요 내용이었다.

결론은 N포 세대를 방지하기 위해서는 꾸준한 경제 성장이 이루어져야 하며 그러기 위해서는 제4차 산업혁명을 위한 3대 제도 혁신을 제안하였다.

3대 제도 혁신은 정부 혁신(정부 유전자를 변화시켜라), 사회 혁신(은퇴가 없는 나라), 대외 혁신(북극항로 선점, 연해주 등 극동 러시아의 과감한 투자를 위한 러시아와 전면 관계 개선 노력)이었으며 시간 관계상 대외 혁신에 대해서만 자세한 설명을 하였고 나머지 2대 혁신에 대해서는 유튜브를 보라고 하였다.

공학도에서 경제학도로 변신하여 인류 문명사를 깊게 연구한 역사학자로서 내린 최종 결론은 "새로운 길이 열리면 새로운 시대가 열린다" 라는 사실이었다. .

당나라 시대 중국의 우수한 고대문화 문명이 실크로드를 통해서 서양으로 전파되었으며, 향신료 루트를 통하여 인도, 인도네시아의 향신료(후추, 계피, 침향 등)가 베네치아 상인을 통하여 이스탄불과 알렉산드리아를 거쳐 유럽으로 전파되었다. 이러한 실크로드와 향신료 루트를 통한 교역과, 석탄과 인도 면직물이 대서양 루트를 통해서 영국에 유입되면서 증기기관차와 제조업 부흥으로 1차 산업혁명이 일어나게 되었다.

현재 세계적인 루트는 수에즈 운하(Suez Canal Route)를 거친 인도양 루트로 중국 원유의 91%, 일본 원유의 62%, 한국 원유의 80%를 수송하고 있어 고대 실크로드의 역할을 수행한다고 할 수 있다. 그러나 미국은 셰일 가스 개발로 인해 각국의 원유 수송선을 보호할 명분이 많이 상실되면서 이제는 당사국들이 원유 수송선 보호에 직접 나서야 하는 위험에 처해 있다.

이러한 이유로 지구온난화로 인해 점점 열려가고 있는 북극 항로를 대한 해협에서부터 적극적으로 개척하여야 하며 아울러 러시아와 관계 개선을 획기적으로 하여야 한다고 하였다. 극동 러시아를 개발하고 북극 항로를 개척할 수 있는 나라는 우리나라가 최적격 국이 될 수밖에 없다고 하였다.

북극항로(12,300KM)는 수에즈 운하(17,300KM)보다 5,000KM나 짧아서 거리상 30%의 단축 효과가 있으며 조선업 강국인 우리나라만이 개척할 수 있다고 하였다. 아울러 4대 강대국과 등거리 외교(고려처럼)를 하면서 러시아는 중국의 황화론(중국이 인구 격차로 러시아를 점령), 러일전쟁에 의한 포츠머스 조약, 유수록(幽囚錄 : 아베가 존경한 인물로 요시다 쇼인이 1854년에 캄차카 반도와 오호츠크해를 빼앗고 조선에 요구하여 조공을 바치게 하며…….) 등등의 이유로 서로간의 갈등 관계 때문에 결코 가까이 지낼 수 없기에 우리나라만이 유일하게 러시아와 가까이 원활하게 가져갈 수 있다고 하였다.

독일의 아우토반(Autobahn)과 포르셰가 만든 폭스바겐의“Beetle”이 전후 독일을 제조 산업의 강국으로 이끌었으며, 미국 자율 주행차 선도주자 회사인 태슬러의 일런 머스크 회장이 우주왕복선을 개발하는 것은 4차 산업의 선도주자로서 좋은 사례라 하였다.

에필로그로 김태유 교수님은 다산 정약용 선생의 대표작 일표이서(一表二書), 경세유표, 목민심서, 흠흠신서의 저술 의도를 밝힌 경세유표(經世遺表)의 서문 방례초본인(邦禮艸本引)에서 1817년에 “터럭만큼도 병통이 들지 않은 곳이 없는 바 지금이라도 고치지 않으면 반드시 나라가 망할 것이다”라고 하였는데 그대로 되었다고 하시면서 “그리고 여러분이 지금 당장 실행해 주시지 않으면 아무도 해 주지 않습니다.”라고 힘주어 강조하였다.

필자의 의견은 우리나라 경제 성장과 발전은 그 기법들이 넘쳐 난다고 할 수 있다. 당연히 경제 발전과 지속적인 성장도 김태유 교수님의 주장처럼 변화와 혁신을 해가면서 꾸준히 이루어야 미래 세대를 위해서도 바람직하다. 그러나 안전문화가 결여된 압축 고도성장은 파괴적인 성장으로 후유증과 부작용이 훨씬 크므로 과거의 실패를 거울삼아서 이제부터는 문화가 있는 삶의 일환인 안전문화 수준향상을 위한 획기적인 대책으로 “안전문화혁명”을 일으켜야 한다고 강력히 주장하는 것이다.

9. 안전문화 코끼리 모듈(Module)

안전문화를 거대한 코끼리에 비유해 본다면 그 동안 안전문화에 대한 담론들이 부분적으로 워낙 방대한 면도 있어서 그렇지만 사회적으로 코끼리 다리 만지는 식으로 회자되었다고 할 수 있다. 따라서 금번에 안전문화를 코끼리로 비유해 보면 코끼리를 아주 선명하게 전체가 보일 수 있도록 하고자 하는 것이 저자의 의도라고 해도 과언이 아니다. 코끼리의 코, 머리, 몸통, 다리, 꼬리 순으로 모자이크(Mosaic)나 모듈 형식으로 전개하여 안전보건의 어느 위치에 어떤 역할을 하고 있는지 알 수 있도록 그림 1-9와 같이 안전문화 3단계 발전론으로 구성하였기 때문에 어느 부분을 읽어도 필요한 부문의 위치와 역할 및 기능을 쉽게 알 수 있도록 하였다.

그림 1-9 안전문화와 코끼리 모듈(Module)

10. 안전문화의 근본인 대학연의(大學衍義)

(1) 배경

본 서에서 안전문화 수준향상을 위한 각종 대안을 제시하면서 안전문화를 거의 많은 분들이 코끼리 다리 만지는 식으로 이야기를 하기에 안전문화란 코끼리 전체가 선명하게 보이도록 하는 것이 본서의 목적이라고 하였다. 그러나 이 코끼리도 방대하고 엄청난 분야이기에 안전문화를 한꺼번에 이해하는 것은 어렵기 때문에 각 부문별로 모듈(Module)화하여 설명하였다. 그러면서 3단계 발전론, 3E 대책, 각종 이론 등 수많은 대책을 설명하면서 이는 범정부적 차원을 뛰어넘어 범국가적(행정부, 입법부, 사법부)으로 대응하여 범국민적으로 안전문화 수준을 높이지 않으면 안 된다고 하였다.

왜냐하면 50~60년간 압축고도성장으로 인한 국민들의 안전문화 수준은 척박하게 되었으며 이로 인한 파괴적인 성장, 죽음의 도약, 필사의 도약시대에 부지불식간에 고도성장에 대한 DNA가 내재되었으며 심지어 지도자들도 은연중에 내재되어 있는 관계로 총체적 난국이라고 할 수 있으며, 이는 결국 4대강 사업 삽질과 세월호 사건 등으로 귀결되었다고 할 수 있다.

그러나 세월호 이후 우리 모든 국민들이 깨어나기 시작하였다. 그리하여 촛불문화운동이 시작되었으며 촛불 문화운동은 촛불 문화혁명으로 승화되어 현 정부의 탄생에 이르게 되었다 할 수 있다.

현 정부는 "이것이 나라냐?"는 국민들의 의문을 해소하기 위해 "오늘부터 나라를 나라답게 만드는 대통령이 되겠다."라고 취임사에서 밝힌 새 정부가 탄생하게 되었으며 "나라를 나라답게"의 근본 뿌리는 유교의 경전들이 대부분이 들어 있는 대학연의(大學衍義)라고 할 수 있다. 그리하면서 결론적으로 이 책에서는 바이블, 금강경, 주역, 홍익인간[1]사상, 행복론까지 동원하여 안전보건 문화수준 향상의 당위성을 역설하였다.

또한 역사적으로 보면 우리 민족의 뿌리는 1700년의 불교와 200년의 크리스찬

1 홍익인간(弘益人間) : 어떤 사람 어떤 민족 어떤 나라든 나와 너를 가리지 않고 내 몸처럼 이롭게 한다는 뜻으로 단군의 건국이념이다. 삼국유사 고조선 건국사에 나와 있다.

교도 영향을 끼치고 있지만 유교사상이 안전문화에도 가장 크게 영향을 끼치고 있음을 알 수 있다. 우리는 역사시간에 세계 4대 성인을 흔히 예수, 석가모니, 마호메트, 공자로 배웠다. 우리나라 문화유적이 가장 많은 것은 불교와 유교인 것은 말할 나위도 없다. 이러한 문화적인 역사를 모두 설명하는 것은 불필요하기도 하지만 가능하지도 않다.

다만 여기에서 강조하고 싶은 것은 유교의 경전을 대부분을 담고 있는 대학연의(大學衍義)에 대해서 말하지 않을 수 없다. 왜냐하면 안전문화를 코끼리에 비유하여 코끼리 다리 만지는 식의 설명만 난무한다고 하여 코끼리 전체가 본서에서는 선명하게 보이게 하는 것이 목표라 하였는데 대학연의(大學衍義)는 안전문화라는 코끼리에 비하면 우주만상이라 할 수 있으며 안전문화 수준향상을 위한 혁명의 근본 뿌리이기 때문이다. 물론 안전문화에 대한 근본 뿌리는 4대 성인과 종교에도 내재되어 있지만 대학연의(大學衍義)에 선명하게 나와 있기에 여기에서 좀더 상세하게 언급하고자 하는 것이다.

(2) 대학연의(大學衍義)

대학연의(大學衍義)는 어떻게 하면 국민들이 바라는 나라를 만들 수 있을까? 어떻게 하면 전 세계가 부러워하는 국가를 만들 수 있을까? 어떻게 하면 이런 모범적인 국가를 만들 수 있을까?에 대한 길과 해답이 나와 있다.

모범국가 건설에 대한 인류의 관심은 수 천년 전부터 지속되어 왔으며 2016년 우리나라 촛불 문화혁명이 바로 "이게 나라냐?"라는 질문을 던졌고 "나라를 나라답게"라는 답을 제시하였다.

대학연의(大學衍義)는 「대학」에서 그리는 이상 사회와 그곳을 가기위한 길(道)을 기본으로 하여 그 뜻을 헤아리고 넓힌 책이다.

즉, 이상사회와 모범국가로 이끄는 논리체계는 「대학」을 기초로 하되, 이를 보다 이해하기 용이하도록 각 권마다 제일 먼저 성현(聖賢)의 전훈(典訓) 즉, 4서3경(四書三經)[2]은 물론이고 예기(禮記) · 춘추(春秋)까지 앞에 두고 고금(古今)의 역사적 사례

2 4서3경(四書三經) : 논어, 맹자, 중용·대학, 시경·서경·주역

나 발자취(史述)를 두었다. 그 다음에는 여러 유학자들이 경전을 풀이하고 역사를 논하여 해설한 것들을 기록하였고 마지막에는 진덕수[3](陳德秀, 1178~1235) 본인의 생각을 덧붙이고 펴내서 인류가 펴낸 가장 방대한 경전 중의 하나라라 할 수 있다.

현 정부들어서 나라를 나라답게 만든다고 하면서 사람존중, 생명존중, 노동존중, 건강존중 정책의 일환으로 펼치고 있는 사망사고 절반 줄이기 대통령공약사업추진은 많은 성과를 내고 있다. 그럼에도 불국하고 문화가 바뀌는 것은 지난한 과제이기에 한계가 있으나 "나라를 나라답게"하려는 방향성은 바로 잡았으며 우선 그림 1-10 대통령 취임 선서에서 말씀한 대로 "나라를 나라답게"만 만들면 자연스럽게 안전문화 수준도 올라갈 것이다. 그렇기 때문에 안전문화의 근본적인 뿌리라고 할 수 있는 대학연의(大學衍義)를 좀더 자세하게 소개해 보면 다음과 같다.

그림 1-10 대통령 취임 선서

3 진덕수 : 송나라 건녕부(建寧府) 포성(浦城) 사람으로 호는 서산(西山)이고, 시호는 문충(文忠)이다. 영종(寧宗) 경원(慶元) 5년(1199) 진사(進士)가 되고, 개희(開禧) 원년(1205) 박학굉사과(博學宏詞科)에 합격하였다. 이종(理宗) 때 예부시랑(禮部侍郎)에 발탁되어 직학사원(直學士院)에 올랐다. 사미원(史彌遠)의 탄핵을 받고 파직되었지만, 나중에 천주(泉州)와 복주(福州)의 지주(知州)를 지냈다. 단평(端平) 원년(1234) 입조하여 호부상서(戶部尙書)에 오르고, 한림학사(翰林學士)와 지제고(知制誥)가 되었다. 다음 해 참지정사(參知政事)에 이르렀는데 얼마 뒤 죽었다. 시정(時政)에 대해 자주 건의하였고, 주소(奏疏)는 수십만 자에 이르렀다. 주자학파(朱子學派)의 대표적 학자로, 『대학연의(大學衍義)』는 『대학장구(大學章句)』에 비견한다는 평을 들었다. 경원당금(慶元黨禁) 이후 정주(程朱)의 이학(理學)이 다시 성행하는 데 공헌한 바가 컸다. 그 밖의 저서에 『당서고의(唐書考疑)』와 『독서기(讀書記)』, 『문장정종(文章正宗)』, 『서산갑을고(西山甲乙稿)』, 『서산문집(西山文集)』 등이 있다.

안전문화 수준 향상은 범정부적을 떠나서 범국가적(행정부, 입법부, 사법부)으로 대처하지 않으면 안 되며 공공기관이 우선 앞장서서 안전문화 수준을 올리지 않으면 도저히 안 되겠다는 일념으로 단순하게 본인이 서울대 행정대학원 국가정책과정에 입문하였는데 뜻밖에도 개강 강의로 "대학연의(大學衍義), 모범국가 리더십을 말하다."에 대한 열강이 있었다.

이 내용은 공자의 4서3경(四書三經) 중 하나인 대학(大學)을 중심으로 너무나 어렵고 힘들기에 송나라 대 유학자 진덕수(陳德秀, 1178~1235)가 후세들이 좀 더 쉽게 이해하도록 방대한 분량을 무려 제1권부터 43권으로 정리하여 만든 것이다. 그래서 대학연의(大學衍義)에 담겨 있는 고귀한 의미와 가치는 韓 · 中의 옛 왕들이 중시했다는 것에서 충분히 짐작 가능하다. 요순왕 등 중국의 역대 왕은 물론이고, 조선을 개국한 태조부터 주요 임금들이 대학연의로 경연을 펼쳤다. 특히 학문에 일가견이 있는 세종대왕은 대학연의를 무려 100번 이상 탐독하여 성군의 경지에 이를 수 있었다는 말도 전해지고 있다.

이런 역사적 사실은 실제 TV 방송을 통해 소개되기도 하였다. 예전에 국민들 사이에서 선풍적 인기를 끌었던 '용의 눈물'이라는 드라마를 보면, 정도전이 이성계 장군에게 읽기를 권하고 백성들 사이에서는 이성계가 역모를 꾸미기 위해 제왕학을 공부한다는 소문이 퍼지는 장면이 나오는데, 바로 이 제왕학이 담긴 책자가 대학연의(大學衍義)를 말한다.

왕을 만드는 책이라 불릴 정도니, 그 내용이 얼마나 심도있고 방대하겠는가? 김병섭 교수님도 7년 전 서울대 행정대학원에 국가 리더십 센터를 설립한 이래 수많은 교수님들과 함께 연구 · 정리를 하여 최근에서야 상 · 중 · 하권 수 천 페이지에 달하는 한글판을 세상에 내놓을 수 있었다고 한다.

이 강연을 듣고 나는 비로소 대통령이 취임사에서 "오늘부터 나라를 나라답게 만드는 대통령이 되겠다"고 하신 것이 단순히 포부를 말한 것이 아니라, 성현들이 깊게 연구한 결과물을 탐독하여 깨달은 성찰의 진리를 밝힌 것임을 알 수 있었다. 더불어 단순히 공공기관의 재해 예방과 안전문화가 우선이라는 생각으로 깊은 고민 없이 국가정책 과정에 입문하고자 했던 자신이 부끄러워지는 순간이었다.

그날로 나는 대학연의(大學衍義)을 읽고 난 후 안전문화 혁명론을 새롭게 정립하기로 결심하였다. 그리하여 안전문화의 꽃을 피우기 위한 토대를 마련하기 위해 저 또한 '대학연의, 모범국가 리더십을 말하다'의 강연 내용을 설파해야겠다는 다짐을 하게 됐고, 나라가 모범이 되고 나라다운 나라가 되면 안전문화의 꽃은 자연스럽게 피울 수 있다는 것을 깨닫게 됐다.

안전문화의 꽃을 피우려면 압축 고도성장에 반하는 혁명적으로 안전문화 수준을 향상시켜야 한다고 설파하였는데 그것보다도 더 우선하는 것이 "대학연의(大學衍義), 모범국가 리더십을 말하다."를 설파해야겠다는 것이었다. 그 토대 위에 안전문화의 꽃을 피워야하며 나라가 모범이 되고 나라다운 나라가 되면 안전문화의 꽃은 자연스럽게 피울 수 있다는 것이 대학연의(大學衍義)를 본 소감이었다.

나라다운 나라, 난세(亂世)와 치세(治世), 주례(周禮), 대학(大學), 치인(治人), 리더십에서 인사의 중요성으로 인사(人事)가 만사(萬事), 때로는 망사(亡事)로 요임금의 인재 분별법 등으로 대동사회[4]를 만들겠다는 수많은 주옥같은 내용을 여기에서는 3강령(三綱領), 8조목(八條目)으로 구성되어 있으나 갠지스 강의 모래알 정도밖에 표현할 수 없는 것이 아쉬울 따름이다.

'안전문화 혁명'으로 안전문화 꽃을 피우기 위해 노력한다고 하였는데 그것보다 더 우선하는 것이 나라다운 나라를 위해 "대학연의(大學衍義), 모범국가 리더십을 말하다."를 우선 충분이 이해하고 공감한 후에 안전문화 혁명 등 모든 분야의 목표를 이루어야 할 것 같다.

---

4 **대동사회** : 큰 도(大道)가 행해질 때는 천하가(일부 개인이나 집단의 것이 아니라)구성원 모두의 것이다. 어진자와 능력있는 자를 선발하고, 신의를 가르치며 화목함을 닦는다. 그러므로 사람들이 오직 자기 어버이만을 어버이로 여기지 아니하고, 오직 자기 자식만을 자식으로 여기지 않는다. 노인은 여생을 편히 마칠 수 있게하고, 젊은이는 일할 곳이 있게 하며, 어린이는 잘 자랄 수 있게 하며, 홀아비·과부·고아·독거노인·장애인들은 모두 돌봄을 받을 수 있게 한다. 남자는 자기의 직분이 있고, 여자는 자기를 맡길 가정이 있다. 재물이 땅바닥에 버려지는 것을 미워하나 자기 것으로 쌓아두지 아니하며, 일하지 않는 것을 미워하나 반드시 자기만을 위하여 일하지 않는다. 이런 까닭으로 음모가 막혀 일어나지 아니하며 도둑이나 세상을 어지럽히는 무리들이 생기지 않는다. 그러므로 바깥문이 있어도 닫지 아니 하니 이를 일러 대동(大同)이라 한다.

따라서 국정과 국가를 돌보시는 분, 공직기관에 있는 분은 물론이고 일반 국민들도 대학연의(大學衍義)에 대한 개요만 제대로 알아도 안전문화 수준향상은 물론이고 안전문화 혁명을 일으키는 가장 큰 기폭제가 될 것이다.

그러므로 최근에는 고심고심 끝에 "안전문화 혁명"은 범정부를 뛰어 넘어 범국가적(행정부, 입법부, 사법부) 그리고 범국민적 참여가 뒷받침되어야 한다는 판단 하에 노 · 사 · 정 대표(김주영 노총위원장, 손경식 경총회장, 이재갑 장관)와 입법부 대표(정세균 전 국회의장), 사법부 대표(김지형 전대법관)에게 '안전문화 혁명'의 추천사를 직접 받게 되었다.

각 분야 대표들의 간절한 염원과 소망을 자양분으로 삼아 차질 없이 이를 바탕으로 안전문화 혁명의 깃발을 높이 들어 올릴 것을 독자 여러분께 가장 먼저 약속드리며 함께 공감하면서 "안전문화 혁명"을 이루어 나갈 것을 간절히 기원 드리는 바이다.

제2장

문화와 안전보건문화

과거 물질문화에서 벗어나 역사와 철학, 그리고 문화, 대학연의의 정신적 가치 바탕 위의 정서적 인간심리를 중시하는 안전보건문화가 정착되어야 하겠습니다. 이제 안전보건문화 혁명은, 조직은 물론, 범국가적 운동으로 승화되어야 합니다.

제 2 장

문화와 안전보건문화

I. 문화개론(文化槪論)

1. 문화(文化)란?

고려대 한국어대사전에 따르면, 문화(文化)란 '자연 상태에서 벗어나 삶을 풍요롭고 편리하고 아름답게 만들어 가고자 사회 구성원에 의해 습득, 공유, 전달이 되는 행동 양식 또는 생활양식의 과정 및 그 과정에서 이룩해 낸 물질적 · 정신적 소산을 통틀어 이르는 말'이다. 여기에는 의식주를 비롯하여 언어, 풍습, 도덕, 종교, 학문, 예술 및 각종 제도 따위가 모두 포함된다.

세계 각국의 학자들도 자신만의 언어로 문화라는 개념을 설명하고 있다. 일례로 영국의 인류학자 에드워드 버넷 타일러(Sir Edward Burnett Tylor)[5]는 문화를 '문화는 지식, 신앙, 예술, 도덕, 법률, 관습 등 인간이 사회의 구성원으로서 획득한 능력 또는 습관의 총체'라고 정의했다.

미국의 인류학자 알프리드 루이스 크로버(Alfred Louis Kroeber)[6]는 "문화는 구체적인 행동으로부터의 추상이고 그 자체가 행동은 아니다. 습득된 행동, 마음속의 관념, 논리적인 구성, 통계적으로 만들어진 것, 심리적인 방어기제 등 문화를 구성하는 164가지 요소에 대한 정의이다."라고 말했다.

---

5 에드워드 버넷 타일러(Sir Edward Burnett Tylor, 1832. 10. 2.~1917. 1. 2.)는 영국의 인류학자이다.

6 알프리드 루이스 크로버(Alfred Louis Kroeber, 1876. 6. 11.~1960. 10. 5.)는 미국의 인류학자이다.

2. 문화(文化)의 종류

(1) 물질 문화

인간이 주변 환경에 적응하기 위해 만들어 낸 물질적인 것으로 구성원의 욕구를 충족시켜 주는 것이라고 정의할 수 있다.

(2) 비물질 문화

① 제도 문화 : 규범체계로서 인간이 만들어 낸 규범
규범체계로 구성원의 행위를 규제하고 사회질서를 유지하기 위함

② 관념 문화 : 이념체계로서 선대로부터 전해 내려오는 철학이나 문학 및 전설 등과 같이 정신적인 가치를 의미

(3) 문화와 제도와의 관계

① 제도가 정착이 되어 문화를 주도(예: 자동차 안전 벨트)

② 문화가 결국 제도를 형성(예: 아랍 문화)

개념도

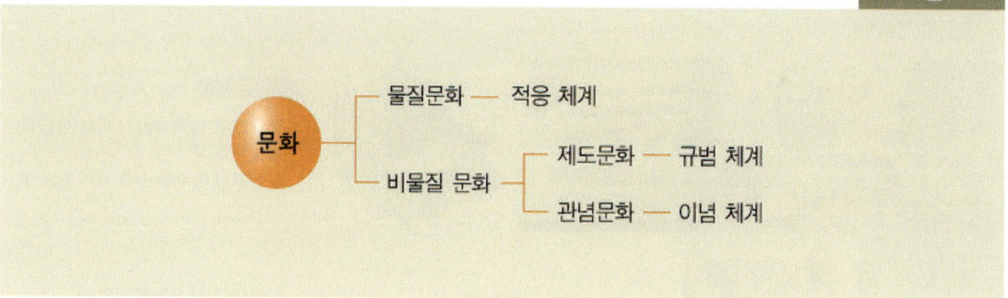

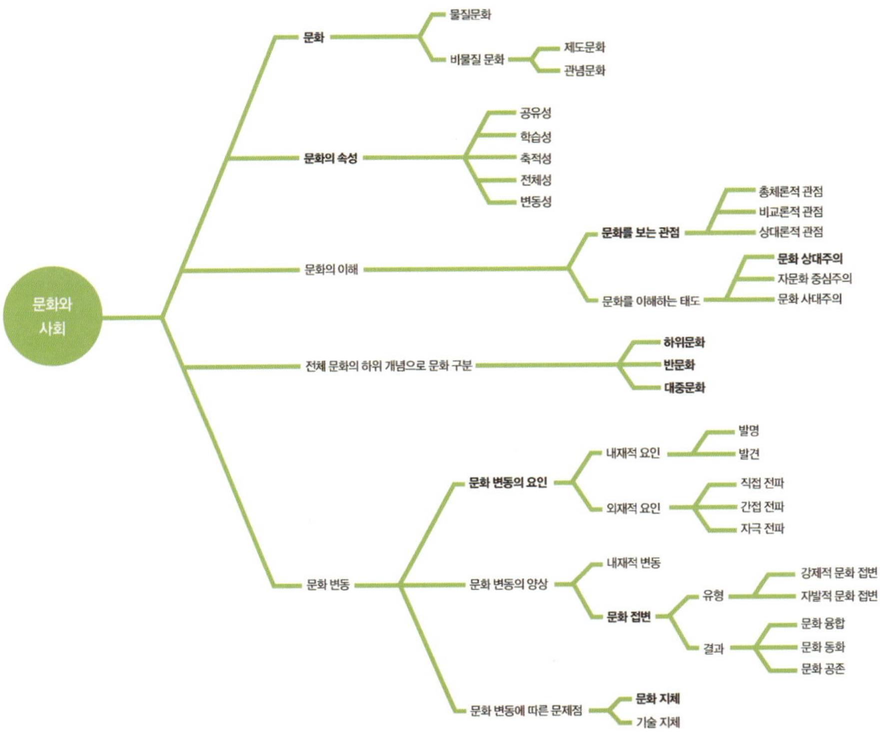

출처: 네이버 지식백과, 문화(culture, 文化), 한국민족문화대백과, 한국학중앙연구원)

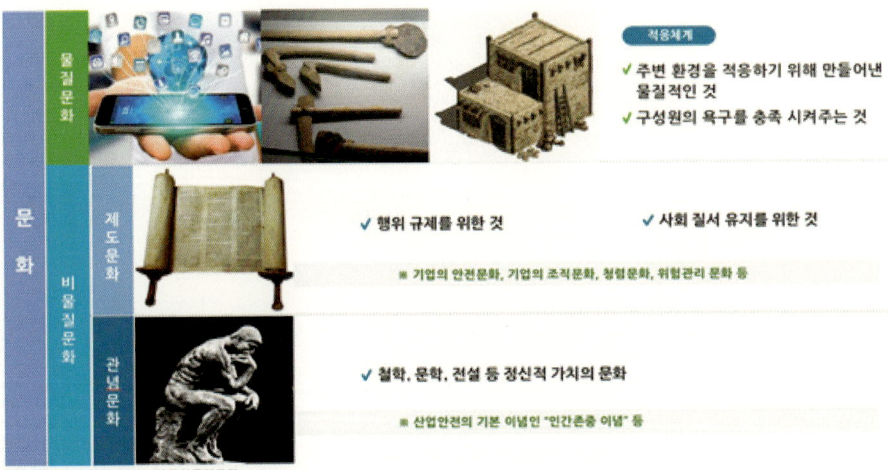

출처 : 한국민족문화대백과, 한국학중앙구원

그림 2-1 문화의 종류

3. 문화의 특성과 태도

(1) 문화의 가치 평가

문화에는 측정할 수 없는 가치도 있지만 얼마든지 측정할 수 있는 가치도 있다.

(2) 문화적 적응과 변화

① **생태학적 변화** : 모든 사회문화적 체계는 자연환경의 영향을 받음(에스키모의 추위적응)

② **문화 전파** : 관습/신앙/도구/기술/설화 등이 한 민족이나 지역에서 다른 민족과 지역에 전해지는 것

③ **문화 접변**(文化接變) : 2개의 상이한 문화가 접촉하는 과정에서 문화요소들이 변하는 과정

④ **문화적 진화** : 문화가 지속적으로 단순한 형태에서 복잡한 형태로 발전하는 과정

(3) 문화를 이해하는 태도

문화를 이해하는 태도에는 크게 세 가지가 있다. 자문화 중심주의, 문화 사대주의, 문화 상대주의다. 먼저 자문화 중심주의란 다른 문화를 자기 문화의 틀 속에서 해석하고 평가하는 태도를 말한다. 유럽의 해외 식민지 건설 시기에 특히 강조되었다. 문화 사대주의란 다른 사회의 문화를 가치 있고 우수한 것으로 여기고 자기 문화를 부정적으로 평가하는 태도다. 문화 상대주의는 각 문화를 그 사회가 처한 환경과 역사적 맥락에 의해 이해하려는 태도다. 이에 따르면 어떤 문화의 비도덕적 행위도 다른 문화에서는 도덕적일 수 있다.

4. 문화와 인간정신에 대한 접근법

문화는 상징적 사고라는 인간 고유의 능력에서 유래한다. 인간 이외의 동물에게는 의미나 행위를 이해할 수 있는 능력이 있다는 증거는 아직 없다. 문화는 일

단 확립되면 자체의 생명을 가지게 되고 한 세대에서 다음 세대로 전달되며, 인간이 사회 속에서 안전하게 생활할 수 있도록 기능한다. 문화는 사회에 선행한다. 인류의 직계 조상은, 사회라는 형태는 유지하고 있었으나 문화는 가지고 있지 않았다.

이처럼 문화는 인간의 정신과 밀접한 연관이 있다. 그러므로 문화에 대해 이해하기 위해서는 이와 관련된 다양한 접근 방법 등을 알 필요성이 있다. 문화를 해석하는 데 사용되는 주된 두 가지 시각은 다음과 같다.

(1) 문화에 대한 보편주의적 접근

생물학적 진화를 위한 본능적인 행동 패턴이 다음 세대로 전달(학습)되면서 문화가 형성된다는 접근 방식이다. 이 관점에 따르면 문화는 단순한 반사적 반응이며 생활의 안정 · 지속성을 보장하기 위한 고도로 진전된 수단이기에 보편적인 성격을 가진다.

(2) 상대주의적 접근

모든 사회는 고유의 사회문화적 체계(기술, 제도, 관념 등)를 보유하고 있다는 접근법이다. 이 관점에 따르면 개개의 사회문화적 체계는 구조와 조직에 따른 현저한 차이(자연자원, 언어, 도구의 제작 및 사용 등)가 있다.

5. 문화와 인성(人性)

문화는 인간의 행위와 사고에 지대한 영향을 미친다. 때로는 생(生)과 사(死)의 기로에서도 문화를 따라 행동하는 것이 더욱 중요한 가치로 여겨질 정도다. 예를 들어 특정한 음식을 불결하다고 여기는 문화권에 속한 사람이 다른 음식은 전혀 없고 해당 음식만 많은 상황에 처하게 됐을 때, 문화에 따라 음식 섭취를 거부하고 죽음 맞이 행동을 보이기도 한다.

이 때 문화와 각 개인이 가지는 사고와 행동특성, 즉 인성과의 관계를 이해하기 위해서는 '개인의 인성이 문화적 환경 속에서 형성되는 과정'을 연구할 필요가 있다. 그러나 생물학적 요소도 개인의 인성 발전에 있어서 의미 있는 결정요인이다. 따라서 개인의 인성은 생물학적 요인과 문화적 요인 양자에 의한 것이기 때문에 '양자를 분리하는 것'도 '특정 상황에서 각각의 중요도를 비교하는 것'도 별 의미가 없다.

6. 문화의 발전과 재해재난

인류의 문화는 BC10,000년경 인간과 자연의 공존과 생존을 위한 투쟁인 '수렵 · 채취 문화'에서 '농경문화'로 접어드는 농업혁명에서 시작되었다고 볼 수 있다. BC 2,300~612년에는 메소포타미아 문명이 발전되며 바빌론의 인구가 15만 명을 이루게 된다.

BC 700~AD 1,300년에는 그리스 로마와 몽골 제국의 문화가 나타나면서 고대 로마법이나 학교 등 교육제도가 만들어지고 도로와 통신 등 문명 인프라를 구축되게 된다. 1420년대에는 동 · 서양의 과학 기술 혁신이 이루어지며, 서양 문명의 태동의 시기인 1683년을 거치게 되면서 인류의 문화는 계몽주의 및 산업혁명의 발현인 1800년대를 맞이하게 된다.

문명의 발전과 그에 따라 발생한 재해 · 재난은 다음과 같다.

인류와 문명

연도	Big Event	Innovation & disaster Mgt
BC10,000	수렵채취에서 농경문화로 농업 혁명	인간과 자연의 공존/생존을 위한 투쟁
BC2,300-BC612	메소포타미아 문명	바빌론 인구 15만명
BC 700-AD 1300	그리스 로마 문명 몽골제국	고대 로마법, 학교 등 교육제도 도로, 통신 등 문명 인프라 구축
1420년 대	정화의 대함대 · 세종의 과학 기술혁신	동 · 중 양의 과학 기술 혁신
1683년	합스부르크 공성전	서양문명의 태동 (경쟁, 과학기술,의학기술 소유, 대량소비, 직업윤리)
1650년-1800년	계몽주의 및 산업혁명의 발현	자연철학의 수학적 원리(뉴턴, 1687) 국부론(애덤 스미스, 1776) 인구원리에 대한 시론(맬더스, 1798)

4

혁신과 재난사고

연도	Big Event	Innovation	Disasters Management
1750년 -	1차 산업혁명	철도+증기기관+인쇄물	시행착오에 의한 RISK관리 First Mover
1920년 대	2차 산업혁명 FORDISM/KEYNESIAN의 대두	도로+GAS,전기 등 +TV	사업장의 대량사고 작업환경 문제심각
1970년 대	건설 및 인프라혁명	WTC 건설(1976) 맨해턴 관리기법 활용	TMI 사고(1978) 시스템의 오류
1980년	인터넷 혁명 Dell, Steve Jobs, Bill Gates	대량생산에서 주문생산으로	인프라의 붕괴사고 대응
2000년	3차 산업혁명 : 녹색 혁명	광 통신망+분산형 재생에너지 +인터넷 네트워크	지속가능경영 기업의 사회적 책임
2010년 ~	4차 산업혁명 : 연결과 지능,ICBM	현실 + 가상, Digital+ Analogue 융합 / 협력 / 사물 + 사람 연결 / 맞춤생산	Resilience Engineering 선제적 안전관리

5

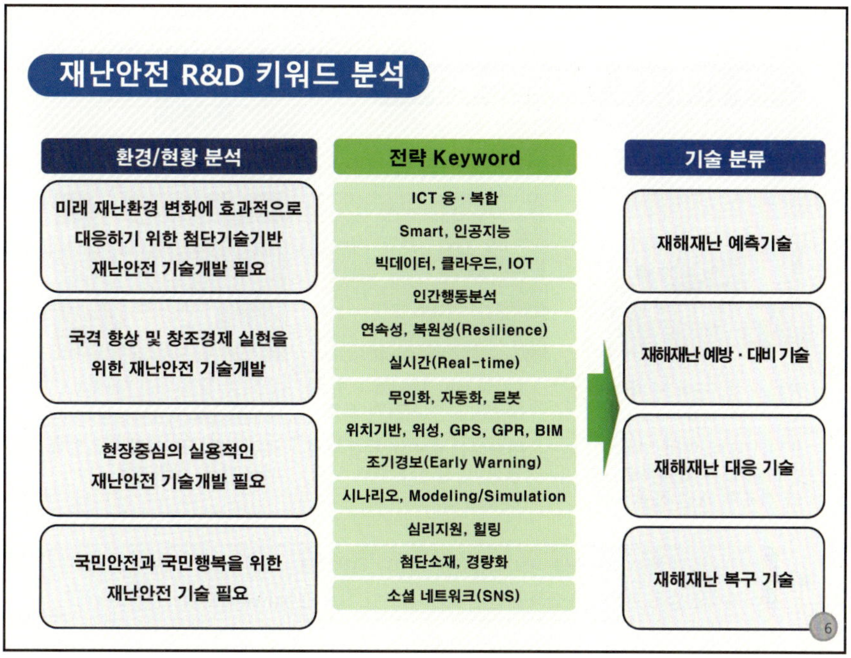
재난안전 R&D 키워드 분석
환경/현황 분석
미래 재난환경 변화에 효과적으로 대응하기 위한 첨단기술기반 재난안전 기술개발 필요
국격 향상 및 창조경제 실현을 위한 재난안전 기술개발
현장중심의 실용적인 재난안전 기술개발 필요
국민안전과 국민행복을 위한 재난안전 기술 필요
전략 Keyword
ICT 융·복합
Smart, 인공지능
빅데이터, 클라우드, IOT
인간행동분석
연속성, 복원성(Resilience)
실시간(Real-time)
무인화, 자동화, 로봇
위치기반, 위성, GPS, GPR, BIM
조기경보(Early Warning)
시나리오, Modeling/Simulation
심리지원, 힐링
첨단소재, 경량화
소셜 네트워크(SNS)
기술 분류
재해재난 예측기술
재해재난 예방·대비기술
재해재난 대응 기술
재해재난 복구 기술
6

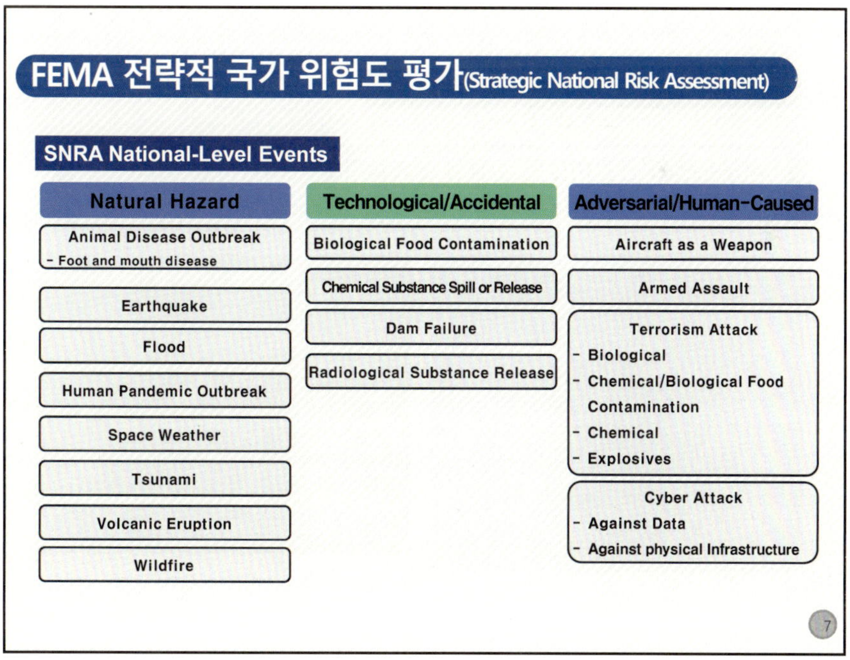
FEMA 전략적 국가 위험도 평가(Strategic National Risk Assessment)
SNRA National-Level Events
Natural Hazard
Animal Disease Outbreak
- Foot and mouth disease
Earthquake
Flood
Human Pandemic Outbreak
Space Weather
Tsunami
Volcanic Eruption
Wildfire
Technological/Accidental
Biological Food Contamination
Chemical Substance Spill or Release
Dam Failure
Radiological Substance Release
Adversarial/Human-Caused
Aircraft as a Weapon
Armed Assault
Terrorism Attack
- Biological
- Chemical/Biological Food Contamination
- Chemical
- Explosives
Cyber Attack
- Against Data
- Against physical Infrastructure
7

새로운 통신기술 + 새로운 에너지

인프라

4차 산업혁명 대비와 안전관리

1차 산업혁명	2차 산업혁명	3차 산업혁명

· 윤전기 등 Cool Media + 증기기관 + 철도	· TV 등 Hot Media + 석유 내연기관 + 자동차 도로	· 인터넷 등 Social Media + 분산형 재생에너지 + 광통신망
· 뉴턴(1687), 애담스미스(1776) 등의 과학기술원리와 경제학 개념 정립	· 대량생산 소비의 자본주의 형성 및 신 자유주의 시장 경제 출현	· 녹색혁명, 자연과의 공유,통합 네트워크, 협업경제

3차 산업혁명(제러미 리프킨, 2012)

➡ 인공지능 로봇 스스로 능동적으로 판단해 작업을 진행하여, 다품종 소량 맞춤 생산하고, 반복적인 일은 로봇이, 창의적인 일은 놀이하는 인간으로 분담(Homo Faber + Ludens)

8

정치·경제·사회적 패러다임 변화

서구문명의 근간이었던 ①경쟁 ②과학기술 ③의학기술 ④소유 ⑤소비 ⑥직업윤리 측면(시빌라이제이션, 니얼 퍼거슨, 2011)에서 보면

• As is

- 불공정 경쟁/ 부의 집중/자원 고갈/맹목적 소비
- 초 고령화/직업개념 혼란 등, 극단적 양극화
- 자살율 급증/ 출산율 저하

- 철도, 도로 등 infra 구축 산업
- 부가가치 극대화로 자원고갈
- 부동산 버블, 금융시스템 붕괴에 따른 경기 침

• To be

- 경제 사회적 불안의 적극적 해소 -안전, 복지
- 소통 공감을 통한 정의, 평화 구현
- 행복을 기초한 산업·기술발전, 일자리창출
- 기업의 사회적 책임과 인간존중 경영

- 지속 가능한 과학기술 혁신 – 창조 + 융합
- 문명 인프라의 녹색관리를 통한 자연 통합, 공유, 부가가치 창출

9

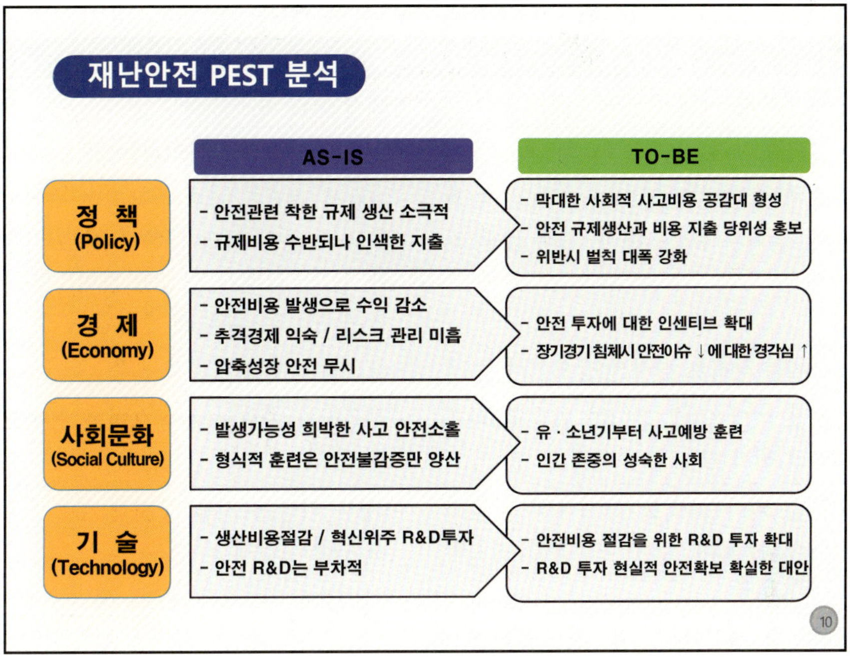

7. 동양과 서양문화의 차이

극즉반(極卽反)은 어떤 일이든 끝까지 가게 되면 돌이키는 것이 자연의 법칙이다. 분업의 시대가 가고 통합의 시대가 오며 서양의 시대에서 동양의 시대로 효율성만 강조한 신자유주의 시대가 저물었고 사람존중의 자본주의 시대(상생자본주의 시대)가 온 것이다.

노동운동도 분업화 대량생산 시대에는 단순노동에 숙달되다가 다른 일을 할 수 없는 몸이 되었기에 노동운동에 적극적으로 될 수밖에 없었으나 이제는 효율성보다는 응용력이 있는 노동자의 시대가 왔다.

공자님은 '인간으로서 할 일을 다하고 남은 힘이 있거든 공부하라(行有餘力則以學文)', '하나를 들으면 열을 안다. (聞一知十)'는 천재라는 뜻이 아니고 '하나를 배우면 열 가지로 응용하라'는 뜻이다.

결국은 공부나 학습을 하면 학습하는 시간보다 10배 이상 사색이나 생각을 하여야만 하고 그래야 내 지식이 되는 것이며 응용도 할 수 있다. 즉, 사람이 되라는

표 2-1 동양과 서양의 문화 차이점

동양문화	서양문화
• 해가 뜨는 아침	• 해가 지는 밤
• 일과를 시작하는 곳	• 일을 정리하고 마무리하는 곳
• 봄에 만물이 소생하면서 서로 먼저 먹고, 차지하려고 해서 「질서」를 강조	• 가을에 결실을 보면서 욕심이 생기고 혹은 겨울을 지내야 하니 서로 다투게 된다. 그래서 협상을 하며 「평등」을 주장하고 「의리」를 주장함
• 글씨를 상하로 질서를 잡으면서 씀	• 글씨를 가로로 평등하게 씀
• 문을 여닫을 때 봄이라 밖으로 나가려고 해서 밖을 향해 연다.	• 가을이라 안으로 들어오려고 안쪽으로 연다.
• 봄은 커가는 것을 중시해서 임금과 신하, 부모와 자식 부부관계도 위아래가 있음	• 「평등」이라는 것을 중시해 부부중심의 수평적 관계가 발달
• 순서를 매길 때 '하나, 둘, 셋'하면서 점점 커지는 숫자로 시작하므로 뿌리와 줄기에 해당해서 내가 속한 단체를 중시	• '셋, 둘, 하나'하면서 점점 작아지는 숫자로 끝이므로 가지와 잎새에 해당해서 나 자신을 중요하게 봄
• 집안에 공동화장실, 공동음식	• 각자 화장실, 각자 따로 음식
• 우리라는 울타리에서 화목하게 지내는 것이 미덕	• 각자 소유개념을 확실히 해서 분명히 나누는 것이 서양의 미덕
• 연공서열제	• 능력급제
• 뿌리와 줄기를 중시하기 때문에 조금 손해를 보더라도 우리라는 관계를 떠날 수 없음	• 끝에 드러난 가지와 잎새를 중시하기 때문에 이익과 손해 앞에서는 놀라울 정도로 순발력 발휘
• 뿌리와 줄기를 중시하기 때문에 구조조정도 마구 잘라 버릴 수 없음	• 가지와 잎새라면 잘라 버릴 수 있기에 마구 구조조정이 가능
• 인(仁)이 존중되어야 올바른 삶을 영위	• 의(義)가 존중되어야 올바른 삶을 영위
• 음식을 짜거나 달게 먹음	• 음식을 쓰거나 시게 먹음

김석진 지음, "우리의 미래", 2009년 발췌

공부이기 때문에 사람의 역할이 우선이고 사람의 도리를 배우고 난 다음에 지식에 대한 공부나 학습을 하여야 한다고 하였다. 특히 공부나 학습은 음률을 활용하라고 하였다. 「시경」에 보면 아무리 어려운 경전을 공부하더라도 시간을 내서 악기를 연주하고 소리를 내서 이용하면 단순히 눈으로 읽는 것과는 또다른 차원의 세계가 열린다고 하였다.

소리를 내서 공부를 하는 순간 오장육부가 일정한 리듬에 진동되어 건강하게 되고, 차츰 퍼져서 온몸으로 진동을 느끼다 보면 자신이 읽는 음조에 의해서 온몸이 하나로 통일되고 모든 기맥이 원활하게 소통이 되어 몸에 총기가 가득해져서 외우는 것이 쉽게 되고 건강해져서 일이 잘 풀리게 된다. 예전부터 시조를 읊고, 스님들이 게송(揭頌)을 읊는 것은 이런 연유라고 본다.

동양과 서양이 표 2-1에서 보는 바와 같이 같으면서도 다른 점이 있다는 것을 인정하고 같은 시대에 사는 인류로서 서로 경애하며 화합할 것을 모색하되, 각자의 특징을 살려야 공존의 틀이 오래 갈 수 있으며 앞으로는 유교경전에 의한 대학연의(大學衍義)에서 강조한 대동사회나 주역에서 이야기한 음양오행설과 우리나라 건국신화에 나와 있는 단군조선의 홍익인간사상 등은 동양적인 사고와 행동이 더 주도권을 갖는 세상이 될 것이라고 하였다. 특히 우리나라가 문화의 중심지(K-POP, 드라마, 한류, 한글 등)가 될 것이라고 하였다.

왜냐하면 맹자에서 "하늘이 장차 큰 임무를 내리려 하실 때는 반드시 먼저 뜻대로 안 되게 하여 마음을 괴롭게 하며, 힘든 일을 시켜서 힘줄과 뼈를 고통스럽게 하며, 먹을 것이 없어 굶주리게 하며, 가난하고 곤궁하게 하며, 일을 하려면 잘 안 되게 하여 몸과 마음을 힘들게 하니, 이것이 마음을 분발시키고 참을성을 기르게 하여 단점을 보완시키고자 하기 때문이다."라고 하였다.

동양에서도 우리나라가 자본주의와 공산주의, 식민지배와 피지배, 남북전쟁 등 가장 큰 시련을 극복해 가고 있는 중이며 문화의 꽃은 물론이고 안전문화의 꽃을 피울수 있는 모든 자양분을 갖고 있기때문이라고 할 수 있다.

따라서 일본 일장기의 무극에서 우리나라 국기 모양인 태극으로 왔으며 황극[7]으로서 새로운 역사를 써야 만이 세계의 황극이 되어서 새로운 문명을 열 수 있는 것으로 지정학적으로 간방에 해당하는 우리나라가 재물의 흐름뿐만 아니라 철학과 문화의 중심이 될 수밖에 없는 황극으로서의 새로운 역사를 쓸 수 있게 된다. 우리나라는 그동안 100년이 넘는 고난의 역사를 딛고 나라를 나라답게 하여 안전문화의 꽃을 피울 수 있는 새로운 역사를 쓸 수 있는 절호의 기회가 된 것이다.

그림 2-2 우주와 동양문화에서 본 바와 같이 지구에서 코끼리는 조족지혈(鳥足之血)에 불과하나 대학연의와 홍익인간사상은 4대종교(크리스트교, 불교, 이슬람교, 유교)를 초월한 인간현세의 근본 철학을 담고 있으며 동양철학과 우리나라 근본 뿌리 문화를 담고 있기에 대학연의에서 이야기하는 대동사회와 단군조선의 홍익인간 사상을 우주천체로서 문화의 근본으로 보고 안전문화를 코끼리에 비유하였다.

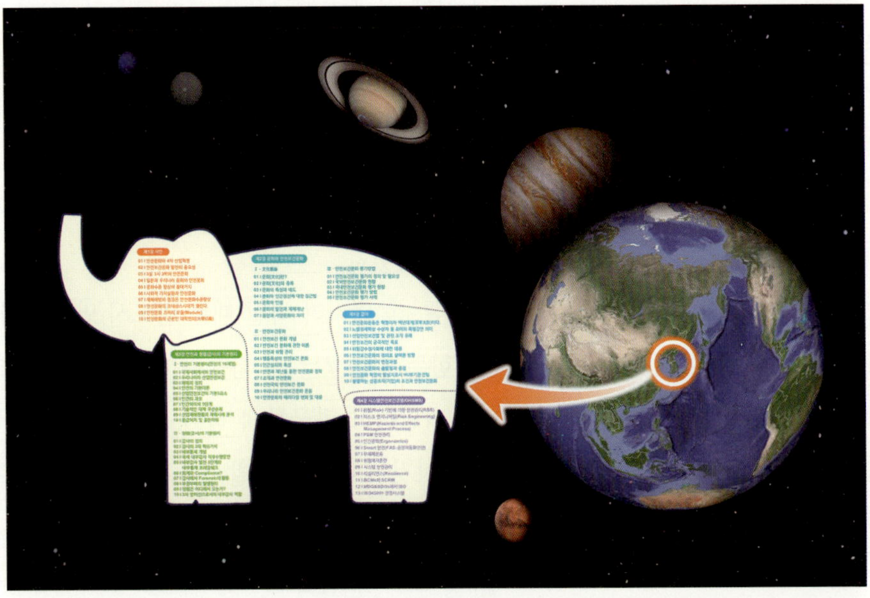

그림 2-2 우주와 동양문화

7 **황극** : 세상에 퍼졌던 문명이 수명을 다하고 우리나라에서 문명이 다시 시작한다면, 일단 세상이 망한 뒤에 다시 시작해야 하는 것으로서 이론대로라면 무극(0)- 태극(1)- 양의(2)- 사상(4)- 팔괘(8)- 64괘(64)로 분화 발전하다가 어느 순간에 사라지는 것.

마지막으로 동양문화의 대표 사상인 논어에 보면 子曰 學而時習之 不亦說乎(자왈 학이시습지 불역열호= 배우고 때로 익히면 기쁘지 아니한가!)가 첫 번째로 나온다. 공자가 평생 공부하고 나서 말년에 논어에 남긴 학이시습지는 공부는 왕도가 없으며 멈추면 그 순간에 뒤쳐진다는 것을 의미한다. 눈에 보이는 것은 누구나 똑같다.

그러나 알지 못하면 보는 것에는 한계가 있다. 이는 눈으로만 보는 것에 멈추지 않고 생각하고 공부하면 마음으로 볼 수 있는 능력을 키운만큼 볼 수 있는 것이 많아진다는 것이다.

뿌리지 않으면 얻는 것도 없다. 노력하지 않은 천재란 있을 수가 없다. 잠깐 반짝일 수는 있으나 그것이 영원할 수는 없다. 인의예지(仁義禮智)를 숭상하는 학이시습지는 공부의 왕도도 없고, 그리고 멈추면 그 순간에 그 조직이나 인생이 뒤쳐진다는 의미를 담고 있다.

서양문화에서 발달한 국제감사 기준체계(IPPF)를 보면 내부 감사의 윤리강령으로 4가지 기본 원칙(성실한 책임감, 객관성, 보안의식, 자신의 숙련도를 지속적으로 높여서 효과성과 질적 수준을 향상하여 감사 역량 강화)과 12가지 행동규범이 있는데, 전문성 강화나 숙련도 향상에 게을리 하는 것은 지침보다 더욱 엄격한 윤리강령 위배로 조치하는 것이다.

위와 같이 동서양 문화 차이가 있는 것도 많지만 근본이념, 철학, 목표는 거의 같다고 해도 과언이 아니다. 따라서 요즘은 글로벌 시대로 4차산업 혁명시대에는 초지능(AI)과 초연결을 통한 산업시스템의 혁신이라 할 수 있으며, 모든 분야에 파괴적인 혁신을 요구하기 때문에 동서양을 막론하고 인류가 지금까지 추구해온 점진적인 혁신으로는 효과적 접근이 불가능하며 과거의 경험이 적용되지 않는다는 특징이 있다. 그러나 동서양, 산업, 역사, 문화의 차이를 인정하고 인류의 목표는 결국 하나임을 직시하는 것이 옳을 것이다.

II. 안전보건문화

1. 안전보건문화 개념

(1) 안전보건문화 정의

안전보건문화("안전문화"로 약칭한다)라는 용어와 안전관리를 문화차원에서 접근해야 한다는 주장은 1900년대 초 미국 US철강 회장인 게리(Garry)가 안전제일(First Safety)을 강조하며 등장했다. 그로부터 50년 만인 1950년대 초반, 키넌[8](Keenan, 1951) 등이 미국 내 자동차 공장 근로자들의 심리적 문화와 재해 발생 사이에 상관관계가 있다고 최초로 발표하며 다시 주목 받게 되었다. 그 이후 많은 학자들 사이에서 위험사회에서 안전문화를 응용하는 방식의 학술연구가 지속되어 오다가, 현대에 이르러 실무적으로 활용되기까지 하는 전성기를 맞고 있다고 해도 과언이 아니다.

처음으로 안전문화 개념이 전략적으로 중요하다고 언급한 문헌은 1984년 인도 보팔에서 발생한 유니온 카바이트(Union Carbide) 공장 폭발사고 보고서[9]이다. 그러나 이 당시만 하더라도 안전문화라는 용어에 대한 의식은 느슨한 편이었다. 보고서에서도 인도라는 국가의 안전 인식이 선진국 또는 다른 국가와 다르다는 점을 강조하기 위해 이 용어를 사용했다. 즉, 안전에 대한 존중(중요성)이 국가들마다 다르다는 것을 설명하고 강조하기 위해 이 용어가 사용된 것이다.

안전문화라는 용어가 산업계에서 본격적으로 사용되기 시작한 것은 원자력발전 산업부터였다. 1986년 국제원자력안전자문단(INSAG : international nuclear safety advisory group)은 체르노빌 사고[10](Chernobyl Accident)에 대한 보고서 'safety series

8 키넌(Keenan, V.Kerr,W.&Sherman, W.) : 1951.Psychological climate and accidents in an automotive Plant. J.Appl.Psychol.35(2): 108-111.

9 유니온 카바이트 공장 폭발사고 보고서, 농약 및 살충제 제조에 쓰이는 독성 화학물질인 methyl isocyanate 폭발.

10 체르노빌 사고(Chernobyl Accident) : International Nuclear Safety Advisory Group, 1986. Summary report on the post-accident review meeting on the Chernobyl accident. Safety series no.75-INSAG-1,IAEA,Vienna.

No.75-INSAG-1'에서 안전문화라는 용어를 언급하며 안전사고에 대비한 조직의 오류 및 설비장치 운영자의 규정위반 원인을 설명했다. 조직의 안전관리 실패를 설명하면서 안전문화라는 용어를 언급한 것이다. 이후 안전문화는 원자력발전소 기본 안전원칙 중 가장 우선적인 원칙으로서 제시되기 시작했다. 국제원자력기구는 안전문화의 주요 요소를 정책 차원, 관리자 차원, 개인 차원의 요인들로 정리했다.

그로부터 3년 후, 1989년 미국원자력규제위원회(NRC)는 안전문화라는 용어를 다시 언급했다. 위원회는 조직은 안전문화 개념을 원자력 설비관리에 도입할 의무가 있으며, 조직은 시설 및 시설 전반에 걸쳐(근로자/작업자들에게) 안전한 작업을 보장해야 한다고 지적하였다. 그 후 학계와 산업계가 공유하는 안전문화에 관한 정의는 1991년 INSAG-4 보고서를 통해 등장했다.

이 보고서는 "안전문화는 안전관련 특성의 집합, 안전을 우선순위로 두는 조직과 개인의 태도, 그리고 안전이 관심을 받는 중요한 과제임을 의미한다."라고 정의했다. 또 INSAG(1991)는 안전문화란 구성원들의 태도뿐만 아니라 조직구조와 관련된 관심사로서 개인과 조직 모두에게 요구되는 과제라고 강조했다. 안전문화 연구자들은 국제원자력기구(IAEA)의 정의를 통해 "안전문화"가 안전사고를 설명하는 징조(symptoms)에서 원인(causes)으로 변했다고 평가한다.

(2) 안전문화 개념의 진화

① 문화의 3계층 모델

근래 IAEA(International Atomic Energy Agency)는 조직문화의 3계층 모델 (조직심리학자 Edgar Schein)을 사용하여 안전문화를 가시적 유형물과 행동, 공유 가치, 기본 가정으로 설명하고 있다.

② 안전문화의 평가

근래에는 다음과 같은 '안전문화의 5가지 차원(dimensions)으로 조직의 안전문화를 평가하고 있다.

• 안전성이 조직 내에서 명확하게 인지되는 가치인가?(안전에 대한 안전에의 확실한 가치 부여)
• 조직 내에서 안전성에 대한 책임은 명확한가?(책임의 명확화)
• 안전성이 조직 내의 모든 활동에 골고루 잘 퍼져 있는가?(안전성 고려)
• 조직 내에서 안전성 리더십 과정이 존재하는가?(명확한 리더십)
• 안전문화가 조직 내에서 학습에 의하여 추구되고 있는가?(지속적 학습)

2. 안전보건문화에 관한 이론

(1) 위험사회론

과학과 기술의 발전과 경제 양적 성장으로 인해 잠재적 위협과 위험사건들이 일상화가 되었으며 지구상의 모든 생명체를 위협하는 가공할 위험성이 등장했다는 이론이다. 전통적 사회에서는 자연이 인류에게 위협적인 존재였다. 그와는 달리, 현대사회에 와서는 과학과 기술의 발달로 인해 등장한 '계산된 위험성들'이 인류에게 중대하게 다가오고 있다. 예컨대 기술적 재난은 과학, 기술, 경제의 합리적인 작동에도 불구하고 '의도하지 않은' 또는 '기대치 않은' 결과로서 발생하는 생존의 위협 등이다.

(2) 머피 마진Murphy Margin

안전사고 예방보다는 편리한 작업방식을 선택하는 근로자의 태도로 인해 안전사고 위험이 줄지 않는다는 이론이다. 위험사회에서도 머피 마진[11]을 벗어나려는 노력은 지속되었다. 초기에는 안전관리 수단으로 존 허베이의 3Es에서 5Es가 권장되었고, 이로 인하여 재해율은 산업사회 시대보다 감소하였다. 5Es의 구체적 내용은 다음과 같다.

---

11 머피 마진(Murphy Margin) : 안전사고예방보다는 편리한 작업방식을 선택하는 근로자의 태도로 인하여 안전사고 위험이 줄지 않는 현상

① 격려(Encouragement)

무사고에 관한 격려 및 보상, 필요하면 인사고과 반영

② 참여(Engagement)

경영진 및 일선 근로자의 안전모임 및 회의 참여 유도

③ 인간공학(Engineering)

인간의 신체적 · 이지적 특성을 고려한 장비, 작업방법, 설비배열 등

④ 권한부여(Empowerment)

근로자에게 안전관리 자율권을 주는 권한 이양

⑤ 평가(Evaluation)

지속적 안전성과 개선을 위한 안전프로그램의 평가와 결과 피드백

1974년 영국 픽스보로(Flixborough)에서 발생한 폭발사고[12]와 그 이후 일어난 일련의 사고들(Three Mile Island(1979), 보팔(Bhopal, 1984), 체르노빌(Chernobyl, 1986), 제브뤼헤 페리(Zeebrugge Ferry, 1987), 킹스크로스 언더그라운드(King's Cross Underground, 1988), 클래펄 정션(Clapham Junction, 1989), 및 파이퍼 알파(Piper Alpha, 1990) 등은 새로운 패러다임에 근거한 안전관리 수단과 프로그램을 도입할 필요성을 일깨웠다. 즉, 안전관리에서 조직요인과 사회요인을 비롯한 다양한 요인들을 고려해야 함을 알게 해준 것이다.

그 결과 조직요인에 있어서는 산업안전보건 경영시스템(OHSMS : occupational health and safety management system)과 고신뢰조직(HRO:high reliability oranization)의 이해로 머피 마진의 한계를 극복하고 있으며, 사회요인에 있어서는 심리(psychology), 학습(learning), 인지(cognition), 문화(culture), 탄력 회복성(resilience), 마음 챙김(mindfulness) 등의 개념을 응용함으로써 머피 마진 수준을 더욱 낮추고 있다. 그림 2-3 참조

12 **픽스보로(Flixborough) 폭발사고** : 1974년 영국 픽스보로에 위치한 Nypro사의 카프로락탐 생산설비에서 일어난 폭발사고이다. 이로 인해 28명이 사망하고 76명이 부상을 입었으며, 공장 내부가 완전히 파괴되었을 뿐만 아니라 공장에서 4마일 떨어진 지역까지 피해가 발생했다.

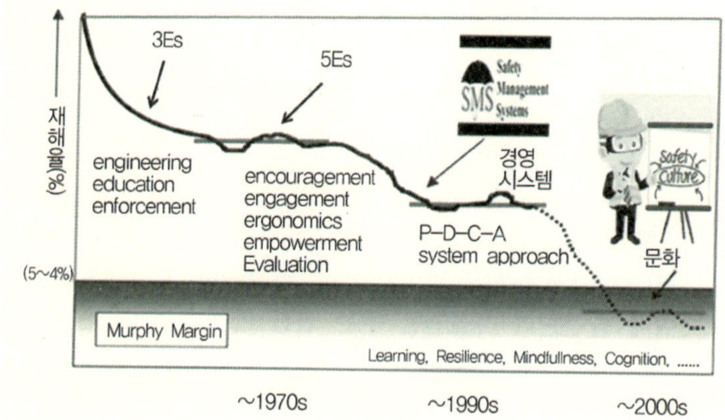

그림 2-3 안전관리 패러다임의 진화

(3) 안전보건문화의 영역

안전보건문화의 9개 하위 영역의 설정

① 일반안전관리(안전교육, 안전의식)

② 산업안전 분야(석유, 고압가스, 폭발, 위험물 운반, 승강기, 엘리베이터 등)

③ 소방안전(화재, 소화기, 응급상황, 화재신고, 소방특보행동 등)

④ 재난안전 분야(산불, 재난, 풍수해, 폭설, 지진 ,태풍, 소하천, 수도 등)

⑤ 생활안전(가스, 전기, 제품, 주택관리 등)

⑥ 식품(보건)안전 분야(식중독, 위생, 전염병, 조리, 식품안전관리)

⑦ 도로교통안전 분야(차량이용, 대중교통, 교차로, 횡단보도 등)

⑧ 시설안전 분야(수영장, 극장, 놀이터, 다중이용시설, 교량 등)

⑨ 기타 안전관리 분야(안전관리 교육담당기관, 안전관리 분야 인력관리 등)

3. 안전과 위험관리

(1) 심리측정 패러다임Psychometric Paradigm

심리측정 패러다임이란 위험요소에 대한 용인의 정도와 수준을 이해하기 위해 분석한 스타(Starr)의 연구(1969년)에 대해 몇몇 심리학자들이 비판적 · 대안적 모델로 제시한 개념이다. 즉, 표현된 선호(expressed preferences) 모델이다.

- 위험이 다른 사람들에게는 다른 의미를 가진다.
- 사람들은 대부분의 사고에 대하여 현재의 위험 수준을 받아들일 수 없을 만큼 높게 지각한다.
- 사람들은 매우 큰 이득이 될 것으로 보이는 활동에 높은 수준의 위험도 감수하는 경향이 있다.

(2) 요인 분석적 접근

많은 질적 위험 특성들은 넓은 범위의 위험요소에 걸쳐져 있으며, 서로 상관관계에 놓여 있다. '자발적인'은 '통제 가능한'과 같은 의미로 사용될 수 있으며, 더 넓은 영역의 위험 특성들은 더 높은 차원의 요인들로 요약될 수 있다. 일반인의 경우, 위험요소의 위치와 밀접한 관계가 있어 공포를 많이 느낄수록 위험을 더 크게 인지한다. 전문가는 사망률과 같은 척도로 위험정도를 인지한다.

(3) 신호로서의 사고

어떤 사건의 심각함의 정도와 그 영향은 부분적으로 사건이 신호하는 것 또는 전조하는 것에 의해서 결정된다. 한 사건의 '신호적 잠재성', 즉 잠재적인 사회적 영향은 공간 내의 위치와 위험의 특성과 체계적으로 관련된다.

(4) 대중의 용인 예측하기

일반적으로 위험지각에 대한 연구결과는 특정 기술에 대한 반대와 용인을 예측하고 설명하는 데 사용되어 왔다. 예를 들어 원자력 에너지에 대한 위험지각이 원자력 발전에 대한 반대와 용인에 대해 주요한 설명요소로 작용하는 것이 그것이다.

(5) 위험의 사회적 구성과 지각

위험에 대한 지각은 사회적으로 구성된다는 주장이 있다. 이에 따르면 위험지각과 위험 감수 행동은 사회적으로 구성된 대중들의 불확실한 판단으로 이루어진다. 위험을 사회적 구성물로 파악하는 위험지각 모델은 위험을 예측하는 방법을 보완하여 발전시킬 필요가 있다.

(6) 안전과 위험에 관한 문화이론(Cultural Theory)

위험과 안전에 관한 문화이론은 1970년대 말, 80년대 초 인류학자 메리 더글라스[13]에 의해서 발전되었다.

문화이론은 '그들이 강하게 동일화하거나 참여하는 일련의 사회적 배열 또는 제도'에 기반하여 사람들을 범주화하는 방식이다. 예를 들면 개인주의자는 자기 조절과 자유 시장경제를 선호한다. 기술적 진보와 그것의 환경에 대한 잠재적 영향을 고려해서 사회에 의한 위험을 기꺼이 감수하는 경향이 있다.

위계주의자는 권위의 유지가 최적인 사회조직을 선호한다. 기술적 위험들이 적절한 권위 구조에 의해서 통제되고 지지된다는 가정 하에 사회적 수준에서 위험을 감수한다.

평등주의자는 기술과 관련된 위험을 환경과 사회경제적 관점 모두에서 크게 인지하여 사회적 위험을 감수한다. 경제적 이득보다는 환경이나 집합적 결과를 걱정하고 조직 또는 기관을 신뢰한다.

운명론자는 사회적이고 기술적인 변화를 사회적으로 유래된 관점과 무관하다고 본다. 잠재적 위험들은 그 위험과 관련이 있는 특징에 기반해서 구별하지 않는 경향이 있다.

① 위험 지각에서 위험 소통

- 위험 지각에 대한 연구는 위험소통에 대한 필요성이 대두
- 위험 소통은 독립적 영역보다는 학술 전문가들, 규제 실무자들, 이익 집단과 일반 대중들 간의 위험 평가와 정보의 흐름이라고 묘사
- 위험 소통의 목적은 대중들에게 위험에 대한 정보를 제공하고 적절한 판단을 하게 하는 것

---

13 메리 더글라스(Mary Douglas) : 이탈리아 태생의 인류학자. 저서로는 《순수와 위험》, 《깨끗함과 위험》, 《규칙과 의미》, 《자연적 상징들》, 《기관들의 사고 방식》 등이 있다.

- 위험 소통가들은 실무자와 이론가들로 구분
- 포괄적 개념 틀을 발전시킬 필요가 있음
- 위험 관리의 발전적 단계(안전과 위험 관리의 단계들)
  - 숫자들을 정확하게 얻는 것
  - 사람들에게 숫자를 말하는 것
  - 이러한 숫자가 무엇을 의미하는지를 설명하는 것
  - 과거에 사람들이 비슷한 위험을 받아들여 왔음을 보이는 것
  - 이것이 사람들에게 이득이 있음을 보이는 것
  - 사람들을 친절하게 다루는 것
- 사람들을 파트너로 만드는 것 ·
- 앞의 모든 것

② 안전과 위험 의사소통 연구들의 관점

- 위험 의사소통 프로그램들은 비효율적 결과를 가짐(유럽, 미국)
  (쓰레기 소각장이나 핵폐기물장의 입지에 대하여는 적대적인 경향)
- 위험 의사소통 프로그램의 실패 요인은 위험의 사회적 과정, 신뢰의 역할, 정신적 모델의 중요성이다.

③ 언론의 중요성과 위험의 사회적 과장

- 언론의 위험 재현과 위험에 대한 대중적 지각 간의 관계는 복잡하다
- 위험정보 자체와 보도의 범위는 아주 중요한 위험 보도와 언론정보의 이슈이다.
- 언론이 직접적으로 대중들의 생각에 영향을 미치는 것이 아니라 이슈를 더욱 부각시키는 역할로 한다는 것이다. (아젠다 설정 이론)
- 사회적 과장 과정은 먼저 위험 관련된 사건의 발생으로 시작하여 언론이나 대인 네트워크를 통해 위험이 과장되거나 축소되는 전염 과정을 거친다.
- 전염이라는 것은 사회구성원들이 제도들에 의하여, 계속 진행됨으로써 재정적 · 정서적 · 경제적 부가 효과를 만들어 낸다.

(7) 표현된 선호(expressed preferences) 모델

개인의 위험 지각 측정과 위험에 대한 선택과 관련된 판단을 강조하는 것으로, 지각된 통제성(perceived controllability), 재난의 잠재성(catastrophic potential), 공포(dread)와 같은 맥락적 요인의 중요성을 강조하는 모델이다.

(8) 안전과 위험 의사소통에서의 신뢰

① 신뢰 위험 의사소통 주도권이 실패하는 이유를 분석할 때 가장 그럴 듯한 설명 중 하나는, 의사소통을 함에 있어 메시지 내용뿐만 아니라 정보를 제공하는 데 책임이 있는 사람들에 대한 신뢰도도 영향을 미친다는 것이다.

② 신뢰성

일반적으로 신뢰는 유능함과 신뢰성에 의존한다. 정책결정자들이 유능하고 믿을 만하다고 여겨진다면 그들은 신뢰받을 가능성이 높아진다.

사람들의 신뢰를 결정하는 5가지 핵심적인 요소

- 유능함
- 객관성
- 공정함
- 일관성
- 진실성(faith)

③ 신뢰의 중요성

최근 많은 연구에서 신뢰의 부족이 기술적 위험 관리를 둘러싸고 있는 논쟁들의 기저에 놓여 있는 핵심적 요인이라고 지적한다.

신뢰는 형성하기는 힘들지만, 잃기는 쉬운 성격을 가지고 있다. 그 이유는 다음과 같다.

- 부정적 사건은 긍정적 사건보다 더욱 눈에 띔
- 사건이 주목을 받을 때, 부정적 사건이 긍정적 사건보다 더 큰 영향을 받음
- 나쁜 뉴스의 원천이 좋은 뉴스의 원천보다 더 신빙성이 있어 보임
- 불신은 한 번 생기면 불신을 강화하고 영속화하는 경향이 있음

④ **새로운 안전과 위험 의사소통의 대안**(사회과학과 시민개입)

의사결정 과정에 공공 개입이 증가하는 것이 정부에 대한 신뢰가 증가한 향상된 시민 사회를 위한 기반이 된다는 주장이 있다.

• 사회과학자들의 위험 관리에 기여

위험 의사소통이론은 위험 의사소통 실행으로 연결된다. 현재 위험연구자들에 의해서 행해진 개념적 작업들은 산업과 정보 모두에 매우 높은 실제적인 관련성을 가진다.

• 위험 사회에서의 사회정책

위험 사회는 사회 정책과 전통적 복지 체계에 몇 가지 합의를 가지고 있다. 신뢰성과 합법성, 적절한 범위, 매칭, 자원공급, 위험과 안전 사이의 균형, 예방과 불확실성이 그것이다. 사회정책은 더 이상 개인의 필요를 완화시키거나 공동선을 추구하는 것이 아니라, 위험의 예방과 위험 관리의 책임을 '기업가적 자신'에게 이동시키는 것이다. 사회정책에서 핵심적 조직 원리로서 필요가 위험에 대체되고 있다.

4. 행동 특성의 안전보건문화

(1) 행동변화의 접근법

안전에 대한 정의는 다양하게 이루어졌으나 일반적으로 '개인에게 손상을 끼치는 수용 불가한 위험이 없는 상태로 정의 된다.

1) 안전에 대한 통합적 관점

안전문화를 정착시키기 위한 필수조건 인간–시스템–환경의 세 가지 요소를 통합적으로 고려해야 한다.

① **인간 요소** : 인간의 태도, 믿음, 성격, 행동 등 안전문화에 영향을 주는 개인적 요소가 포함된다.

② **시스템 요소** : 인간이 사용하는 장비나 도구 등이 포함되며, 안전하지 못한

시스템을 사용하거나 안전한 시스템이라고 해도 인간이 그 시스템을 안전하게 사용하지 않는 경우에는 사고가 발생할 수 있다.

③ **환경요소** : 인간이 활동하는 공간이 갖는 사회적 · 경제적 · 물리적 특징들을 포함한다.

2) 리스크(Risk)의 지각

리스크는 흔히 위험의 정도, 즉 어떤 위험에 노출된 후 손상을 입을 수 있는 확률이라고 정의한다.

① 리스크가 많은 요인들에 의해 사람들에게 지각되고, 그러한 지각 패턴이 그들의 행동에 영향을 준다는 점에서 리스크에 대한 지각은 안전과 관련된 중요한 인간요인이다.

② 사람들의 리스크 지각에 영향을 주는 요인

- **통제와 자발성** : 위험에 자발적으로 노출된 경우나 위험요소를 자신이 통제할 수 있다고 지각하는 경우가 그렇지 않은 경우보다 리스크 평점이 낮음
- **친숙성** : 친숙한 위험요소가 친숙하지 않은 것에 비해 리스크 평점이 낮음
- **결과의 즉각성** : 어떤 행동의 결과가 즉각적으로 보이는 것에 비해, 장기간에 걸쳐 그 결과가 보이는 행동에 대해서는 리스크 평점이 낮음
- **결과의 심각성** : 특정 행동 결과에 따른 손상의 정도가 클수록 그렇지 않은 경우보다 더 위험하다고 지각됨
- **불확실성** : 사고 발생의 원인이나 사고가 일어날 수 있는 확률에 대한 지식을 갖고 있는 경우가 그렇지 않은 경우에 비해 지각된 리스크의 정도가 낮음
- **사고 통계치** : 특정한 행위에 대한 사고의 통계치를 전체적으로 제시하는 것에 비해 개인적인 사고의 통계치를 제시할 경우 지각된 리스크의 크기가 증가함

지각된 리스크와 행동 사이의 관계를 바라보는 시각은 다양하다. 먼저 리스크에 대한 지각의 차이와 실제 행동 간의 관계가 중요하다는 시각과 리스크의 지각 행동은 별개라는 견해가 있다. 또 사람들이 지각된 리스크의 정도에 따라 행동을

수정한다는 결과를 보고한다(위험보상효과)는 의견도 있다.

(2) 안전에 관한 접근들

사고의 방지 혹은 안전과 관련하여 가장 먼저 제기되는 질문은 '지금까지 안전의 정도를 향상시키기 위해 어떠한 접근이 제기되었으며, 이러한 접근들 중에서 어떤 접근을 선택했는가?'이다.

안전에 관한 접근방법은 10가지로 정리할 수 있는데 ① 행동중심적 접근 ② 인간공학적 접근 ③ 공학적 수정 접근 ④ 집단문제 해결 ⑤ 국가의 개입 ⑥ 경영을 통한 안전관리 ⑦ 스트레스 관리 ⑧ 포스터 캠페인 ⑨ 인사 선발 ⑩ 근접사고 보고 접근 방법 등이 있다.

① **행동중심적 접근**은, 안전과 관련된 행동들을 사람들에게 훈련시킨 후 표적 행동들을 체계적으로 관찰하고 기록하는 방법을 말한다. 안전한 행동과 위험한 행동들의 빈도나 비율 등과 같은 행동 결과들에 대한 피드백의 제공 등으로 구성된다.

② **인간공학적 접근 방법**으로는 기본적으로 환경적인 위험요소들이나 위험행동의 빈도 혹은 확률을 감소시키기 위해 작업환경 장치나 혹은 시스템 등으로 조절하는 것을 말한다.

③ **공학적 수정 접근법**은 불가피한 위험한 행동들을 사람들이 직접 하는 것을 배제하기 위해 일종의 완전 자동화된 시스템을 도입하거나, 시스템을 재설계하는 하는 것을 말한다. 비용이나 노력이 많이 요구되며 시스템의 복잡성은 그 시스템을 감시하는 인간 오퍼레이터에게 과도한 인지적 부하를 초래하거나, 시스템 에러가 발생했을 때 문제의 진단을 어렵게 함으로써 더 심각한 위험을 초래할 수 있다.

④ **집단문제 해결 접근법**은 여러 사람들이 동시에 작업하는 공장이나 건설현장에서 많이 사용되는 방법으로, 직접 작업에 참여하는 사람들이 실제 경험한 위험 요소들에 관한 정보를 서로 교환하고 문제를 해결하기 위해 논의하는 접근방법이다.

⑤ **국가의 개입 접근법**은 사고의 방지와 안전은 개인적인 문제를 넘어 사회적 · 국가적 문제로 접근하는 방법이다.

⑥ **경영을 통한 안전관리 접근법**에서 사고의 발생은 한 기업체나 단체의 관점에서 보면, 인적 · 물적 자원의 손실을 의미한다. 안전관리가 기업체나 단체의 수준에서 이루어지는 접근 방법이라고 볼 수 있다.

⑦ **스트레스 관리 접근법**은 스트레스에 기인한 여러 증상들을 작업 시간을 단축시키는 가장 중요한 원인으로 추정한다. 특정한 상황에서 사람들이 경험할 수 있는 스트레스의 원인들을 규명하고 해당되는 사람들에게 스트레스에 대처할 수 있는 방법을 교육한다.

⑧ **포스터 캠페인 접근법**은 사고 가능성이 있거나 특별한 주의가 요구되는 장소에 주의문을 부착하는 방법으로 주로 위험요소를 미리 경고하거나 바람직한 행동을 유도하는 게 목적이다.

⑨ **인사 선발 접근법**은 사람에 따라서 사고를 낼 가능성이 다르다는 것을 기본 가정으로 삼고, 주로 여러 평가 기준을 마련하여 이 기준에 맞지 않는 사람들은 선발에서 제외함으로써 사고의 가능성을 줄이는 것이다.

⑩ **근접사고 보고 접근법**은 근접사고는 실제 사고를 발생시키지는 않았지만 다른 조건에서는 충분히 사고로 이어질 수 있었던 행동이나 상황 등을 말한다. 근접사고 보고에 의한 사고 방지 접근은 이러한 행동이나 상황들을 사람들에게 보고하게 하고, 이에 해당하는 대처 방안들을 제시하여 추후에 유사한 행동이나 상황이 발생하지 않도록 조치한다.

(3) 안전에 관한 접근들의 변화

최근 이런 안전에 대한 접근방법들이 사회적 변화와 함께 단계적으로 변화된 것을 확인할 수 있다.

1단계 - 사고를 심리학적 원인으로 규명

1900년대 안전에 관한 체계적인 접근을 시작했다. 이 시대에는 사고가 정신적

에러, 즉 불안 · 태도 · 공포 · 스트레스 등에 의해 발생되고 1차적인 사고의 책임은 사람들에게 있다고 가정했다. 사고를 감소시키기 위해서는 관리나 교육을 통해 태도 또는 성격을 변화시키는 데 주력했다. 그러나 사람들의 행동이 시간이나 환경에 따라서 다양하게 변화되는 등 심리적 접근에 한계가 발생했다.

2단계 – 공학적 안전 접근

공학적 수정을 통한 사고의 감소를 추구한다. 예를 들면 자동차 내 안전을 위해 에어백 등 충격 에너지를 흡수할 수 있는 장치를 설계하거나 탑승자의 안전 벨트 착용을 의무화하는 것 등을 말한다.

3단계 – 환경/행동의 상호작용 의한 접근

환경–행동 사이의 관계를 면밀히 분석 검토하는 접근법이다. 사람들의 행동을 객관적인 기준으로 관찰하고 적절한 피드백을 준다. 원하는 행동을 강제적으로 요구하기보다는 자발적으로 할 수 있도록 유도 접근하는 방법이다.

(4) 행동변화 모형

행동변화 모형은 그 모형이 적용되는 맥락에 따라 다양한 형태를 가질 수 있다. 사고의 감소에 가장 큰 영향을 미치는 접근은 행동–중심적 접근과 인간 공학적 접근이며 행동–중심적 접근이 기본적 과정이다.

1) 목표 행동들의 정의

과거에 직접사고로 이어지지는 않았지만 사고를 일으킬 가능성이 있었던 위험 행동들을 비롯하여 이에 대안이 되는 안전행동, 그리고 실제로 사고로 이어졌던 위험 행동들과 그 대안적인 안전 행동들임

2) 목표 행동의 관찰

① 관찰된 행동을 구체적이고 모호하지 않은 용어로 기술해야 한다.

② 목표 행동들이 관찰 가능해야 하고, 예측이 가능해야 한다.

③ 관찰된 행동들에 대해 해석이나 평가를 하지 않고 보이는 그대로 기술해야 한다.

④ 행동과 관찰이 자연스러운 상황에서 이루어져야 한다.

3) 행동 변화를 위한 개입

심리적 과정들이 행동에 영향을 주는지 개념화하는 것은 쉽지 않다. 태도와 행동 간의 관계를 보면 다음과 같다.

① 태도와 행동은 서로 일방적으로 영향을 미칠 수도 있다.

② 태도와 행동은 서로에게 영향을 줄 수 있다.

③ 상황과 같은 다른 외부 요인들도 태도, 행동 사이의 관계에 영향을 준다.

4) 사후 평가

사후평가 단계는 행동변화 개입방법들과 그 효과를 검증하기 위한 단계이다. 이 때 개입이 어느 정도의 효과를 산출하였는지, 추가적인 절차가 요구되는지, 그리고 개입방법에 대한 사람들의 반응은 어떠한지 등에 대해 총체적으로 평가하며 좀 더 효과적인 개입방법을 모색한다.

행동 변화 모형의 구조

- 1단계 - **목표행동의 정의** : 사고를 예방하거나 사후 안전관리를 위해 어떤 행동들이 증가되거나 혹은 감소되어야 하는가?
- 2단계 - **목표행동의 관찰** : 바람직하지 않은 행동이 어떤 형태로 출현하였는가?
- 3단계 - **행동변화 개입** : 바람직한 행동을 증가시키고, 동시에 바람직하지 않은 행동을 감소시키기 위해 어떤 방향을 사용할 것인가?
- 4단계 - **사후 평가** : 행동 변화를 유도하기 위한 개입 결과나 행동 상의 변화가 얼마나 일어났는가?

5) 행동변화 모형의 적용 절차

행동변화 모형은 불안전한 행동을 개인이 의식적으로 수행하는지 여부와 빈도 및 사고에 영향을 미치는 불안전 행동의 심각성 등을 종합적으로 평가하여 가장 적절한 활성 매체를 선택/적용하는 것으로부터 시작된다. 이러한 활성매체는 기본적으로 개인이 불안전한 행동을 지양하는 대신에 안전한 행동을 수행/유지하고자 변화시키는 데에서부터 출발한다.

※ 활성 매체 → 의도 → 행동 → 행동의 결과 → 태도 → 가치 → 안전문화

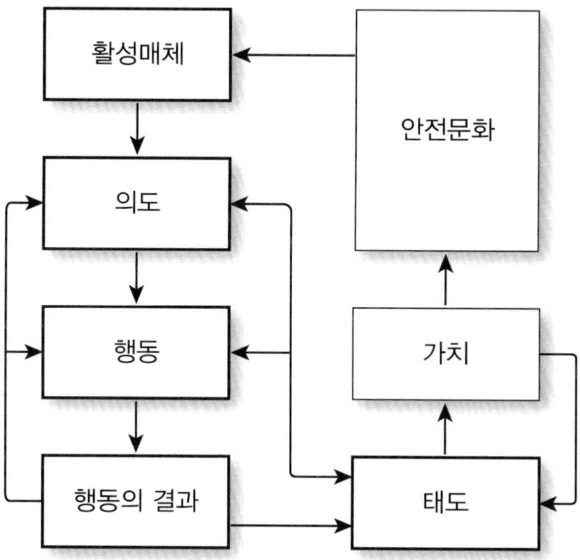

그림 2-4 안전문화를 위한 행동과 개입의 순환적 관계

6) 행동변화 모형에 기반한 행동변화 예측

행동유형과 개입방법 및 개입의 효과를 고려한 행동변화 모형을 기반으로 하여 행동변화를 예측할 수 있다.

① **행동유형 구분** : 개인의 수행을 유형별로 분석한 것이다. 여기에서는 불안전 혹은 안전행동들이 의식적으로 이루어지는지 아니면 무의식적으로 이루어지는지를 파악한다.

- **바람직한 행동 유형**: 무의식적으로 안전한 행동을 수행하는 것
- **바람직하지 않는 행동 유형**: 무의식적으로 안전하지 못한 행동을 수행하는 것(비교적 장기간 지속, 행동변화가 쉽게 일어나지 않기 때문에 집중적이고 강력한 개입방법이 요구됨 → 교육이나 홍보과 같은 개입 방법을 통해 개인의 태도를 변화)

② **최적 개입방법의 선택** : 개인의 행동 유형에 따라 최적의 행동변화 개입방법이 선택되고 적용되어야 한다.

- **지시적 개입** : 개인이 수행하는 행동의 불안전성을 인식시키고, 안전한 행동을 위해 어떻게 행동하여야 하는지를 지시하는 것이 중요하다. 적극적인 교육과 홍보 및 훈련 등의 방법이 요구된다.
- **동기적 개입** : 의식적으로 이루어지는 개인의 불안전한 행동들을 안전한 행동으로 대체하기 위해 노력하는 방법이다. 개인의 불안전한 행동이 갖는 문제들을 지적하고 인식시키기 위해 활성 매체를 활용해야 하고, 행동 결과에 대해 적절한 보상을 제공하는 등의 방법이 모두 사용되어야 한다.
- **지지적 개입** : 주로 개인이 외부 요인에 의해 안전한 행동을 의식적으로 수행하는 경우 바람직한 방법이다. 개인의 안전행동이 외부 요인에 의해 의식적으로 이루어지기 때문에 외부 요인의 효과가 감소되었을 때에 언제든지 불안전한 행동으로 변화될 수 있다. 지지적 개입방법을 통해 개인이 의식적으로 수행하던 안전행동을 무의식적 수준까지 유도하기 위해서는 적극적이고 반복적인 보상이 뒤따라야 한다.
- **자발적 행동** : 개인의 안전한 행동이 외부요인에 의해 영향을 받지 않고, 개인의 내적 요인에 의해 수행되는 경우에 사용되는 방법이다. 이러한 자발성을 유지하기 위해 개인으로 하여금 지속적으로 자기관리를 할 수 있도록 유도한다.

7) 행동변화 모형에 기반한 행동변화 평가

① 개인이 무의식적으로 수행하는 불안전한 행동을 자각하게 하는 것이고, 이를 통해 안전한 행동을 실제로 수행하는지를 관찰할 수 있어야 한다.

② 안전한 수행이 의식적/무의식적으로 반복될 수 있는지를 확인한다.

③ 외부의 요인 없이도 자발적으로 안전한 행동이 이루어지는 것을 파악한다.

④ 평가 결과가 목표한 수준까지 행동변화가 이루어지지 못하였다면 행동변화 모형에 기초하여 처음부터 다시 문제를 정의하고 적절한 조치를 강구한다.

5. 인간심리의 특성

(1) 심리적 특성

1) 인지

안전행동에 영향을 줄 수 있는 인지 변인들을 살펴본 결과 4가지 변인들을 추출할 수 있다.

① 내적 통제와 외적 통제 변인

- 내적 통제란 개인 외부에 발생한 사건을 내적 요인(능력, 노력, 기 술)으로 귀인하고 자신이 통제할 수 있다고 믿는 것
- 외적 통제란 행동에 영향을 주는 요인이 외적인 것(우연, 행운, 운명)으로 귀인하고 개인적 통제 밖에 있기 때문에 자신이 통제할 수 없다고 믿는 것

Rotter(1966)의 내외통제척도(Locus of control)

- 통제 신념은 심리적인 건강수준과 밀접한 관련성이 있음
- 외적 통제 신념의 성향을 보이는 사람들은 무기력, 자신과 일로부터의 소외감, 도전을 회피하려는 성향을 나타낸다.

Jones(1983)-Rotter의 내외통제척도(Locus of control) 인용 조사

- 자신 행동을 자신이 통제할 수 있다고 생각하는 사람이 그렇지 않은 사람들보다 사고 개입이 적다.
  외적 통제와 사고 횟수는 관계가 있다(외부통제자가 내부통제자보다 사고개입이 더 많다)
- 사고를 많이 내고 부상을 자주 당하는 집단이 외부 통제 집단이다.

• 우리나라의 경우 철도 직원에 대한 연구에서 안전 내적 통제는 무사고와 외적 통제는 사고와 관계가 있었다.(버스운전사에 대한 조사에도 동일한 결과가 나옴)

② 인지 실패의 변이

• **인지 실패**란 인지기능의 고장으로 평소에 문제없이 행했던 것이 지각의 실패, 기억의 오류 혹은 행동에서의 실수가 발생하는 것으로 브로드벤트(Broadbent, 1982)가 처음으로 개발하였다.

• 인지 실패 경향이 있는 사람은 주의집중이 경직되어 있어서 과제를 수행할 때 새로운 상황을 잘 인식하지 못함.

• 유입 정보가 주의 용량을 초과하기도 하며, 과제가 자동화되어 있고, 사람의 주의가 외적 또는 내적으로 산만해 있을 때, 친숙한 과제에서 인지 실패가 일어난다.

• 설탕 병뚜껑으로 커피 병을 닫거나, 사용한 것 대신 사용하지 않은 것을 버리는 등은 일상에서 흔히 일어날 수 있는 인지 실패이다.

• 인지 실패와 작업 관련 사고에 대한 연구들도 여러 개 보고되었는데, 인지 실패를 많이 하는 사람일수록 사고를 많이 일으킨다는 연구가 있다. 또 인지 실패와 자동차 사고 간에 정적인 관계를 발견했으며, 인지 실패와 작업장에서의 불안전행동 및 사고와 정적인 상관이 보고되었다.

③ 자기 효능감 변이

• **자기 효능감**이란, 개인이 결과를 얻는 데 필요한 행동을 성공적으로 수행할 수 있는 자신의 능력에 대한 확신으로 반두라(Bandura, 1977)가 처음으로 개발하였다.

• 자기효능감은 특정한 과제나 영역에 대한 자기의 능력과 관련된 개념으로 자기에 직접적으로 관련된 측면뿐만 아니라 환경에 대한 통제 및 조절 또는 사회와 주변 사람의 도움을 유발하는 효능감을 포함한다.

④ 안전 효능감의 변이

• 자기 효능감을 토대로, 안전 효능감이 높을수록, 안전을 실천하는 정도가

높았으며, 안전 효능감이 높은 집단일수록 주의하고 조심하는 예방행동을 많이 하는 안전행동을 하였으며, 안전효능감이 낮을수록 사고가 많이 발생한다는 결과가 나타났다.

2) 동기

개인의 성취목표 지향성(achievement goal orientations)은 개인이 추구하는 목표유형이다. 개인이 어떤 목표의 유형을 추구하느냐에 따라 특정 사건에 반응하고 해석하는 틀이 달라지고, 이에 따라서 행동할 때 나타나는 반응이 달라질 수 있다는 것이다.

① **숙달목표**(제공된 업무의 숙련을 통해서 자신의 능력을 개발하는 것을 목표) 어려운 상황에 부딪혔을 때 인내심과 숙달 지향적 행동을 유지하게 한다.

- 숙달 : 접근목표 과정을 중시하며 자신의 기술 및 지식을 개발하고자 하는 목표 지향성이다(능력추구 목표)
- 숙달 : 회피목표 궁극적인 숙련보다는 자신의 기술 및 지식을 잃지 않고 유지하려는 목표 지향성이다(능력염려 목표)

② **수행목표**(타인과 비교하여 자신의 상대적 위치를 확인하는 것을 목표)

같은 상황에서 무력감이나 무능감에 빠지게 하는 효과가 있음.

- 수행 : 접근목표는 타인과 비교하여 나은 결과 및 평가를 얻고자 하는 목표 지향성(성공추구 목표)
- 수행 : 회피목표는 타인과 비교하여 나쁜 결과만 받지 않으려는 목표 지향성이다(실패회피 목표)

③ **능력추구 목표와 성공추구 목표**는 동기 상태가 매우 높은 목표 지향성으로, 자신의 능력 및 평가를 좋게 개선하고자 하는 적응적인 목표 지향성을 나타낸다.

④ **능력추구 목표와 성공추구 목표 지향성**은 긍정적인 정서를 경험하고 만족이 높고, 심리적으로 안정되어 있으며, 긍정적으로 자신을 평가하고, 남을 돕는 행위나 공정한 경쟁을 추구하는 것으로 나타나고 있다.

⑤ **능력 염려 목표와 실패 회피 목표**는 안 좋은 결과를 걱정하고 염려하기 때문에 불만족스럽고, 불안 상태가 높고 부정적인 결과에 민감하며 스트레스에 취약한 것으로 나타나고 있다.

⑥ **능력 염려와 실패 회피의 경우** 부정적인 결과를 숨기거나 회피하기 위하여, 부정적인 방법을 동원하기도 한다.

⑦ **행동을 유발하는 것이 바로 동기**이다. 안전 행동 또한 어떤 동기를 가지고 있느냐가 행동을 결정할 것이다. 옳은 방법과 옳은 결과를 얻기 위해서 동기화되어 있는 사람과 옳지 않은 방법과 옳지 않은 결과를 피하고자 동기화되어 있는 사람은 일상생활에서 나타나는 안전행동에 많은 차이를 불러일으킬 것이다.

3) 정서

정서란 사건(일)이나 행위자 또는 대상이 관심을 끄는 정도에 대한 사람들의 반응을 말한다. 정서는 인간이 살아가면서 매순간 다양한 종류로 경험하게 되고, 이는 일상생활뿐만 아니라 조직 장면 등에서 전반적인 만족과 행동 수준에 큰 영향을 미치며 인간의 적응 측면에서 매우 중요하다.

- **긍정적 정서** : 긍정적인 정서의 경험은 삶의 만족과 큰 행복의 중요한 근원, 부정적 정서보다는 긍정적 정서가 삶의 만족감에 더 강하게 관련이 있으며, 긍정적 정서가 창의성이나 태도, 이타행동(도움행동) 등에 영향을 줄 수 있음
- **부정적 정서** : 부정적 정서는 만족감 판단에 있어서 부정적인 관련이 있으며, 부정적 정서가 과업을 향한 주의를 다른 곳으로 전환시킴.

4) 스트레스

일반적으로 스트레스란 불안, 두려움, 불편감, 정서적 긴장, 적응의 어려움 등의 의미를 상징하는 것으로 사용되고 있으며 생활의 일부분으로 항상 존재한다.

홈즈(Holmes)와 라헤(Rahe, 1972)에 의하면 생활사건이란 개인의 생활양식의 변화와 적응이 요구되는 사건이다. 긍정적이냐 부정적이냐 등과는 관계없이 재적응에 필요한 시간과 노력의 양에 초점을 두며, 적응이 요구됨이 곧 스트레스를 받게 되

는 것을 의미하므로 생활사건이란 결국 스트레스를 주는 사건이라고 지칭했다.

맥커빈(McCubbin), 패터슨(Patterson, 1983)은 가족 스트레스라는 개념을 정립했으며, 가족 스트레스는 가족에 영향을 끼치는 생활사건(스트레스원)이 누적된 결과이다. 결혼, 출산, 입학, 졸업, 자녀의 독립 등 발달상 또는 예측 가능한 문제들로부터 생겨날 수도 있지만 가족 구성원의 죽음이나 질병, 이혼 등과 같이 예측 불가능한 사건들로부터 야기될 수도 있다고 보았다.

직무 스트레스는 개인에게 일관된 특성이 아니라 개인이 직무에 관련함으로써 발생하는 것으로 사고와 관련이 된다. 〈이원영(2006)〉

5) 성격

사고와 성격특성과의 관계는 1990년대 초기부터 연구되어 왔다. 그린우드(Greenwood)와 우즈(Woods, 1919)는 사고를 자주 일으키는 사람과 일으키지 않는 사람의 특성, 즉 사고경향성(accident proneness)에 대해 조사했다. 이들의 연구에 따르면 대부분의 사고는 사고에 취약한 특정 사람들에게 더 많이 일어나는 경향이 있었으며, 그 원인은 개인의 성격 특성에서 찾을 수 있었다.

성격특성과 사고 취약성 간의 관련된 내용을 살펴보면 외향성과 사고취약성과의 관계가 있다, 신경증적 경향성과 내 · 외향성에서의 사고취약성과의 관계에 따르면 신경증적 경향성이 높은 내향성자는 지나치게 높은 각성을 경험하는 반면에 외향성자는 위험감수와 감각추구 경향이 있기 때문에 사고의 개입이 달라진다고 하였다.

(2) 자신과 타인의 이해

① 자기 관리와 타인 관리

우리는 다른 성격 유형들과 명확한 커뮤니케이션이 이루어질 수 있도록 말하는 방법을 반드시 배워야만 한다. 커뮤니케이션이란 단순히 당신의 언어로 몇 마디를 말하는 과정이 아니다. 진정한 커뮤니케이션을 위해서는, 듣는 사람이 알아들을 수 있는 방식으로 말하는 방법을 배워야만 한다.

② 안전한 환경의 조성

샌프란시스코의 명물인 금문교가 건설되는 동안, 무려 스물 세 명이 다리에서 뛰어내려 목숨을 끊었다. 그 엄청난 다리 높이로 인해 근로자들 역시 추락을 겁내었고, 결국 공기(工期)는 “뱀이 기어가는 속도”로 늦춰지고 있었다. 무언가 수를 내어야만 했다. 마침내 예산에도 없는 10만 불이라는 거금을 들여 거대한 그물을 설치했다. 어떤 사람들은 전적으로 불필요한 돈 낭비라고 비난했다. 하지만 그렇게 하고 나서 어떤 일이 벌어졌는가? 거의 하룻밤 사이에, 공사는 커다란 진척을 보였다. 근로자들의 사기는 드높아졌고, 그들의 몸놀림은 과거 어느 때보다도 빨라졌다. 높고 불안정한 곳에서 일하던 몇몇 근로자들이 아래로 떨어졌지만 아무 상처도 입지 않았다. 그물이 받쳐 주었던 것이다. 공사는 예정했던 기간 내에 완성되었고, 그 과정에서 귀중한 목숨도 더 이상 잃지 않을 수 있었다.

이와 같이 안전한 환경을 신뢰성 있게 만들어 주는 것만으로도 필요한 목표를 향해 가는 데 많은 도움이 되었다. 이러한 사례는 4차 산업혁명시대이며 마켓팅 4.0시대인 현재도 소통과 공감을 위해서 필요하다고 할 수 있다.

(3) 인간 행위의 4가지 기질 유형

기본적인 성격 유형, 즉 기질은 4가지가 있다. 이런 기본적인 특징들이 복잡한 방식으로 뒤섞여 개개인의 독특한 성격 유형을 만들어 내는 것이다.

① 외향형(빠른 타입)

외향적이며 빠른 유형의 사람들은 여러 가지 방식으로 묘사할 수 있지만 주로 ‘전진!’이란 말로 표현된다. 그들은 활동적인 것을 좋아한다. 외출이 근사하든 근사하지 않든 그건 중요치 않다.

외향적인 사람들은 스스로 그것을 멋지게 만들 것이기 때문이다. 그들은 흥미를 찾기보다는 만들어 낸다. 그들은 어디로 가든지 ‘파티’를 벌인다고 할 수 있다.

그들은 빨리 움직이며, 원기왕성하다. 그래서 모든 걸 급하게 서두르는 경향이 있다. 낙천적이며 긍정적인 성격으로 석탄 더미에서 다이아몬드를, 흙더미에서

황금을 찾는다. 일반적으로 그들은 이기는 걸, 특히 대개는 직감으로 승리를 거두는 걸 좋아한다. 그들에게 있어서 외적인 모습은 내적인 자질보다 더 중요한 것이다.

② 내향형(느린 타입)

내성적이며 느린 유형의 사람들 역시 여러 가지 방식으로 묘사할 수 있다. 토끼와 거북이 우화에서처럼 내향형(거북이형) 사람들은 처음엔 외향적이며 빠른 '토끼형' 인간들에게 뒤쳐지지만 나중에는 빨리 시작한 사람들을 제치고 결승선에 먼저 골인한다. 그들은 일을 해낼 수 있는 엄청난 인내심과 지구력을 갖고 있다.

내향형들은 조심성이 많아서 지나치게 많은 활동에 참여하는 걸 꺼린다. 그들은 조급하게 서두르다가 일을 그르치기보다는 장기적인 안목에서 상황을 살핀다.

내향적이고 느린 유형의 사람들은 때때로 지나치게 비판적이거나 꽤 까다롭다는 비난을 산다. 하지만 이러한 자질들 덕분에 그들은 실상을 아주 빨리 눈치 챈다.

③ 업무형(하이테크)

업무 지향적인 하이테크 성격은 일을 완수하는 데서 크나큰 기쁨을 얻는다. 이들에게 조율과 기름칠이 잘 돼 있는 최고 성능의 기계보다 더 좋은 것은 없다. 그들은 형식과 기능에 관심이 많다. 한 가지 주의할 점이 있다. 그들은 종종 일을 완수하는 데만 급급한 나머지 다른 사람의 감정을 쉽사리 상하게 만든다. 본의는 아니지만 다른 사람의 감정보다는 전체적인 업무를 중시하여 "쇼는 반드시 진행되어야 한다!"라고 외치는 것이다. 이런 사람들은 과업을 완수하는 데만 열중한다. 일을 이루고, 그것이 이뤄진 모습을 지켜보는 것에 진정한 흥미를 느끼는 것이다.

④ 인간 지향형(하이터치)

다른 사람과 관계를 맺는 데 관심이 있다. 감수성이 풍부하고, 타인의 감정을 잘 헤아리기 때문에 일을 완수하는 데 급급해하기보다는 이웃이 자신의 집 마당을 어떻게 봐줄지에 대해 더 많은 관심을 쏟는다.

6. 안전과 재난을 통한 안전문화 정착

(1) 재난의 정의

사전에서는 '뜻밖의 불행한 일, 액화(厄禍), 화해(禍害)'라고 말하며, 학문적으로는 다양한 이론이 나타나고 있다. 재난(disaster)의 어원을 분석하면, dis는 어원상 분리, 파괴, 불일치의 뜻이며, aster는 라틴어로 astrum 또는 star라는 것을 의미한다.

현행법상에서의 재난의 정의는 다음과 같이 정의된다.

'재난'이라 함은 국민의 생명 · 신체 및 재산과 국가에 피해를 주거나 줄 수 있는 것으로서 다음 각 목의 것을 말한다.

- 태풍 · 홍수 · 호우(豪雨) · 폭풍 · 해일(海溢) · 폭설 · 가뭄 · 지진 · 황사(黃砂) · 적조 · 낙뢰 그 밖에 이에 준하는 자연현상으로 인하여 발생하는 재해
- 화재 · 붕괴 · 폭발 · 교통사고 · 화생방사고 · 환경오염사고 그 밖에 이와 유사한 사고로 대통령령이 정하는 규모 이상의 피해
- 에너지 · 통신 · 교통 · 금융 · 의료 · 수도 등 국가기반체계의 마비와 전염병 확산 등으로 인한 피해

(2) 재난의 특징

① 인적 재난

화재, 산불, 붕괴, 폭발, 도로교통사고, 환경오염사고, 유 · 도선사고 등

② 자연재해

호우(폭풍우), 태풍, 우박, 해일, 이상고조, 홍수, 범람, 산사태 · 낙뢰 등

③ 재난의 특징

재난은 인위재난과 자연재해로 구분된다. 우선 발생과정과 충격 정도에 있어서는 인위재난과 자연재해 모두 돌발적이고 강력하다는 특징을 가지고 있다.

피해의 가능성에 있어서 인위재난은 가시적으로 피해가 나타나지 않는 경우 존

재하지만, 자연재해의 경우 보통 가시적으로 환경의 손상을 초래한다.

예측 가능성에 있어서 인위재난은 예측이 불가능하고 피난의 여지가 거의 없는 데 반해 자연재해는 어느 정도의 예측과 경고가 가능한 특징을 가진다.

로 포인트(상황전환점)에 있어서 인위재난은 분명한 로 포인트가 존재할 수도 있으나 유독물질 사고의 경우 시간이 경과하더라도 상황이 호전되지 않을 수 있다. 자연재해는 보통 식별 가능한 로 포인트가 존재하고 이 시점 이후 시간이 경과함에 따라 상황이 개선되는 경향이 있다.

통제에 대한 인식에 있어서 인위재난은 통제 가능한 것으로 인식되지만 자연재해는 통제 불가능한 것으로 인식된다.

영향의 범위에 있어서 인위재난은 직접적으로 피해를 받지 않는 사람들에게도 영향을 주지만, 자연재해는 보통 재해의 희생자에 국한된다. 영향의 지속성에 있어서 인위재난은 단기적 또는 장기적으로 지속되며 화학사고의 경우 장기적 영향을 미치지만 자연재해는 비교적 단기간 지속이라는 특징을 가진다.

(3) 우리나라의 재난관리 체계

우리나라는 재난을 관리하는 데 있어서 ① 예방 및 준비단계, ② 대응단계, ③ 복구단계로 구분하여 시행하고 있으며, 단계별로 정부의 재난관리기능을 다양하게 규정하고 있다.

첫째, 예방 및 준비 단계는 재해가 실제 발생하기 전에 이를 예방하거나 사전조치를 취함으로써 피해규모를 최소화하는 과정을 말한다.

둘째, 재해대응 단계는 재해의 발생을 예방하거나 그로 인한 피해를 경감시키기 위한 재해응급대책을 말한다.

셋째, 재해복구 단계로서 『재난 및 안전관리 기본법』에서 방재책임자는 소관시설 또는 업무에 관계되는 재해가 발생한 때에는 지체 없이 재해복구계획을 수립 · 시행하도록 규정하고 있다.

(4) 안전문화 정착의 의의

① 도시화가 진전됨에 따라 예측할 수 없는 여러 가지 재해와 재난이 일어나고 있음.

② 도시인들은 안전을 담보 받고자 하는 욕구가 늘고 있으며 그에 대한 비용 지불 의사도 늘고 있다. 그럼에도 불구하고 우리 국민의 안전에 대한 인식 수준은 아직까지 무사안일주의에 머물러 있다. 사고를 운명이나 최소한의 불상사로 여기는 사람이 많고, 상당한 지식층임에도 사고를 문명발달과정에서 야기되는 불가피한 희생으로 간주하는 경향이 있다.

③ 또한 재해가 수반되지 않는 사고에 대해서는 원인조차 규명하려고 들지 않으며, 위신 문제로 생각하거나 수치로 여기기 때문에 사고의 발생사실조차 은폐하려는 경향이 강하게 나타나고 있음.

④ 우리 국민들의 안전에 관한 인식과 안전행동은 대체로 다음과 같은 공통적인 특징을 지니고 있음.

첫째, 안전사고의 가장 큰 원인은 부주의로 인한 것이며, 그 중 자신의 부주의가 사고의 원인이라는 것.

둘째, 사고 후 가장 큰 도움을 줄 사람은 가족이라는 점임.

셋째, 사고예방을 위해 필요한 것을 본인의 노력과 사회 환경의 개선 및 안전사고 예방교육이라고 지적하고 있음. 또 사회의 안전한 생활환경 조성과 안전에 대한 교육과 홍보의 필요성을 강조하고 있음.

7. 조직과 안전문화

(1) 조직과 안전문화의 관계

① 스티븐 시몬(Steven I. Simon)은 비즈니스 패러다임의 변화에 따른 안전 전문가의 문화의 변화를 살펴보고 앞으로의 안전보건문화가 어떠한 방향으로 나아가야 할지를 연구하였다. (아래의 표 2-1은 그의 연구를 요약적으로 보여주는 것이다.)

표 2-1 비즈니스 패러다임의 변화에 따른 안전문화의 변화

비즈니스 패러다임의 변화	과거 안전 전문가의 문화	미래 안전 전문가의 새로운 문화
자본은 곧 권력이라는 등식에서 지식이 곧 권력인 등식으로	안전은 곧 지출이다	안전은 회사에서 가장 가치 있는 자산(인력)에 대한 투자이다
계층적 조직에서 수평적 조직으로	행위자로서의 안전관리자 집행자로서의 감독 정책과 절차를 통한 지시 및 통제	촉진자/컨설턴트/지도자로서의 안전전문가 근로자의 참여 및 자율성
국내시장에서 국제시장으로	일원적 문화교육재료 및 접근법 외국 소재지에 대한 낮은 규격기준	문화적 다양성은 안전관리에 대한 접근방식에 영향을 미친다 총괄적 안전, 보건 및 환경규칙
개인위주의 임무에서 팀위주의 임무로	안전은 안전부서의 책임이다 팀 구조에 안전이 포함되지 않음	훈련 및 교육받은 근로자가 이전에 전문가가 수행했던 역할 수행

새로운 패러다임 하에서 안전전문가의 중요한 역할로 지적되는 것은, 행동 및 문화변화의 주체, 사회 기술 지도자로서의 역할, 기업중심의 사고, 주도적인 위치 견지 그리고 이를 위해서는 지속적인 교육이 필요하다고 역설함.

② **프레드 마뉴엘레**(Fred A. Manuele)은 성공적인 안전관리는 조직문화의 반영에 의한 것이라고 보았다. 그가 볼 때, 조직의 안전문화는 핵심 경영자들에 의해 결정된다. 모든 작업자가 중요하다는 문화를 가지고 있는 회사에서는 재해율이 낮은 편이다. 성공적인 조직에서는 시설순찰이나 안전회의에 핵심 경영자의 동반이나 참여가 두드러지고 성과 및 보수 검토시 안전도 함께 고려된다.

③ **리사 컬런**(Lisa Cullen)은 한 조직이 안전보건문화에 관심을 가지고 있는지에 대해 다섯 가지 지표를 가지고 설명했다. 즉, 관리지원, 공동 책임감, 열린 커뮤니케이션, 전사적 참여, 일관적인 통합이 그것이다.

④ **쥬디스 에릭슨**(Judith Erickson)은 기업문화와 안전보건문화의 관계에 대해 주된 연구를 진행하였다. 그가 볼 때, 개인 특성은 개인의 가치체계를 나타내

는 의견, 활동 및 행동과 같은 특질이다. 조직에서 우수하거나 또는 낮은 안전성과와 관련된 특정한 관리 특성은 다음과 같다. 여기에서 조직의 안전성과는 조직의 경영철학과 직접 관련이 있는 것으로 나타났다. 즉, 우수한 안전성과는 안전보건 노력에 대한 경영자의 지속적이고 가시적인 지원과 근로자에 대한 경영자의 관심과 지원을 보여줄 때 나타난다.

여기에는 경영자 특성을 파악할 수 있는 세 가지 독특한 영역이 있는데, 이는 경영자 지원, 경영자의 관심, 적극적인 근로자 환경이다.

① 경영자 지원

- 회사의 사명이나 철학에서 안전보건에 대해 언급
- 조직도에서 안전보건의 위치
- 회사 회의에서 안전보건의 우선 순위
- 조직 내에 안전보건 통합
- 제품, 품질 등, 기타 조직의 관심 사항과 안전보건 사이의 관계
- 작업 설계 및 작업환경
- 근로자 선별 및 교육
- 지속적인 교육

– 성과평가에 포함된 안전성과

② 경영자 관심사항

- 안전보건에 대한 경영자 지식 및 이해
- 생산성 대 근로자 복지 비교
- 안전보건을 위한 자원 할당
- 조직에서 의사결정을 하는 곳
- 상해 및 사고원인에 대한 경영자의 믿음

③ 적극적인 근로자 환경

- 작업환경의 청결성 및 설계
- 안전보건을 위해 매일 수행하는 관리활동 및 행동

- 조직에서의 커뮤니케이션 유형
- 경영자가 근로자를 처우하는 실제 태도
- 근로자가 자유롭게 건의사항을 내거나 창의적인 사고가 가능한지 여부
- 근로자에 대한 경영자 피드백
- 조직을 위한 근로자의 열성적 태도
- 근로자의 사기 정도
- 경영자의 가치체계 대 근로자의 가치체계
- 근로자에 대한 경영자의 윤리적 또는 도덕적 책임의식

표 2-2 작업장 안전보건문화에 영향을 주는 요소들(Lisa Cullen)

경영자 지원	경영자 관심	적극적 근로자 환경
• 성문화된 철학 • 안전보건의 위치 • 안전보건의 우선순위 • 안전보건 통합 • 다른 조직 관심사항과의 관계 • 성과작업 및 작업환경 설계 • 근로자 선택 및 교육 • 지속적인 교육 • 성과 측정	• 지식 • 생산 및 근로자 문제 비교 • 자원 • 의사결정 • 상해원인	• 환경 • 경영자의 조치 및 행동 • 커뮤니케이션 • 근로자 대우 • 혁신적 대우 • 경영자 피드백 • 근로자의 노력 • 근로자의 사기 • 근로자의 조직에 대한 "적합성" 윤리

(2) 안전보건경영 프로그램

① **조지 스와츠**(George Swartz)는 자율안전보건 프로그램에 관하여 연구하였는데, 조직의 안전문화가 근로자와 경영자 모두에게 효과적이고 의미 있게 되려면 자율안전 프로그램(Voluntary Protection Program) 기준에 부합되도록 노력해야 한다고 주장하였다.

② **쥬디스 에릭슨**(Judith Erickson)의 안전보건 프로그램을 평가하는 지표

① 조직 구조

경영자에 의해 관리되는 조직 구조에는 조직도에 정해져 있는 위치, 회사의 규정 및 규칙 유형, 의사결정 권한, 작업, 도구 및 장비 디자인 등이 포함된다.

② 안전보건에 대한 조직의 중요성

안전을 전체 사업 환경에 맞추는 방식과 다른 쪽의 관심사항과 관련하여 안전을 바라보는 입장 등과 관계되어 있다. 일부 예에서는 안전노력을 위한 자원 할당, 조직 내 안전통합, 안전 및 생산성과의 관계, 작업장 설계, 근로자 선택 및 교육 등이 포함된다.

③ 안전에 대한 책임의식

기업의 모든 사람이 안전에 대한 주인의식을 가질 때 비로소 안전보건 프로그램은 진정한 효율 및 효과를 발휘할 수 있다. 그러기 위한 한 방법은 안전문제를 근로자와 감독 및 기타 운영 경영자의 성과 평가에 포함시키는 것이다. 또한, 상해와 사고조사를 철저하고 완전히 수행할 때, 바람직하지 못한 사고에 대한 근본원인을 찾아내어 책임감을 갖도록 할 수 있다.

④ 커뮤니케이션

모든 조직에서 가장 중요한 요소 중 하나가 바로 커뮤니케이션이다. 커뮤니케이션은 개방성과 정직성 및 방향과 관련하여 평가된다. 전사적인 커뮤니케이션 과정에는 거의 발생할 뻔했던 사고에 대해서도 보고되어야 한다.

⑤ 경영자 행위 및 행동

안전프로그램에 대한 경영자의 지원과 노력은 꼭 필요한 요소라고 할 수 있다. 여러 가지 사례를 통해, 우수한 안전성과를 거두고 유지하는 데 있어 경영자의 지도력이 가장 중요한 단일 요소임이 밝혀지고 있다.

⑥ 근로자의 참여

근로자 참여수준은 회사의 안전성과 수준을 가늠할 수 있는 주요 지표이다. 근로자가 작업습관 및 안전에 대해 자유롭게 건의하고, 조직에 자신의 의견을 제안하고, 새 아이디어를 개진하는 분위기가 갖추어져 있는지 여부는 근로자 관련성과 참여를 보여주는 예라고 할 수 있다.

⑦ 근로자의 반응과 행동 및 인식

근로자가 반응하고 행동하는 태도는 조직에서 근로자가 취급하는 방식의 결과라고 할 수 있다. 예를 들어, 만족스러운 회사 생활을 하는 근로자는 좀처럼 결근하지 않는다. 오히려 이런 근로자들은 사기가 높고 회사에 충실하여 이런 근로자 반응은 우수한 안전성과와 관련되어 있음이 밝혀질 것이다.

8. 선진국의 안전보건문화

(1) 독일의 안전보건문화

1) 안전문화운동 용어의 정의

독일은 국제기구에 의한 안전문화운동 용어 규정을 적용하고 있다. 유럽에서 안전문화라는 용어는 1986년 소련 체르노빌 원자력 누출사고에 따른 원자력안전자문단(INSAG) 보고서(Post Accident Review Meeting on the Cher Accident)에서 처음 사용되었으며 유럽 각국은 이 보고서에서 언급된 정의를 따른다. 당시 국제원자력자문단은 안전문화의 의미를 "조직과 개인의 자세와 품성이 결집된 것으로 모든 개인의 헌신과 책임이 요구되는 것이다."라고 정의했다(INSAG 1986).

독일에서는 1965년 이후 안전문화운동의 필요성에 대한 범국민적 공감대가 광범위하게 형성되어 왔으며 이는 공적기관에 의해서 시작되었다. 운동 시작 당시 산재율 등 안전관련 지표가 낮지 않았던 독일에서 가장 경계해야 될 인식으로는 '안전을 살피고 안전을 위한 활동을 비용 낭비로 치부하는 인식'이라고 규정되었다. 즉, 안전을 위한 비용 지불은 장기적인 관점에서 매우 부가가치가 높은 투자로 인식되어야만 한다는 의미이다.

이는 특히 성장 지향국가의 발전에 중요한 철학적 기반이 될 수 있다. 즉, 국가의 역량을 경제성장과 물질적 풍요라는 잣대로 보고, 고도의 산업사회에서 진정으로 필요한 안전의식을 소홀히 생각하는 것은 장기적인 관점에서 자칫 엄청난 사회비용을 지불해야만 되는 결과를 낳을 수 있다는 것이다.

2) 독일 안전문화운동 배경

1960년대 중반 안전문화운동이 본격적으로 시작될 당시 독일의 산재율은 유럽의 다른 나라보다 낮지 않았다. 특히 유럽의 다른 나라에 비해 높은 자동차 보급률과 고속도로의 이용률로 인해 교통사고 부문의 사망자 수가 영국에 비해 두 배 가까이 높은 수치를 기록하기도 했다. 당시 통계를 보면 인구 10만 명당 교통사고 사망자 자 수를 기준으로 영국은 62년 13.3명인 반면에 독일은 63년에 24.8명으로 나타났다(이규형, 2010).

그러나 독일에서 60년대 중반 이후 실시되었던 대대적인 안전문화운동은 그 수치를 낮추는 데 크게 기여했다.

근로자 1000명당 신고의무 업무상 사고 발생 현황을 구체적인 업종별로 살펴보면, 재해빈도가 가장 높은 업종은 제조업 중에서도 건설업과 목재업으로, 근로자 1000명당 각각 67.3건, 65.6건의 업무상 사고가 발생했다(이규형 2010). 제조업 부분에서 재해빈도가 가장 낮은 업종인 화학업과 건강 서비스업에서는 근로자 1000명당 각각 14.7건과 14.8건의 업무상 사고가 발생하였다.

반면에 전체 산재보험사업 업종별 수치를 살펴보면, 농업부문 산재보험조합의 재해빈도는 70.5건으로 가장 높게 나타났다(Richard Wurbs 2009). 이는 독일에서 농업 무분 안전 조치와 안전의식 고취가 중요함을 의미한다.

3) 독일 안전문화운동 추진

독일은 재해보험과 안전관련 법제도 측면에서 세계적으로 가장 발달된 나라임에도 불구하고 안전사고율이 낮지 않았다는 것을 미루어 보아서 국민의 잘못된 안전 의식과 행동에서 재해가 기인하는 바가 크다는 결론을 내렸다. 안전문화운동의 중요성은 이러한 근거에서 비롯되었다.

독일 안전문화운동의 주체는 정부 해당부처와 중앙재해보험조합 그리고 관련 민간단체라고 할 수 있다. 독일은 정부 조직 내에 별도의 조직을 만들어 안전문화운동을 주관하고 있다. 예를 들어 안전사고 방지 관련, 각종 신기술에 대한 분석 · 도입을 주관하는 부서 등이 운영되고 있다. 여기에 연방기술위험구조단의 자원봉사자 활동은 예산 절감의 효과까지 가져오고 있다. 정부는 참여 자원봉사자에게 병역혜택을 부여하고 있으며 이들에 대한 체계적인 교육훈련 프로그램을 제공함으로써 안전문화운동을 위한 전문 인력의 양성을 아울러 진행하고 있다.

독일의 안전문화운동은 1965년 독일재해보험연맹(DGUV: Deutsche Gesetzliche Unfallversicherung)을 주축으로 추진된 '사고방지를 위한 안전문화운동 추진'에서 비롯된다. 독일의 재해보험조합의 역할을 보면, 조합은 강제보험인 재해보험의 수행기관이며 산업안전사고와 직업병의 방지를 주 임무로 하는 기관이다.

60년대 중반 당시 안전문화운동의 슬로건은 '위험을 인식하고 위험을 몰아내자'라는 간결하면서도 설득력 있는 메시지로 구성되었으며 중앙본부는 언론매체와 연계하여 다양한 방법으로 적극적이고 지속적인 홍보를 전개했다.

당시 대국민 홍보수단으로, 회원기업들에게 백만 개 이상의 플래카드, 50만 개 가량의 자동차 스티커를 배부했으며, 전단, 책갈피꽂이, 카탈로그(Catalogue), 가정배부용 책자 등을 제작·배포하여 국민들이 어디서나 안전문화캠페인의 분위기를 느낄 수 있게 하였다.

그 밖에 일반잡지의 별책, 벽보, TV광고, 관련 세미나 개최 등을 실시하고 기술 감독관이 관할 기업을 방문하여 기업주, 경영진, 안전담당직원과 면담을 하는 등 그야말로 모든 홍보수단을 동원하여 안전문화운동을 전개해 나갔다.

당시 운동은 특정 테마별로 시기를 나누어 전개되었는데, 작업장 안전운동·교통안전운동·가정 내 안전운동·여가시간 사고 예방과 안전 등이 그것이며, 특히 아동·청소년·외국인 근로자·노인 등 환경 적응력이 떨어지는 취약계층을 대상으로 특별안전문화운동이 추진되었다.

노동조합도 안전문화운동의 중요한 주체 중 하나이다. 특히 노조는 무엇보다 산재예방에 주력하였는데, 그 주요 내용으로는 노동안전운동관련 노동자총회 개최·안전 감독관을 통한 지속적인 기계설비의 안전도 검사·사고가 발생했을 시 그 원인에 대한 정확한 진단과 해결과정 문서화·작업장 환경개선·작업장에 충분히 적응하지 못한 미숙련공을 위한 안전장치 마련 등을 들 수 있으며, 필요한 경우 사측에 관련 요구사항을 제시하고 있다.

또한 독일에서는 안전과 관련해서 재해보험의 역할이 매우 중요하다. 2007년 독일의 양대 재해 보험인 독일산재보험조합(HVBG: Haupteverband dergewerblichen Berufsgenossenschaften)과 공공재해보험조합(BUK :Bundesverband der Unfallkassen)의 통합이라는 조직 정비를 단행한 것은 큰 의미가 있다. 이는 재해예방 관련 연구와 교육 및 홍보활동을 중점적으로 추진하여 재해예방활동을 강화하며, 산하조직인 공공재해보험기금과 산업별산재보험조합(BGs)의 통합을 통해 비용절감과 보다 발전한 재해보험시스템의 토대를 목적으로 했다. 즉, 안전문화에 대한 업무를 일원화하고 관련 부서를 통폐합하여 운영비용을 줄이면서 보다 집중도를 높인다는 취지에서 비롯된 것이다.

유럽에서는 전통적인 제조업 분야와 함께 급변하는 작업환경으로 인한 안전사고위험 증가 업종에 주목하고 있다. 특히 농업 분야의 급속한 자동화, 신기술, 새로운 기계의 도입 등으로 인한 작업자의 안전사고의 위험 노출을 우려하고 있다. 독일은 농업분야의 안전사고 예방 시스템이 잘 갖추어져 있다고 평가되는데, 대표적인 것이 독일의 농민재해보험에서 주관하는 안전 시스템이다.

또한 독일은 산업현장에서 산업안전 보건문제의 해결을 위해서 무엇보다도 근로자 자신이 안전보건문제에 대하여 자주적이고 적극적인 노력을 행할 수 있도록 하고 있다. 사업장의 안전보건문제에 대해서 근로자의 대표기관인 사업장위원회(Betriebsrat)에 공동결정권이 보장되어 있어 근로자는 사업장위원회를 통하여 사업장내 재해예방활동에 적극적으로 참여하는 각종의 권리를 가진다.

먼저, 사업장 조직법(Betriebsver fassungsgesetz)은 사업장위원회에 법규 위반의 구체적 의심이 드는 경우에 스스로 사업장 점검을 행할 권리와 재해예방과 관련하여 행해지는 모든 감독 · 검사를 비롯하여 재해조사 및 협의에 참가할 권리를 부여하고 있고, 일반적 행정규칙에서 사용자의 재해신고서의 작성에의 참가권이나 감독 중인 기술감독관에 안전보건 개선방안의 제안권 및 재해예방 등에 관한 기술감독관과의 협의권 등을 규정하고 있다. 그리고 안전관리위원과 산업안전위원회를 통해서도 재해예방활동에 참가할 권리를 부여받고 있고, 또한 개별근로자에게는 산업안전보건사항에 대한 제안 · 청문권도 부여되어 있다. 나아가, 산업안전보건법(Arbeitsschutzgesetz) 및 사업장 조직법상의 제 규정에는 사업장내 안전보건 제도의 조직형성 및 직무의 결정에 사업장위원회가 관여할 권리에 대한 규정도 두고 있다.

(2) 미국의 안전보건문화

1) 미국의 안전보건문화 운동개요

미국 내에서의 안전문화는 산업안전보건청(OSHA, Occupational, Safety and Health Adminstration)을 포함하여 주정부와 해당 산업의 기업단체 및 협회 등 다양한 기관에서 재해예방 프로그램을 운영하고 있다.

2) 풀뿌리 안전문화 프로그램

① 과거의 안전 동아리 개념에 근거한 전통적인 안전프로그램에 대한 반성으로부터 새롭게 대두된 전략 안전문화 프로그램

② 근본원인인 근로자들의 행동양식 또는 행태 및 습관 등을 바꾸는 데 상대적으로 소홀하여 사고율 감소에 기여하지 못함.

3) 캘리포니아 안전문화자문단에 의한 풀뿌리 안전문화 프로그램

현장의 물리적인 위험요소를 제거하는 것을 넘어서서, 문화개념 도입을 통한 재해예방 접근 방법을 개발

① 사람들이 일하는 곳은 나름의 문화가 있다. 바로 이 문화가 안전문제에 있어서 물리적인 요소보다 더 큰 영향을 미치게 됨.

② 문화가 변해야 사람들의 의식에 영향을 줄 수 있고 행동의 변화를 유도할 수 있음.

③ 문화변화 내지는 문화형성에 있어서 핵심적인 사항은 가치의 인식이다 .

④ 안전문화는 안전절차를 따르는 것에 가치를 부여할 수 있도록 하는 것이다.

4) 가치인식과 문화변화의 단계

① 바람직한 안전문화를 설정하고 이를 조직 전체에 홍보하는 단계

② 설정된 안전문화의 장점과 단점을 파악하는 단계

③ 설정된 안전문화 상황을 실현하기 위하여 전략을 수립하고 채택된 개별 프로그램에 인적·물적 자원으로 배분하고 교육을 실시하는 단계

④ 수립된 전략을 실행하고 사람들이 목표 달성에 지속적으로 참여하도록 하는 단계

⑤ 평가 단계

5) 미국의 안전문화 접근방법의 변화

사업장 근로자는 정해진 프로그램 실행에 관한 제안정도에서 스스로 전략을 개발하고 실천하는 단계로 변화

6) 안전문화 추진 전략 효과

① 근로자들이 더욱 능동적이고 적극적으로 각종 안전모임에 참여하여 계획 수립과 운영을 주도

② 근로자들 스스로 자신의 불안전한 행동을 동료 근로자들에게 공개함으로써 서로의 관심 속에 사고의 위험을 줄일 수 있게 되었으며 실제 사고율 또한 지속적으로 감소

③ 근로자에 대한 보상지출의 감소

④ 근로자와 경영진이 모두 참여하는 안전위원회에서 구성원들의 권한이 대폭 확대

⑤ 기술적인 부분에서도 실질적으로 안전을 향상시키는 성과들이 산출됨.

7) 미국의 원자력 안전문화

미국은 1979년 스리마일섬(TMI) 원전사고 이후 Man-Machine Interface와 관련해 많은 연구와 개선을 추진하였고 원자력규제위원회(NRC)는 1980년대 초반 이후 전통적인 규제방식뿐만 아니라 체계적인 운영평가제도를 추진하면서 인적 성능과 조직 관리 분야의 원자력 안전성에 미치는 영향 등에 관하여 연구를 수행하였다.

① 원자력규제위원회의 안전문화 규제의 변화

데이비스 베세(Davis Besse) 사건의 발생 이후 원자로 감시과정에서 보다 충실히 다룰 수 있도록 개선방안을 마련함

- 검사원들이 안전문화에 대한 이해 제고를 위한 교육훈련을 실시
- 성능저하 원전에 대한 안전문화 평가절차를 개발
- 원자로감시원에서 안전문화를 다루기 위한 개선작업을 수행
- 사업주 및 이해관계자들의 의견 수렴을 통해 원자로감시원의 상호연관부분과 연계한 규제검사 수행체제를 개발

데이비스 베세(Davis Besse) 사건

2002년 3월 데이비스 베세(Davis-Besse) 원전은 연료재장전 기간 중 원자로 헤드에서 중대한 결함이 발견되어 가동을 중단했었다. 미국 원자력규제위원회(NRC)는 중대 손상에 따른 NRC 규정위반과 관련하여 FENO사(FirstEnergy Nuclear Operating Company)에 대해 사상 최대인 545만 달러(약 65억 원)의 벌금을 부과한 바 있다.

② 원자로감시원을 통한 안전문화 접근 방법

국제원자력기구와 원자력기구 및 각국의 사례를 조사 · 분석해 안전문화 요소를 모두 13개의 요소로 통합하고 상호연관부분을 재정의하여 연계시켰다.

③ 원자로감시원 평가 및 검사보고서

원자로감시원은 성능저하나 규정위반 등과 같은 검사 지적사항 혹은 권고사항이 있을 경우 그 원인이 안전문화에 기인하는지 검사원이 평가하여 검사보고서에 병기하도록 하였다.

- 반기별로 검사보고서를 분석하여 안전문화와 관련된 문제가 있는지 여부를 원전별로 평가하며 평가결과 문제점이 있을 경우 그 결과를 사업자에 통보하여 자발적인 조치를 유도

표 2-3 Baseline inspection에서 검사하는 안전문화 요소

Human Performance	Problem Identification & Resolution	Safety Conscious Work Environment
• 의사결정 • 자원 • 작업관리 • 작업관행	• 시정조치 프로그램 • 운전경험 • 자체평가	• 문제를 제기하는 분위기 • 차별이나 보복방지
〈특별 검사 및 추가 검사에서 검사하는 안전문화 요소〉		
– 책임관계 – 학습 분위기 – 조직변화 관리 – 안전정책		

- 18개월 동안 그린(Green) 이상의 성능저하가 지속되고 안전문화와 연관성이 있을 경우 안전문화 자체평가 혹은 제3자 평가를 지시한다.
- 계속되는 성능저하로 원자로감시원의 조치 매트릭스의 4단계에 들어갈 경우 안전문화 특별 검사를 실시
- 안전문화 취약성이 발전소 안전에 심각한 영향을 주는 것으로 판단될 경우 이를 근거로 발전소 가동 중지를 명한다.
- 검사 매뉴얼과 검사절차서를 개정하여 안전문화 평가에 대한 지침을 제공하였다.
- 매뉴얼과 절차서에는 검사원 관찰사항, 평가방법, 보고서 기술법 등 다양한 사례 및 포맷을 제시하였다.
- 검사원들에 대한 교육훈련실시 및 안전문화 특별 검사팀을 구성 안전문화 검사결과 보고서는 원자력규제위원회 홈페이지를 통해 공개

8) 미국의 원자력발전소의 안전문화 영향

미국은 이처럼 초기 안전문화에 대한 규제기관의 비 개입 정책을 완전히 전환하여 현장 주재 검사원의 관찰과 평가, 더 나아가서 본부 검사원의 안전문화 특별검사에 기반한 사업자 안전문화 감독 프로그램을 개발하여 적용해 나가고 있으며 앞으로 이런 접근법은 많은 나라에 영향을 받아 벤치마킹이 되었다고 볼 수 있다.

9) 존슨 앤 존슨(Johnson & Johnson) 사의 안전문화지침

130여 년의 전통을 이어 가고 있는 존슨 앤 존슨은 회사의 사명과 철학에 근로자들과 인근 주민들의 안전보건과 관련된 회사의 관점을 명확하게 명시하고 있다. 또한 공정안전지침서와 교육훈련을 통해 해당 내용을 구체적으로 보완하여 안전관리를 위한 기준을 제공하고 있다.

- 우리는 안전보건을 가장 높은 가치로 인식한다.
- 우리는 계속해서 안전에 대해 이야기한다.
- 작업교육과 긍정적인 피드백은 필수적인 사항이다.
- 안전은 우리의 우수보건프로그램의 핵심요소이다.
- 회사 외부에서의 안전은 안전노력의 중요한 부분이다.

10) 미국안전보건문화 사례를 통한 시사점

- 안전제일이 생활 속에 자리 잡을 수 있도록 자체 감독 및 평가를 안전문화 분야에도 적용할 필요가 있으며, 위험상황 대응 매뉴얼과 안전문화 평가를 위한 기준을 마련해야 함.
- 시민의 안전의식 함양을 위하여 국가 및 공공기관이 다양한 학령별 · 연령별 · 계층별 교육훈련 프로그램 개발해야 함.
- 안전보건의식 보급에 기여한 시민 및 자원봉사자, 공무원의 포상제도 및 협력기관 간의 협정체결 등 정책적 지원이 이루어져야 함.
- 시민안전문화 참여 등 안전문화 관련 민관의 협력활동을 확대할 수 있는 제도적 뒷받침이 이루어져야 함.

(3) 영국의 안전보건문화 운동

1) 영국의 안전보건문화운동 개요

영국 안전보건청(HSE Health and Safety Executive)에서는 안전문화의 특성을 파악하고 안전보건 문화와 안전성과의 연결 방안을 모색함

① 영국의 안전문화 특성

- 문화는 조직 내에서 조직원의 태도와 행동에 영향을 미치는 공유된 가치를 설명하는 개념이다. 안전문화는 조직문화의 한 부분으로서 안전보건 성과에 대해 조직원의 태도와 믿음에 영향을 미친다.
- 조직의 안전문화 정착을 위한 핵심이 되는 영향력은 사업주에 있으며 관리계층별로 서로 다른 방법으로 안전보건에 영향을 미치게 된다. 즉 관리자들의 의사소통을 통해서 안전보건 활동을 하며 감독자들은 근로자와의 공정한 상호작용을 통해서 안전보건에 영향을 미치게 된다.

② 안전 측면에 영향을 주는 사업주의 태도와 행동

- 안전보건추진 노력의 성공
- 사고 및 아차사고의 보고
- 근로자가 안전하게 작업하거나 작업상의 위험을 감수하는 행동
- 생산압력
- 안전하게 행동하도록 하기 위한 개입조치의 실행
- 건강하게 작업하도록 하기 위한 개입조치의 실행
- 안전담당자 및 안전보건위원회의 효과 및 신뢰
  - 하부문화는 일관된 안전문화정착을 방해하며 동일한 조직 내에서도 근로자들이 서로 다른 작업조건을 경험할 때 발생하기 쉽다.
  - 생산목표 달성과 집단별 성과에 대해 제공되는 금전적인 보너스는 안전문화 정착에 악 영향을 미칠 수 있다. 생산목표 달성에 대해 제공되는 보너스는 작업속도를 증가시켜 불안전한 행동을 야기하거나 이를 보고도 인정하는 분위기를 정착시킴.

2) 영국의 안전보건문화운동 추진

안전문화 측정 도구 개발에 가장 활발한 연구를 실행하고 있는 기관은 영국 안전보건청(HSE)으로서 90년대 중반부터 학계 및 산업체와의 공동 연구를 통해 아래와 같은 안전문화 측정 도구를 배포하고 있다.

① HSE의 안전문화 측정 도구 HSCST(Health and Safety Climate Survey Tool)

HSCST는 영국의 HSE에서 1997년 독자적으로 개발한 안전문화 측정 도구로 특정 산업에 국한되지 않은 일반 도구이다.

목적 : HSE에서는 다음과 같은 목적으로 HSCST를 개발했다.

- 각 기업체에서 안전보건의 핵심적인 측면에 대한 조직원들의 관점을 파악하여 안전보건에 대한 조직원의 참여를 향상시킴으로서 안전보건을 향상시킨다.
- 각 기업체에 현존하는 안전보건 문화 측면을 파악할 수 있는 도구를 제공함으로 우수한 부분과 개선이 필요한 부분을 확인할 수 있다.
- 안전보건 추진에 따른 영향을 파악할 수 있도록 시간에 따른 안전보건문화의 변화를 평가할 수 있도록 한다.

② HSCST 평가항목

작성자에 대한 일반정보(개인정보, 업무내용)를 제외하고 아래와 같이 총 10개의 평가항목에 71개의 질문사항이 있으며, 각 항목 당 수준에 따라 1점에서 최대 5점까지 부여한다.

- 조직차원의 몰입수준 및 의사소통
- 현장 관리자의 몰입
- 감독자의 역할
- 개개인의 역할
- 동료 근로자의 영향
- 전 직원의 능력
- 위험 감수행위 및 영향요인
- 안전한 행동에 대한 장애요인
- 작업허가 체계
- 사고 및 아차사고의 보고

3) 영국의 안전보건문화 시사점

영국의 HSE 등에서 활발히 개발하여 사업장에 보급하고 있는 조직 구성원의 안전보건문화 평가프로그램이나 설문지들의 공통적인 특징은 조직의 안전문화 정착을 위해서는 안전에 대한 몰입이나 지원수준, 상호신뢰 분위기, 책임의식, 의사소통 등 구성원 개개인의 안전의식을 측정하여 이를 통한 안전문화의 개선을 유도하고 있다는 것이 특징이다.

또한 영국의 안전보건문화는 구성원의 행동과 태도에 영향을 미치는 조직 내의 공유가치를 설명하는 개념이며 조직의 건강과 안전성과의 관점에서 구성원의 믿음과 태도에 영향을 미치는 것으로 여겨지고 있다.

① 4C의 구성

영국에서 조직이나 단체의 긍정적인 안전보건문화를 만드는 데 중요한 요소를 4C라고 하며 Competence(구성원의 능력과 자질),Control(조직의 관리 및 운영), Co-operation(개인과 조직 간의 협력), Communication (개인과 조직 내 의사소통)로 구성되어 있다.

② 안전문화 증진에 중요 요소

- 참여
- 구성원의 위험과 관련된 소통
- 조직과 개인 간의 신뢰
- 주기적 감사
- 민관 협력
- 사고의 보고

(4) 일본의 안전보건문화

일본의 산업안전보건운동의 역사는 ① 운동의 여명기(1912~1925년), ② 진전과 정체의 시대(1926~1945년), ③ 부흥의 시대(1946~1954년), ④ 발전의 시대(1955~1974년), ⑤ 강화의 시대(1975~1988년), ⑥ 검토의 시대(1989~1998년), ⑦ 새로운 대처의 시대 (1999~현재)로 구분된다. 일본인의 안전의식은 산업현장뿐만 아니라 국민생활 전반에 걸쳐 뿌리 깊게 자리 잡고 있다고 할 수 있다. 구미 선진국보다 1세기 이상 늦게 근대화의 길을 걷기 시작한 일본은 역사적으로 메이지(明治, 1868~1911년) 시대에 들어서서 '부국강병(富國强兵), 식산흥업(殖産興業)' 정책을 취하면서 산업이 급속하게 발전하였다. 이 시대는 건강보다 산업발전이 중시되어 근로자는 가혹한 노동을 강요당했다. 『공장법(工場法)』이 1916년에 시행되었으나 우리나라 1980년 최초 산업안전보건법과 유사하게 적용대상의 예외가 많은 극히 불충분한 내용이었다.

1) 안전주간 개최

① 1912년 **후루카와광업아시오 광업소**(古河鉱業足尾鉱業所): 일본에서 안전운동은 1912년 후루카와광업아시오 광업소(古河鉱業足尾鉱業所)가 처음 채택한 것으로 알려져 있다. 이 광업소가 안전운동을 도입하게 된 배경은 구리를 채굴·정제하는 과정에서 환경오염과 공해를 유발하여 인근지역 농부들이 광업소에 항의를 제기하였고, 이러한 문제를 해결하는 방안으로 안전운동을 추진하게 되었다.

이 광업소에 근무하던 오다가와 마사유키(小田川全之)는 구리채광제련 기술을 배우러 미국에 갔다가 1900년대 초반 미국 업계에서 제기되고 있던 "안전제일" 운동에 감명을 받고, 1912년에 후루카와 광업소의 소장이 되어 "안전제일"을 "안전전일(安全專一)"이라고 번역한 표지판을 만들어 채취장 안팎에 배치하고, 직원들의 안전의식 고양을 도모하는 등 광업소에서 안전 활동을 시작했는데, 이것이 일본업계의 자주적인 안전보건문화운동의 창시라고 알려져 있다.

1919년에 산업계, 정부 기관, 학교 등이 협력하여 〈안전주간〉이 도쿄를 중심으로 개최되었다. 1928년 7월 2일부터 7일까지 전국연합회 주관으로 전국적으로 통일되게 실시된 제1회 전국안전주간은 세계에서 유례가 없는 것이었다. "일제히 협력하여 부상이나 질병을 물리치자"라는 슬로건 하에 전국에서 일제히 펼쳐졌다. 제4회(1931년)부터 실시기간을 7월 1일부터 1주일로 했다. 전국 안전주간은,

산업계의 자주적인 노동재해 방지활동을 추진하고, 널리 일반의 안전의식의 제고 및 안전 활동의 정착을 도모하는 것을 목적으로 실시하고 있으며, 매년 7월 1일부터 7월 7일까지가 본 주간이고, 6월 1일부터 6월 30일까지를 준비기간으로 하고 있다. 전국 안전주간은 일본 유일의 행사로 제2차 세계대전 중에도 전후의 혼란기에도 중단되지 않고 그 시대의 세태를 반영하면서 현재까지도 시행하고 있다.

② 전국 위생주간 개최

노동위생분야에서 전염병이나 직업병 예방뿐만 아니라 환경개선이나 건강증진 등 새로운 과제가 부상되었고, 이러한 과제에 대응하기 위해서는 전문적인 지식을 가진 인재가 필요하기 때문에 1947년 위생관리제도가 마련되었다. 이러한 상황에서 노동위생을 검토하고 독자적으로 추진할 필요가 있어 1950년부터 전국안전주간으로부터 분리하여 노동성 주관으로 전국 위생주간이 개최되었다. 1954년 노동위생주간 5주년을 기념하여 제1회 산업안전보건대회가 개최되었고, 이어 전국노동위생관리협의회(全衛管協)가 설립되었다. 1928년 최초의 안전주간에 녹색십자가 모티브(motive)가 안전보건문화운동의 상징으로 채택되었고, 하얀 십자가 모티브가 산업보건활동의 상징으로 1953년 제4회 산업보건주간에 채택되었다. 1965년에는 안전보건의 통일된 개념과 목적을 강조하기 위해 2개의 모티브가 수정되어 하나의 안전보건 모티브로 통합되었다.

③ 국민 안전의 날 개최와 중앙노동재해방지협의회

1959년 12월에 개최된 산업재해방지대책위원회에서 일본경영자단체연맹의 전무이사 마에다 한가(前田一が)가 "공장에서 아무리 안전대책을 강구해도 공장문을 한 걸음 나와서 차에 치어버리면 아무것도 되지 않는다. 그래서 '국민 안전의 날' 같은 것을 만들어 국민의 안전의식 향상을 도모하면 어떨까?"라고 제안한다. 1960년 각료회의에서 승인되어 동년부터 매년 7월 1일 "국민 안전의 날"이라고 정했다. 1964년 노동재해 방지를 목적으로 하는 사업주 단체에 의한 자주적인 활동을 촉진하기 위한 조치를 강구, 더불어 노동재해 방지에 기여하는 것을 목적으로 노동재해방지단체 등에 관한 법률이 공포 · 시행되어 전안연(全安連)과 전위협

(全衛協)의 모든 사업을 흡수하여 중앙노동재해방지협회(중재방)가 설립되었다. 또한 육상화물운송사업, 항만화물운송사업, 임업, 건설업 및 광업 등 업종별 노동재해방지협회가 설립되었다.

2) 일본의 안전보건문화운동 추진체계

① 전국안전협의회

일본의 안전보건문화 정착을 추진하고 있는 전국안전협의회(Japan National Safety Council)의 목적은 국민들의 안전의식을 고취하기 위해 계몽 및 홍보를 하고, 안전운동을 추진하는 조직들의 발전을 도모하는 것이다. 총리실 산하에 속해 있으며, 안전보건문화 전반을 총괄한다. 각 정부 부처와 지방자치단체는 소관업무별 해당 분야의 안전보건문화 활동을 추진하면서 동시에 전국안전협의회에서 하는 일을 협조하고 있다. 전국안전협의회는 성격상 민간단체들의 연합회로서 안전과 관련된 단체로 구성되며, 시민단체가 포함된 통합기구라고 할 수 있다.

② 일본의 안전보건 문화운동 추진체계

일본의 안전보건문화운동 추진체계는 (재)전국안전협의회를 중심으로 각 분야별 관련단체로 파급되는 구조를 취하고 있으며 실제 사업은 이들 관련단체, 즉 (재)전국안전협의회를 구성하는 회원단체들이 주도적으로 수행하고 있다. 산업안전보건에 관한 경우 전국안전협의회, 노동후생성, 중앙노동재해방지협회, 각 산업별 노동재해방지협회(예: 광업노동재해방지협회, 건설업노동재해방지협회 등), 전국의 사업별 노동재해방지협회 지부, 개별기업으로 이어지는 파급체계에 따라 중앙의 전국안전협의회에서 추진하는 사업이 모든 개별 사업장이나 현장에 파급됨으로써 전국적으로 동일한 안전운동 추진효과를 도모하고 있다.

③ 안전보건문화운동 추진 관련단체

각 업종별 · 분야별로 각종 협회 등의 안전보건문화운동 단체가 다수 존재하고 있으며, 이들 민간 안전보건문화운동 조직이 안전보건문화운동을 실질적으로 주도하고 있다. 안전관련 민간단체들로 구성된 (재)전국안전협의회가 안전운동의 구심적 역할을 하는 것도 민간주도의 안전운동이 정착되었기 때문으로 볼 수 있다.

전국안전협의회(Japan national safety council)의 개념에 의해 안전보건운동 추진단체인 '중앙노동재해방지협회(JISHA, Japan industrial safety and health association)와 5개의 협회가 설립되었다. 이들의 기관에는 경영자단체와 산업단체가 회원기관이며, 노동자단체는 회원기관에 속해 있지 않다.

- 광업노동재해방지협회
- 건설업노동재해방지협회
- 육상화물운송사업노동재해방지협회
- 항만화물운송사업노동재해방지협회
- 임업 · 목재제조업 노동재해방지협회

3) 노동재해 예방 주요 정책과제와 추진 현황

1958년 제1차 노동재해예방 5개년이 처음 시작되어 현재까지 제12차 노동재해방지 5개년 계획(2013-2017)이 진행되었다.

① 사고재해방지 안전대책회의(1999)

일본 정부는 1999년 21세기 안전정책을 위한 '사고재해방지 안전대책회의'를 구성하여 각종 사고재해 등의 총괄계획을 수립하였다. 사회 전체에 안전의식을 높이기 위한 전략과 대책을 수립하였다. 안전보건문화를 구축하기 위한 구체적인 대책들은 다음과 같다.

- 학교교육 전반을 통한 안전교육의 충실을 위한 대책
- 사업주의 안전교육과 안전의식을 철저히 하기 위한 대책
- 사업주 등 법령엄수 철저 및 법령위반에 대한 엄중한 대처
- 그 외 사고방지를 위한 전략으로 사업주 등의 안전 확보를 위한 대책 및 검사점검체계의 충실 강화, 기계시스템의 안전성 향상 촉진, 정보의 공유와 공개추진 등을 포함하고 있으며, 개별 부처별로 구체적인 세부추진 대책을 수립하여 추진하고 있다.

② 제10차 노동재해 방지계획(2003-2007)**의 주요 내용**(일본후생노동성, 2003)

근로자의 안전보건을 확보하는 것은 매우 중요한 국가적 과제 중 하나이다. 모

든 사업자는 근로자의 안전보건을 확보해야 하는 중요한 책임이 있다. 이러한 관점에서 산업안전보건 관련 규정에 따라 기존의 산업재해예방 활동을 답습하지 않고, 일상생활에서의 안전보건활동을 체계적이고 적극적으로 추진해 사업장의 위험요소를 줄여 나가야 한다.

제10차 노동재해예방계획은 기본 사안에 따라, 모든 근로자의 안전보건을 확립하기 위한 기본방침

- 사망재해 근절
- 중소기업의 안전보건 확립
- 안전보건대책 추진
- 기업의 안전보건문화 확립
- 취업형태의 다양화 · 고용의 유동화에 대한 대책

③ 제11차 노동재해 방지계획(2008–2012) **주요내용**(일본후생노동성, 2008)

근로자의 안전과 건강은 둘도 없이 소중한 것이며, 근로자 본인은 물론이고 가족, 사업장, 산업계 그리고 국가 전체에서 최대한 존중되어야 할 것이다

중점대책 및 그 목표

- 『위험성 또는 유해성의 조사』에 대해 작업내용에 적합하고 구체적인 실시 방법의 공표 및 보급을 비롯하여 사업장 내외의 인재양성의 촉진을 도모하여 실시율을 꾸준히 높여가는 것
- 화학물질의 『위험성 또는 유해성의 조사』를 위하여 물질안전보건자료(MSDS)를 활용하고 그 실시율을 꾸준히 향상시키는 것.
- 기계재해의 방지를 위해 산재가 다발하고 심각성이 높은 재해가 발생하고 있는 기계마다 안전대책을 검토하여 필요한 조치를 강구하여 기계재해의 감소를 한층 더 기하는 것.
- 추락 · 전도재해의 방지를 위해 재해가 많은 발판 및 건축물에서의 작업을 비롯하여 하역과 관련된 작업에서의 추락 · 전도재해 방지대책에 대해 검토하고 필요한 조치를 취하여 이러한 작업에서 추락 · 전도재해를 더욱 감소시키는 것.

- 분진장해의 방지는 터널 건설공사, 아크용접작업, 금속의 연마작업과 관련된 분진장해 방지대책을 중심으로 하는 종합적인 대책을 추진함으로써 신규 진폐 유소견자 수의 감소를 기하는 것.
- 화학물질에 의한 건강장해의 방지를 위해 화학물질과 관련된 유해업무에서의 작업주 임자의 선임 및 직무수행의 철저, 작업환경관리의 철저, 안전보건교육의 촉진을 위해 필요한 조치를 강구하며 특정화학 물질 및 유기용제에 의한 중독, 일산화탄소 중독 등 화학물질에 의한 직업성 질병의 감소를 도모하는 것.
- 근로자에 대한 건강진단에 대해서는 근로자의 자율적인 체계를 촉진함과 동시에, 『건강진단 결과에 근거해 사업자가 취할 조치에 관한 지침』(1996년 건강진단 결과조치 지침 공시 제1호)에 근거해 철저히 조치를 취하고, 고령자 의료확보법에 근거하여 의료보험자가 실시하는 조치와 연대하여 건강진단 결과에 따른 건강관리조치의 실시율을 꾸준히 향상시키는 것.
- 정신건강에 대해서, 과로에 의한 건강장애 방지대책을 강구하고 근로자 각자의 건강을 촉진하기 위한 교육, 연수의 실시, 사업장 내외의 상담 체제의 정비, 직장복귀대책 등을 추진함으로써 정신건강을 관리하는 사업장의 비율을 50% 이상으로 확대하는 것.

9. 우리나라 안전문화운동

(1) 안전문화운동 발전과정

1) 추진배경

국내에서 발생하는 대형사고의 시발은 1960~70년대 건설된 산업시설 및 건축물의 노후화, 산업화에 따른 재해발생요인 증가, 각종 안전관련 제도의 미비 등에 기인하고 있다.

각종 대형 사고는 곳곳에 산재한 위험들에 대한 국민들의 불안감을 가중시키고 정부의 안전관리 능력에 대한 불신감을 증폭시켰다. 이러한 대형사고의 주요 원인은 부실한 공사관리, 안전수칙의 무시 등 안전의식 부재가 주요 원인인 것으로 나타났다.

2) 추진경과

① 1995년 4월 28일 대구 지하철공사 폭발사고가 발생한 이후 김영삼 정부 내 박세일 수석이 노동부가 무재해 운동경험이 있으므로 국민안전문화운동 위한 적극적 검토를 지시함

② 노동부에서는 무재해 운동이 산업현장 노동자를 대상으로 하기 때문에 전 국민을 대상으로 하는 안전문화 운동은 내무부에서 추진하는 것이 타당하다고 의견을 제시하였으나 대통령 특별지시로 추진하게 됨

③ 안전문화운동은 국무총리를 의장으로 하여 건설교통부 · 산업자원부 · 노동부 등 관련부처 장관을 위원으로 하는 안전문화추진중앙협의회를 구성하고, 관련부처 차관을 위원으로 하는 안전문화추진협의회를 구성하였으며 노동부에는 안전문화추진위원회, 산하 한국산업안전보건공단 내에 안전문화추진본부가 설치되어 운영하게 됨

④ 중앙기구의 설치와 함께 지자체를 중심으로 안전문화추진지역협의회가 구성되었으며, 안전문화 추진지역협의회 산하에 한국산업안전보건공단 지도원별로 지역사무국이 설치됨

3) 안전문화추진 발전과정

① 90년대 초 노동부와 매일경제신문사가 공동으로 그림 2-5와 같이 재해예방을 위한 '무재해 천만 명 서명운동'을 전개하여 산업현장부터 안전문화 의식을 촉진시키는 계기를 조성

② 1995년 2월 15일 제6회 국무회의시 부산 한진중공업 선박화재사고(1995.2.7)를 계기로 정부차원 대책들이 일선 현장에 침투토록 '범국민안전문화운동'을 검토하라는 국무총리의 구두지시가 있었음

③ 김영삼 대통령의 특별지시로 1995년 5월 29일 안전문화추진중앙협의회 1차 회의를 국무총리 주재로 개최하고 안전문화 추진위원회를 노동부가 운영하고 안전보건공단에 추진 본부를 설치하기로 함.

매일경제신문 사회2 1993年2月24日(水曜日) 【22】

本社 '93勞使협조 캠페인 91

産災를 줄이자

"근로자生命 돌보는 「밀알」노력"

서울東部노동사무소 尹楊培 과장

「안전不實」업주에 「是正」10회나

상습災害업체 司法처리땐 갈등겪기도

無災害위해 뛰는 사람

그림 2-5 무재해를 위해 뛰는 사람

④ 1995년 7월 20일 안전문화추진위원회 구성(공동대표 : 고용노동부장관, 노총위원장, 경총회장, KBS 사장, 매일경제신문사장)

⑤ 1995년 8월 16일 안전보건공단에 안전문화 추진본부 중앙사무국 설치

⑥ 1996년 9월~10일 안전문화 추진 지역협의회 지역사무국 구성(안전보건공단 산하기관 17개소)

⑦ 1996년 4월부터 매월 4일을 '안전점검의 날'[14]로 지정하여 범국민적인 안전문화 활동 참여를 유도하고 지역사회의 안전문화 지도자 육성과 시민단체의 자율적인 안전문화활동을 적극 지원하는 등 안전문화운동을 전개

⑧ 2003~2008년 소방방재청이 '재난 및 안전관리 기본법' 근거로 안전문화 사업 전개

⑨ 2009년 안전행정부에서 재난안전실을 신설, 정부 부처 기능별 안전문화 산업을 총괄

⑩ 한국재난안전네트워크는 그림 2-6과 같이 재난 안전 활동 프로그램 연구 및 연합활동, 재난예방 및 안전문화 교육과정 개발, 상호 협력, 시 · 도별 재난안전네트워크 구축, 국제적인 네트워크 구축 등의 활동을 하고 있으며, 전국 16개지부로 전국 차원의 민관 협력네트워크로 소방방재청과 재난예방, 안전문화 확산을 위한 공동 협력사업을 적극 개발 추진하고 있다.

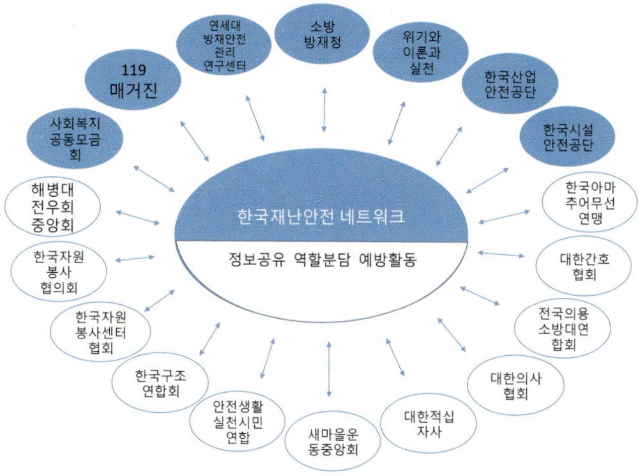

그림 2-6 한국재난안전 네트워크

14 안전점검의 날 : 안전점검의 날지정은 매월 4일이 국가의 지정일이 없는 점과 4자라는 상징성 등을 고려하여 노동부에서 최초로 지정운영하였으나 최근에는 행정안전부가 주관부처로 시행중임

(2) 안전문화 관련제도

기본법 제정 이전에는 안전문화운동과 관련하여 안전행정부와 그 소속기관 직제 시행규칙에 민방위재난관리국 재난관리과의 업무로서 안전문화의 정착을 위한 교육홍보를 명시하고 있었고 산업안전보건법을 근거로 시행규칙에 고용노동부장관은 산업재해예방계획의 효율적인 시행을 위하여 필요하다고 인정할 때 관계행정기관의 장 또는 정부투자기관의 장에게 안전보건의식 정착을 위한 안전문화운동의 추진에 관한 사항을 협조하도록 명시되어 있다.

① 재난 및 안전관리기본법이 제정되면서 법에 "국가 및 지방자치단체는 국민의 안전의식을 높이고 안전문화를 창달하기 위하여 노력하여야 한다."라고 안전문화운동에 대한 정부활동의 법적 근거가 마련되었다

② 재난 및 안전관리기본법에서 국민의 안전의식 수준을 높이기 위하여 안전점검의 날 및 방재의 날을 정하여 행사 등을 할 수 있음을 명시

③ 재난 및 안전관리기본법에서 중앙안전관리위원회 위원장은 안전관리 헌장을 제정 고시하도록 하였다

④ 법령의 제정으로 정부에서 안전관련 자원봉사기관 및 주민자치활동을 육성 지원할 수 있는 근거를 마련하였다는 데 의의가 있음.

안전관리헌장

오늘날 우리는 태풍 · 지진 · 화재 · 교통사고 · 전염병, 낙뢰 등 갖가지 예측하기 어려운 재난으로부터 안전을 위협받고 있다.

재난은 언제 어디서나 일어날 수 있다는 것을 깊이 인식하고, 국민의 생명과 재산을 보호하기 위해 정부와 기관 · 단체 그리고 학교와 기업은 안전관리에 앞장서 노력하여야 하며, 국민 모두는 스스로 참여하고 협력하여야 한다.

우리의 번영은 안전문화의 터전 위에서 이루어지며, 안전을 위한 노력과 투자는 우리와 후손의 행복을 위한 것이다. 이에 우리는 안전한 국가를 지향하는 새로운 가치관을 정립하고 성실한 실천을 다짐한다.

1. 국가, 지방자치단체, 공공기관 · 단체, 기업 그리고 국민은 모든 일에서 안전을 최우선으로 고려한다.
1. 가정, 학교, 직장 그리고 사회의 각 분야에서 교육과 홍보를 통하여 안전관리를 생활화하도록 한다.
1. 위험에 대한 정보를 신속하고 정확하게 제공하여 미리 안전을 확보할 수 있도록 한다.
1. 국가기반체계는 각종 재난으로부터 안전하게 보호되어야 한다.
1. 생활주변 시설과 사업장 그리고 위험지역은 안전하게 관리되어야 한다.
1. 자원봉사기관, 자원봉사자, 시민단체 그리고 전문가의 협력을 통하여 안전관리의 효율을 높인다.
1. 과학적 안전관리를 위한 연구에 힘쓰고 안전산업을 육성한다.

(3) 안전문화 추진 기관과 역할

안전관련기관을 크게 나누면 공공기관과 민간단체로 분류할 수 있다

- 공공기관은 법을 집행하고 정책을 수립하며 감독하는 고용노동부
- 고용노동부 산하 공공기관으로 산재예방 기술지원과 교육연구 기능을 가진 안전보건공단
- 민간단체로는 비영리 법인과 영리 법인이 있는데 비영리 법인에는 대한산업안전협회나 대한산업보건협회 등이 있고 영리 법인으로는 각종 컨설팅 회사나 대행기관 등이 있다.

1) 고용노동부

① 사업명 : 산업재해예방사업

② 사업추진 경위

- 1999년 이후 증가하던 산업재해가 2004년부터 감소추세로 반전하여 12년 동안 0.7% 이상의 재해율을 나타내다가 겨우 0.7% 이하에 접어들었으며, 최근에는 0.5%대의 재해율을 보이고 있다 이는 근로자들의 안전을 확보하고 기업 경쟁력 제고에 기여함,
- 1~2차 산업재해예방 5개년 계획의 성공적 추진으로 사망사고나 사업장 재해 등이 감소하였으며 이는 사망재해 감소대책 · 건설재해예방특별대책 · CLEAN 사업장 조성 지원 · 근골격계질환 예방 등 소규모 사업장 재정과 기술 지원에 기인한 것으로 보임

③ 사업 내용

- **산업안전보건에 대한 재정 · 기술 지원 등을 강화하여 쾌적하고 안전한 작업환경을 조성하고 근로자의 건강과 안전의 유지 증진**
  - 영세사업장 등 상대적으로 산업재해 취약부문에 대한 안전보건 조성 강화
  - 산업재해 발생의 70%를 차지하고 있는 50인 미만 소규모 사업장에 대해 산재예방 투자비용 지원을 통하여 CLEAN 사업장 조성 촉진
  - 민간 재해예방기관을 통한 소규모 사업장의 안전보건 조성지원 강화
  - 화학물질의 유해위험성 평가 및 작업장 노출기준 제 · 개정 등을 통해 유해화학물질에 대한 체계적 관리 및 직업병 예방강화
  - 사업장 안전보건관리 기술지원 유해위험설비의 안전성 확보 등을 통한 사업주의 재해예방활동 촉진 유도
- **공정안전보건문화(PSM Climate)를 통한 대형 산업사고 예방기능 강화**
  - 기계기구 방호장치 등 검사 검정업무의 효율적 운영 및 시장 감사 기능 강화
  - 소규모 사업장에 대한 자율안전보건 종합지원 프로그램 및 안전보건경영 시스템 개발 운영 및 지원

- 근골격계 질환 및 뇌심혈관 질환 등 작업관련성 질환 예방활동 강화
- 건강진단제도 개선 및 근로자 건강증진운동 활성화 등 평생건강 관리체제 구축
- 작업환경측정, 화학물질 유해성 평가 및 유해인자에 대한 중점관리 등을 통한 쾌적한 작업환경 조성
- 고소음 발생사업장 환경개선 촉진 지속 추진
- 작업환경 유해도 평가 및 업종별 건강위험도 조사

• **수요자 중심의 안전보건교육 및 홍보를 통해 안전의식을 제고하고 안전보건연구, 외국전문기관과의 협력교류 강화 등을 통한 안전보건수준 향상**
- 사업장의 유해위험관리 실태에 적합한 안전보건교육지원을 위한 교육 및 자료를 개발 보급하고 체험식 안전교육 확대 및 외국인 교육지원 확대
- 안전보건정보망 종합컨설팅 결과에 따른 시스템 개선
- 홍보매체 등을 활용한 범국민 안전에 대한 의식 제고
- 국내 안전보건 기준의 국제표준화 등 안전보건 기준 국제화
- 신규기술 화학물질 사용 등에 따른 유해위험 요인에 대한 연구 실시
- 세계산업안전보건대회 유치 준비 및 개최, 주요 해외인력 송출국 안전보건 관계자 교육 등 국제 협력강화
- 사고성 재해 획기적 감소, 업무상 질병 지속적 절감, 위험관리시스템 구축, 안전문화 선진화 추진, 산업안전보건 인프라 선진화 산재예방조직 역량 강화
- 산업기계기구 안전인증인 'S' 마크 및 안전보건경영 시스템 인증인 KOSHA18001, 위험성평가 지원시스템

2) 과학기술정보통신부의 원자력위원회

원자력 안전의 주무부서로서 원자력발전소 견학, 원자력 안전학교 위탁교육을 통한 전문교관 양성, 원자력안전 체험프로그램 운영 등 원자력 관련 대국민 홍보 및 교육을 담당하고 있다

① 원자력안전심의관을 두어 원자력 안전규제와 방사선 안전관리 및 원자력 방재 업무 등을 보좌함

② 원자력의 이용 개발에 관한 중장기 종합계획의 수립과 추진

③ 방사선 안전 관련 기술 기준 개발과 방사능 방재계획의 수립 및 종합 및 조정 등의 업무를 담당하고 있다

3) 교육부

① 사업명 : 대학실험실 안전 제고

② 사업기간 2006~2010년

③ 안전문화 추진 현황

- 2007년부터 2009년까지 추진한 안전문화 확산 사업은 크게 3가지 방향에서 이루어졌는데 '홍보', '연구실안전정보망 활성화', '네트워크 형성'으로 나눌 수 있음.
- **첫째는 안전문화 정착을 위한 홍보 확대 및 강화** : 연구실 안전관련 홍보 확대 및 강화를 통하여 광범위한 홍보를 실시함으로써 생활 속에서 연구실 안전에 대한 인식이 정립되도록 함.
- **둘째는 연구실 안전 관련 정보제공을 위한 연구실 안전정보망 활성화** : 정보화 시대의 흐름에 적합한 연구실 안전 정보망을 운영함으로써 계속적인 정보의 제공 및 정보교류의 다차원적인 방안을 제고
- **셋째는 자율적 안전관리 문화조성을 위한 안전관리자 정보교류 네트워크 지원** : 학술활동 지원 및 지역별 거점을 확보/지원함으로써 지역적인 제약을 넘어서는 광범위한 안전네트워크를 형성함으로써 지역별 자발적인 안전모임을 활성화 함

④ 안전문화 추진방법

- **연구실 안전 홍보**
  - 언론 미디어 안전홍보
  - 연구실 안전 공모전

- 온라인 이벤트
- 우수 안전관리자 또는 기관에 포상
- 연구실 안전 대학 캠페인
- 연구실안전 뉴스레터 발간
- 연구실 안전 지하철 광고
- 연구실 안전 테마 부스

• **연구실 안전정보망 활성화**

- 연구실 안전정보망 : 연구실 안전에 관한 각종 정보의 공유를 활성화하고, 연구실 안전법 이행사항 신고 등 통계 기초자료를 수집하며 수요자 중심에서 접근성을 강화하기 위해 연구실 안전정보망 홈페이지를 새롭게 개편함

• **정보교류 네트워크 지원**

- 연구실 안전환경 워크숍
- 해외 연구실 안전관리 실태조사
- 지역별 거점 확보 및 지원
- 지역별 간담회 개최

4) 문화체육관광부

문화재시설물, 국공립 도서관, 박물관, 공연장 안전관리, 체육시설 안전관리, 국제행사 및 체육행사 안전관리, 놀이시설 안전관리 등의 업무를 담당하고 있다.

① 문화체육관광부의 재난 및 비상대비업무 총괄 담당부서는 비상계획관실이 있으나 주로 청사관리 및 비상대비 업무를 담당하고 있다

② 안전관리 및 안전문화와 관련된 업무, 전담부서는 미설치

③ 국민체육진흥공단과 대한체육회에서 주로 안전문화 활동을 하고 있음

④ 사안별 · 부서별로 대응하는 형태로 종합적인 안전관리 대책의 수립이나 안전문화운동 추진은 미흡함

5) 안전행정부

① 사업 추진배경

대형 화재 · 폭발 붕괴 등 후진적 사고근절을 위한 노력에도 불구하고 각종 안전사고 및 위험이 여전히 높은 수준이며 이는 국민의 막연한 안도감, 안전불감증을 벗어나지 못하고 있는 것이 주요원인인 것으로 사료되며 우리나라 안전문화 정착에 큰 걸림돌이 되고 있다.

② 추진 방향

- 생활, 교통, 산업, 시설, 범죄, 식품, 사이버 안전 등 부문별 안전문화활동을 통합조정 및 방향 제시 역할수행
- 중앙 지자체 공공기관 민간단체 등의 관련 활동을 지원 · 육성 · 평가
- 안전문화 민간단체를 선별하여 우수단체에 인센티브를 제공하는 등 정부파트너로서 선진국형 NPO(Non-profit organization) 육성

③ 주요 내용

- **안전문화 선진화 기본계획 수립** : 추진체계 구성 및 장단기 추진전략 세부추진과제 마련
- **안전의식 제고 및 안전관리 강화 추진** : 유공자 포상, 재난취약시설 집중점검, 지역축제 안전관리, 모범업소 안전인증제, 안전지수 개발 공표, 안전점검 실명제 등
- **국민의 안전 체질화를 위한 법제도 정비, 기구설립 등 기반 구축** : 안전문화 선진화 추진근거 법률제정

④ 2010년 이후 향후 5년간 국가재난 및 안전관리 기본 방향

- 비전 : OECD 수준의 안전 선진국 실현
- 목표 : 선진 안전문화 정착, 안전한 국민생활환경 보장, 재해로부터 기업안전 확보, 안정적 국가 기반체계 유지, 효율적인 재난관리체계 운영
- 추진전략 : 국민의 안전의식 제고, 안전 디자인 개념의 전 영역 확산, 예방중심의 국가 재난안전관리정책 추진, 자치단체 중심의 자율적 안전관리 체계 마련, 기업의 안전관리 참여와 활동 영역 확대, 능동적인 국가 기반체계

관리, 신속 정확한 재난상황보고 체계 정립, 즉각 대응 및 긴급복구체계 확립, 미래 재난 환경변화에 적극 대응

6) 소방방재청

가) 민방위교육훈련

① 사업개요

- **사업기간** : 계속사업
- **지원형태** : 직접수행 지자체 보조
- **사업시행주체** : 소방청 지방자치단체

② 추진경위 및 근거

- 05.3.14 : 국무총리의 "민방위교육훈련 개선대책" 마련 지시
- 민방위기본법의 민방위 훈련

③ 사업내용

- 재난방재 전문요원 및 민방위대를 지휘 운영 할 정예요원 양성
- 사이버 민방위교육시스템 구축 및 동영상 콘텐츠 제작
- 사이버 재난안전 자료관 구축 등

나) 안전문화교육 및 홍보

① 사업개요

- 사업기간 : 계속사업
- 지원형태 : 직접수행
- 사업시행주체 : 소방 방재청

② 추진경위 및 근거

- 2000년 9월 국무조정실 "국가안전관리 종합대책" 추진과제 선정
- 2003년 5월 대통령 2003년 "어린이 안전 원년"으로 선포
- 재난 및 안전관리기본법 "안전점검의 날"
- 재난 및 안전관리기본법 "안전관리 헌장"
- 재난 및 안전관리기본법 "재난예방교육 홍보"

- 재난 및 안전관리기본법 "안전문화 활동의 육성 지원"

③ 사업내용

- 안전관리헌장 국민실천 운동 전개
- 안전문화운동 민관 협력사업 및 자랑스러운 안전문화 봉사상 시상 지원
- 안전문화 홍보영상제작 등 홍보사업 추진
- 어린이안전 통합 사이트 구축 및 어린이안전교육훈련 우수 학교지정 지원
- 국민행동요령 등 인적재난 예방호보영상물 제작 및 재난 예방 홍보

10. 안전문화 패러다임의 변화 및 대응

(1) 제3섹터 기능과 역할 증대

그동안 개별적인 인간심리, 행동특성을 중심으로 법적(규제)기반에 의하여 수동적이고 타율적으로 안전보건관리를 하여 왔으나 한계에 부딪히자 선진국에서는 위험감수성 시대를 맞이해서 리스크기반에 의한 안전보건관리를 하기 시작하였다. 그러나 모든 공학적 · 인문사회 과학적인 접근을 시도하여 리스크기반에 의해 안전보건관리를 하여도 재해는 근절되지 않고 발생하였다.

사고의 결과인 재해도 개별적으로 처리하였으며 개별적으로 대응을 하였다. 그러나 선진국은 이러한 개별적인 대응은 한계를 이미 나타내기 시작하여 그림 2-7과 같이 제 3지대 역할이 증대하기 시작하게 되었다.

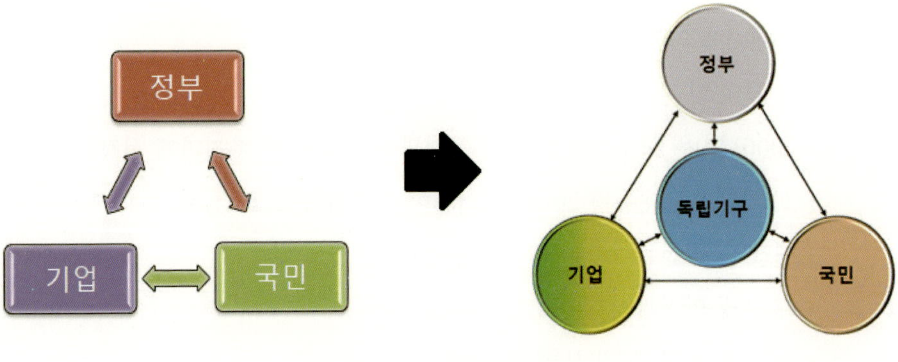

그림 2-7 제3지대 역할

광산 진폐의 사회적인 문제해결부터 원진 레이온 사태해결, 삼성전자 백혈병과 반올림, 신고리 5,6호기 발전소 건설 공론화 위원회, 석탄화력발전소 특별노동안전조사위원회, 「행복 일터 만들기」 현대제철 안전환경자문위원회 등에서 보는 바와 같이 급격히 증대되고 있으며 우리 사회적 자본이라 할 수 있는 제 3센터(지대)의 기능과 역할이 증대될 수 있도록 독립기구 설치 등 사회적인 환경 조성과 혁명적인 발상과 지원이 요구된다고 할 수 있다.

(2) 시민단체 활동증가 등 제3섹터 주요 활동사례

1) 신고리 5, 6호기 공론화위원회(위원장 김지형 전 대법관)

대통령은 고리원전 1호기 퇴역식에서 '원전 정책을 전면적으로 재검토하고 준비 중인 신규 원전 건설계획은 전면 백지화하겠다'라고 밝혔다. 또 '신고리 5 · 6호기는 빠른 시일 내로 사회적 합의를 도출하겠다'라고 밝혔다. 점진적인 원전 폐기와 친환경 신재생에너지의 시대를 열었으면 좋겠다는 취지로 대선후보 공약을 하였는데 어려움에 봉착하여 제3섹터의 시초라고 할 수 있는 공론화 위원회(위원장 김지형 전 대법관)에서 다음과 같이 활동하여 좋은 결과를 도출하였다.

신고리 원자력발전소 5, 6호기 공사에 대한 찬반 뉴스이다.

471명의 집단지성, 급격한 탈원전 막았다
"신고리 5, 6호기 건설 재개하라"
… 공론화위, 정부에 권고안 전달
숙의 거치며 "재개" 응답 높아져
향후 원자력발전 정책 설문엔
… 축소 53.2% vs 유지-확대 45.2%

문재인 대통령의 공약에 따라 울산 울주군 신고리 원자력발전소 5, 6호기 공사 중단을 추진했던 대통령 공약에 의한 정부 정책이 공론화위원회 시민참여단의 결정으로 중단 116일 만에 뒤집혔다. 박빙일 것이란 예상을 깨고 건설 재개를 주장하는 의견 비율이 중단하자는 의견을 압도하면서 국민과 정부는 물론이고 탈(脫)

원전을 추진하자는 측까지 결과에 승복할 수밖에 없었다.

높은 여론 지지율을 등에 업고 각종 정책을 추진해 온 문재인 정부는 출범 후 처음으로 국민의 뜻에 따라 공약이 뒤집히는 상황에 직면했다.

숙의 과정을 거친 시민참여단 471명의 집단지성이 탈원전 정책의 핵심 공약이면서 지나치게 급격하다는 비판을 받았던 신고리 5, 6호기 공사 영구 중단을 막은 것이다. 정부는 원전 축소, 신재생에너지 확대 등 에너지 전환 정책에 변화가 없다고 밝혔지만 추진 동력이 약화되는 걸 피하기는 어려워 보인다. 신고리 5, 6호기 공론화위원회는 출범 89일째 되는 20일 정부서울청사에서 "최종 공론조사 결과 건설 재개를 선택한 비율이 59.5%로 건설 중단을 택한 40.5%보다 높았다." 라고 밝혔다. 김지형 공론화위원장은 "차이는 19% 포인트로 공론화위가 정한 오차범위 ±3.6% 포인트를 넘었기에 유의미하다."며 정부에 공사 재개를 권고했다.

시민들은 숙의를 거친 뒤 여론조사를 거듭할수록 공사 재개에 힘을 실어줬다. 1차 여론조사 당시 건설 재개는 중단보다 불과 9% 포인트 앞서는 수준이었다. 하지만 시민참여단이 구성된 후 진행된 3, 4차 조사에서 격차는 갈수록 커졌다. 공론화위는 "최초 여론조사에서는 의견을 나타내지 않았던 유보층의 절반 이상이 건설 재개를 선택하면서 격차가 확대된 것으로 보인다."라고 밝혔다.

향후 원전 정책에 대해 공론화위는 "원전 비중을 축소하는 쪽으로 추진해야 한다"고 권고했다. 시민참여단의 53.2%가 원전 축소 의견을 밝혀 유지(35.5%)나 확대(9.7%)를 주장한 시민들의 비율을 크게 넘어섰기 때문이다. 일각에서는 공론화위가 신고리 5, 6호기 건설 여부에 대해서만 권고하기로 했기 때문에 원전 축소 권고가 부적절하다는 지적이 나오고 있다. 공론화위의 원전 축소 권고가 탈원전 등 정부의 에너지 전환 정책 추진의 명분을 만들어줬다는 분석도 있다. 김 위원장은 "공론조사에서 원전 축소를 위한 구체적인 논의는 없었다.

이는 "정부의 몫"이라고 말했다. 정부가 향후 추진할 개별 정책에 따라 갈등이 재연될 여지가 남아 있다. 공론화위는 이날 이낙연 국무총리에게 권고안을 전달한 뒤에 해산 절차를 밟았다.

현재 우리나라 실정에서 원자력 발전은 필요악의 대상이 될 수밖에 없다. 태양광과 풍력 에너지는 좋지만 전원의 기본인 지속성이 없다. 물론 에너지 저장장치인 ESS 을 대단위로 만든다면 , 태양광과 풍력같은 친자연적인 에너지 효율도 올릴 수 있지만, 예산 문제 등에서 현재의 기술로는 가능성이 낮을 수밖에 없다.

결론적으로 말해서 원전이든 화력발전이 현재의 실정상 가장 효율적인데, 석탄발전소보다는 원전이 더 좋은 대안이 되겠지만 남북 대치상황에서 항상 위험을 안고 가는 것이다. 가장 좋은 에너지원은 핵융합 태양 발전인데 문제는 제작비용이 많이 들고, 현재 기술이 완성된 상태가 아닌 미래의 에너지 원이다. 물론, 현재 전 세계적으로 에너지원을 개발 중인데, 그 중 플라즈마나 조력 ,지열 , 바이오 발전 등도 미래 에너지가 될 수 있고, 태양광 에너지도 유리창에 붙이는 기술이 상용화 단계 직전이다.

문제는 4차산업의 발전의 기본이 되는 전기의 비중이 앞으로 상상 이상 늘 수밖에 없다. 전기차의 비중은 10년 안에 지금보다 수백 수천 수만 배로 늘어날 것이다. 그뿐만 아니라, 모든 기계나 로봇의 기본 에너지원은 전기가 될 것이다. 5G 통신은 IoT 와 데이터의 무한 공급으로 기존 4G 보다 전기 소비가 더 많이 들어갈 것이다.

앞으로 전기 소비는 급격하게 늘어나는데, 전기 생산은 미래 소비를 못 맞추어 간다면 재앙이 될 수밖에 없다. 당장 전기세를 2배만 올린다면 서민들의 삶은 피팍해질 수밖에 없을 것이다.

공론화위가 신고리 5, 6호기 건설 여부에 대해서만 권고하기로 했기 때문에 원전 축소 권고는 조금 문제가 있을 것 같다. 개인적인 생각은 신고리 5,6호기 건설로 당장, 전력부족 현상은 막을 수 있을 것 같으므로, 탈원전 전에 미래의 안정성인 에너지원을 부족함 없이 확보하고, 친환경적인 에너지에 대하여 정부와 기업에서 앞장서서 개발해야 할 것이다.

2) 석탄화력발전소 특별노동안전조사위원회(특조위 위원장 : 김지형 전 대법관)

고 김용균 사망사고 진상규명과 재발방지를 위한 석탄화력발전소 '특별노동안전조사위원회' 특조위)가 고 김용균씨(당시 24세) 사고의 근본적인 원인은 '외주화를 통한 민간개방'이라는 발표를 한 가운데 발전소 비정규직 노동자들이 "핵심은 원하청 구조"라며 이를 바꾸기 위한 투쟁에 나서겠다고 선포했다. 민주노총 공공운수노조 등 전국 발전 비정규직 노동자들은 2019년 8월 20일 오전 서울 종로구 청와대 분수광장에서 기자회견을 열고 "어제 김용균 특조위 발표 결과의 핵심은 원하청 구조를 바꾸지 않으면 사고도 줄어들지 않는다는 것"이라며 "그 기반은 뿌리 깊은 차별인식"이라고 지적했다.

이어 "김용균 특조위는 22개의 권고안을 발표했다. 김용균 노동자의 죽음을 계기로 산업현장의 안전이 바뀌어야 한다는 한국 사회의 열망을 모아낸 것"이라며 "무엇 하나 소홀히 할 수 없다."라고 덧붙였다. 이날 기자회견에는 발전소 비정규직 노동자들 외에 고 김용균 씨 어머니 김미숙씨도 참석했다. 이들은 산업재해를 절반으로 줄이겠다는 문재인 정부의 약속이 실천되기 위해 죽음의 외주화가 상징이 된 발전소를 기준으로 근본 대책을 집행하는 등 투쟁의 중심에 서겠다고 밝혔다.

투쟁의 일환으로 당장 이날부터 8월 30일까지 전국의 발전소를 돌며 비정규직 노동자들의 현장 목소리를 듣고, 31일에는 발전소 비정규직 노동자의 대규모 서울 상경투쟁을 조직한다. 또 9월 중에는 특조위 권고안 실현을 위한 대규모 토론회도 열 계획이다. 박준선 민주노총 공공운수노조 조직국장은 "발전 비정규직 노동자들의 투쟁계획은 계속 보완되고 강화될 것"이라며 "정부는 정부와 여당이 설치한 김용균 특조위의 조사결과의 심각성을 인식하고, 김용균 특조위 권고안을 실현할 수 있도록 즉각 나서야 한다"고 강조했다.

앞서 특조위는 전날 정부서울청사에서 고 김용균씨의 사고 원인에 대한 진상조사 결과를 발표했다. 김지형 특조위 위원장은 "한마디로 위험은 외주화 되었을 뿐만 아니라 외주화로 인해 위험이 더욱 확대되는 방향으로 구조화 되어 있었다."라며 "그 근원은 전력산업 구조개편에 따른 민영화 · 외주화 정책에 기인한다는 것이 특조위의 판단"이라고 밝혔다. 김씨가 부주의해서 사고가 발생한 것이 아니라는 점도 밝혀졌다.

특조위 간사를 맡고 있는 권영국 변호사는 "기계 문제가 발생하면 서부발전 발전설비 관리시스템에 협력업체가 직접 사진을 찍어서 보고하도록 되어 있다"며 "김씨는 이런 지침에 따라 충실하게 내부 사진을 찍기 위해 점검하러 들어가야 했다. 결국 지침을 너무 충실히 지켜서 사고가 난 것"이라고 강조했다. 경쟁체제와 외주화 도입이 자리 잡아가는 동안 노동자의 안전은 뒷전으로 밀려났다.

특조위가 지난 6월 한 석탄화력발전소의 회 찌꺼기 처리 작업 중 공기 중에 있는 결정형 유리규산을 측정한 결과 기준치(한국 0.05 mg/m³, 미국 0.025 mg/m³)보다 8~16배 높은 0.408 mg/m³이 검출됐다. 결정형 유리규산은 폐암을 일으키는 1급 발암물질이다. 또 한 옥내 저탄장의 일산화탄소 측정 일지를 분석한 결과 연간 200 ppm 초과 횟수(단시간 노출기준)는 28회, 30 ppm 초과 횟수(8시간 노출기준)는 428회에 달했다. 총리께서 특조위 건의사항은 정부 정책에 반영하도록 조치하였다.

3) 행복 일터 만들기 현대제철 안전환경 자문위원회(위원장 김지형 전대법관)

안전사고와 미세먼지로 촉발된 우리나라 일관종합 제철소 3곳(포스코 포항, 광양, 현대제철 당진공장)이 브리드 문제 등으로 어려움을 겪고 있으며 이를 계기로 행복 일터 만들기 현대제철 안전환경 자문위원회(위원장 김지형 전 대법관)가 구성되어 운영되고 있다.

동 자문위원회는 본인이 부위원장으로서 1회부터 4회까지(2019. 4~8월) 위원장 직대로 운영하였으며 김지형 전대법관께서는 석탄화력발전소 특별노동안전조사위원회 위원장으로 겹친 관계로 8월까지 특조위 활동을 마치고 9월에 합류하여 위원장으로서 역할을 하였다.

위와 같이 향후 수소충전소, 화학 프랜트(plant) 건설, 원전폐기물, 군 공항이전 등 크고 작은 유해위험시설과 위험물질 취급기관 등을 건설 유지관리 함에 있어서 시민공론화위원회 등 제3섹터의 기능과 역할이 증대될 것이며 안전협회와 같은 공익성이 높은 민간전문기관에서 역할을 하여야 효율적이고 신뢰성을 담보할 수 있다고 할 수 있다.

(3) 안전관리시스템은 안전문화의 일부

안전관리시스템은 안전에 대한 비지니스적 접근법으로 목표를 설정하고 계획하며 성과측정을 통해서 안전위험을 관리하기 위한 체계적이고 명시적이며 포괄적인 프로세스가 되어야한다. 이는 문화의 일부가 되며, 사람들이 일을 하는 방식이 된다.

안전문화는 직원들이 조직내 위험과 관련하여 공유하는 신념, 인식 및 가치의 집합체라 할 수 있다. 그리고 안전관리의 문화적 영향은 크게 그림 2-8과 같이 개인적, 회사, 환경, 생활영향 등을 들 수 있으며 “안전관리규정”은 근로자들이 “따르고 싶은 규정”으로 제정 운영하여야 문화적으로 승화된다.

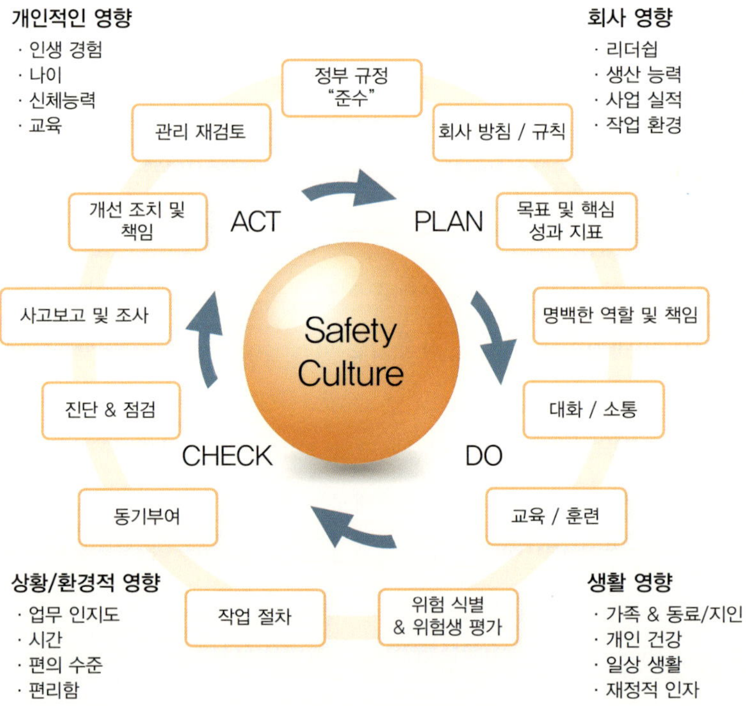

그림 2-8 안전관리 및 문화적 영향

한편 우리나라와 선진국 수준의 안전문화를 비교해보면 표 2-4와 같다고 할 수 있다.

표 2-4 안전문화 비교

안전 문화의 형성 단계	세계적 수준의 안전 문화
· 사고 발생	✔ 모든 사고는 예방 가능
· 안전은 변경될 수 있는 우선순위 항목의 일부분	✔ 안전은 "가치"
· 안전 직원에게 책임 위임	✔ 안전하게 일하는 것은 우리 모두의 책임
· 안전에 대한 제한적 의무/책임	✔ 안전에 대한 책임 관리
· 핵심 성과 지표(KPI) 내 안전 항목 누락	✔ 안전 핵심 성과 지표가 전 계층에 적용
· 안전 작업에 대한 부족한 인식	✔ 안전 작업에 대해 현장 작업자까지 충분히 인식
· 휴업 발생 사고 건만 조사	✔ 모든 사고 및 사건을 조사
· " 따라야만 하는" 안전규칙	✔ "따르고 싶은" 안전규칙
· 계급적 문화가 소통 제한	✔ 덜 계급적 문화가 열린 대화를 장려
· 지시 받을 경우에만 현장직원 관여	✔ 높은 수준의 현장직원 참여
· 규정 준수에 중점을 둔 안전 프로그램	✔ 모범 사례에 중점을 둔 안전 프로그램
· 후행 지표를 가지고 평가되어지는 안전	✔ 선행 지표를 통한 진척도 추적/관리

(4) 안전보건문화 패러다임 변화와 대응

문화의 개요부터 안전보건문화의 개념, 이론, 인간의 행동 및 인간심리 특성까지 살펴보았으며, 또한, 동양문화와 서양문화를 살펴보았다. 우리나라와 선진국의 안전보건문화운동의 개요를 검토해 보면서 안전보건문화의 패러다임 변화를 알 수 있으며 우리나라에서 국가, 정부, 사업장, 학교, 각 조직단체, 근로자 등이 어떻게 대응하여야 하는지가 나타나 있다고 할 수 있다.

대형재해, 재난이 발생하면 "안전의식이 낮다, 안전불감증이다"라고 하기 이전에 지도자부터 안전문화에 대한 의식이 없는 분이 의외로 많으며 국가적으로도 안전문화에 대한 수준이 낮기 때문에 의식, 태도, 인식수준이 높지 않은 것이다.

따라서 사업장 조직보다 국가정부조직이 먼저 개별 국민과 근로자보다 지도자와 사용자나 기업 학교교육체계 등이 우선하여 안전문화 수준을 올릴 수 있는 체계를 만들어 놓고 안전의식이 낮으니 안전불감증이 높게 나타난다고 하여야 우선순위가 맞을 것이다. 현재와 같이 주객이 전도된 체계를 갖고 대응책을 논의한다면 안전문화 수준을 선진국처럼 향상시키는 것은 연목구어(緣木求魚)일 것이며 공염불에 불과할 것이다. 필자의 의견으로는 50~60년 동안 압축 고도성장으로 인한 파괴적인 성장, 죽음의 도약, 필사의 도약을 이룩한 우리나라의 안전보건문화에 대한 DNA를 심기 위해서는 국가부터 고도성장을 위해서 펼친 '새마을 운동'보다 산업안전보건청 설립 등, 더 강력한 조직체계를 갖추어서 안전보건문화운동을 안전혁명으로 승화한다는 각오로 펼쳐야만 안전보건문화 수준을 선직국 수준으로 가져갈 수 있다고 확신한다. 이는 대선, 총선 공약으로 내세워 "안전보건문화혁명"을 한다는 각오로 범국가적으로 꾸준하게 지속적으로 노력하여야 안전보건문화 패러다임 변화에 대응할 수 있다고 본다.

이와 같이 안전문화의 근본 철학과 이념이 4서 3경(四書三經)과 예기(禮記) 및 춘추(春秋)를 기반으로 하고 대학(大學)을 중점적으로 총정리한 대학연의(大學衍義)에 있다는 것이 확인되었다. 따라서 본서는 안전문화 수준향상을 위한 혁명의 발상지가 되고 기폭제가 되기를 기대한다.

또한, 이를 기반으로 대한산업안전협회가 그동안 피땀 흘려 최선을 다해서 갈고 닦은 중장기 plan의 비전 2030, 안전문화회관 건립계획과 KISA브랜드 마케팅 혁신방안이 발표되었다.

한편, 2019년 3월 W/S부터 안전협회가 지향하기로 하여 전 임직원들이 읽고 분임토의까지 실시한 "초격차"의 원저자이며 서양문화의 대가이신 연세대 김상근 교수님의 말에 의하면 "삼성의 초격차"는 으레 독과점으로 생각하는데 승자독식은 생물학적 순기능을 잃게 될 뿐만 아니라 그 기업의 발전과 변신도 멈추게 된다고 하였다. 이 밖에도 권오현의 〈초격차〉가 가지고 있는 의미와 가치 인간과 경영에 관한 상식적이고 보편적인 질문들 4가지(리더, 조직, 전략, 인재)도 중요한 과제라고 할 수 있다.

그러나 더 중요한 것은 고대 그리스 델피의 아폴론 신전에서 일곱 현자들이 남긴 7개의 표준 신탁 중

① **"너 자신을 알라**(Gnothi Seauton)"에서 끊임없이 변신하지 않으면 죽는다는 것을 알게 되었고

② **"어떤 것도 지나치지 않게**(Meden Agan)"에서 리더의 내면적인 덕목(진솔함, 겸손, 무사욕)과 훈련을 통해 강화시켜야 하는 리더의 덕목(통찰력, 결단력, 실행력,

지속력)을 확실하게 알게 되었다.

③ **과거는 확실하다 미래는 불투명하다**(The past is certain, but the future obscure)에서 삼성전자는 정미운수에서 기초물자 수입-기초물자 생산-중공업중후장대-반도체경박단소로 초격차를 위한 끊임없는 변신을 하여 왔으며 향후에도 끊임없이 혁명적인 변화와 혁신을 이어갈 것이다.

④ **생각은 깊게, 실행은 단호하게**(Be slow in considering, but resolute in action)는 깊게 생각하는 당신의 통찰력은 어떻게 길러졌습니까? “제 생각에 가장 쉽고 효과적으로 실력을 키우는 방법은 바로 책을 읽는 것입니다. 끊임없는 독서야말로 실력을 키울 수 있는 최선의 방법입니다. 통찰력은 결국 독서를 통한 사고력에서 나온다고 해도 과언이 아닐 것입니다. 저는 평균적으로 1년에 약 70~100권 정도 읽었다는 통계결과가 나왔습니다. 보통 1주일에 1권 정도 정독을 한 것으로 기억됩니다. 연휴나 출장을 갈 때 추가적인 독서시간을 벌게 되면 30여 권 정도의 책을 더 읽었던 것 같습니다.”〈초격차, 87~88쪽〉

⑤ **마지막은 언제나 웃음으로!**(Be ready for reconciliation after quarrels) 똑똑하고 부지런한 유형의 인재(똑부), 똑똑하고 게으른 유형의 인재(똑게), 멍청하고 부지런한 유형(멍부), 멍청하고 게으른 사람(멍게) 중 최악이 멍부이다. 사일로 파괴처럼 실행은 단호하게 하며 의사결정을 위한 간담회는 하지만 안전대책회의 외에는 일반회의를 하지 않는다. “경영상의 협상 과정에서는 반드시 충돌이 일어나기 마련입니다. 서로 추구하는 관점이 다르기 때문에 충돌은 불가피합니다. 그렇다고 상대방을 원수로 만들어, 다시는 보지 않을 것처럼 해서는 안됩니다. 이번 협상은 잘 진행되지 않았지만 다음번에 만났을 때 는 최선을 다해서 해결책을 찾아보자고 하면서 웃고 헤어져야 합니다. 그것이 협상의 첫 번째 기술입니다.”〈초격차, 244쪽〉

⑥ **언제 행동할지를 잘 판단하라**(Know when to act) 위기에 닥쳤을 때 기회는 찾아온다. 적자일 때 오히려 과감한 투자를 하는 결단력 “이봐, 박사장, 공동묘지에 한번 가봐. 그냥 사망으로 되어 있지, 총에 맞아죽었는지, 칼에 찔려서 죽었는지 아니면 굶어서 죽었는지 아무런 설명이 없잖아. 죽는 것은 그냥 죽

은 거야."〈초격차, 230쪽〉

⑦ **잘 나갈 때는 우쭐대지 말고, 힘들 때 기죽지 마라**(Be moderate in prosperity, prudent in adversity) "제 인생의 세 번째 시련은 제 후배가 저의 상사로 발령이 났을 때였습니다. 학교 후배가 저보다 먼저 승진을 했고, 저는 그 후배에게 업무보고를 해야 하는 편치 않은 처지에 놓이게 되었습니다. 그때 저는 회사가 저를 내보내려고 한다는 느낌을 받았습니다. 경쟁에서 졌으니 물러나라는 뜻으로 생각했습니다. 그런데 지금 돌이켜보면 그런 난관이 있었기 때문에 더 분발할 수 있었고, 사업적인 측면에서 더 좋은 결과를 얻을 수 있었던 것 같습니다. 후배에게 업무보고를 해야 했던 인고의 세월은 무려 8년이나 이어졌습니다."〈초격차, 315~317쪽〉이라고 할 수 있다.

"안전문화혁명"은 동양문화를 기반으로 하였으나 초격차는 서양문화를 기반으로 저술하였음을 알 수 있다. 그러나 결론은 동 · 서양을 비교하기에는 무리가 있으나 산업혁명전까지는 동양문화가 더 우수하였고 앞섰다는 것을 알 수 있었으며 동 · 서양문화 근본의 근원은 일본문화가 백제에서 건너갔듯이 동양에서 출발하여 서양으로 전파하였다는 것을 대학연의(大學衍義)를 통해서 확실히 더 알 수 있는 기회가 되었다.

III. 안전보건문화 평가방법

1. 안전보건문화 평가 필요성

(1) 안전보건문화의 정의

① 안전관리의 형태 및 효과(성과), 안전관리에 대한 몰입을 결정하는 개인 및 그룹의 가치, 태도, 인식 능력 그리고 행동유형의 결과물 – 국제원자력안전자문(INSAG) 체르노빌 사고 후 검토회의 결과요약 보고서

② 조직의 지속적인 안전 및 보건 활동과 관련되어 있는 구성원의 태도와 행동에 영향을 미치는 조직문화의 하위요소 – Cooper

③ 특정한 집단의 구성원들이 위험 또는 안전과 관련하여 공유하는 태도, 가치, 규범, 믿음 – Fin, Mears. Gorden & Fleming

④ 조직의 안전보건경영에 대한 몰입, 유형 및 역량을 규정하는 개인 및 집단의 가치, 태도, 인지, 역량 및 행위유형의 산물 – Cox & Flin

(2) 안전보건문화 필요성

① 조직의 안전문화를 파악하기 위해서는 그림 2–9 조직의 안전문화와 같이 안전의식, 안전관리 시스템에 대한 통합적 진단이 필요하며, 이를 기반으로 근로자들의 안전행동에 영향을 미치는 요인들을 유지/개선하도록 해야 함.

② 안전보건문화 평가는 기업의 안전보건문화에 대한 평가를 통해 현재 상황과 향후 발전 방향을 비교 분석하고 조직에 최적화된 솔루션을 이행함으로써 안전보건문화를 구축하는 데 있다.

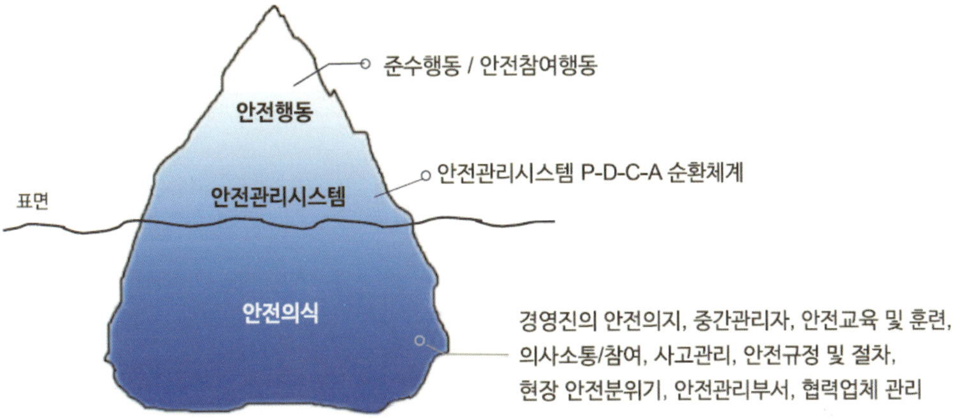

그림 2–9 조직의 안전문화

(3) 대한산업안전협회 안전문화사업 성장 과정

1) 개발 시발점 2015년

① 조직 : 3인 인력으로 본부(지원팀)소속 아래 안전진단부와 협업체계

② 실적 : 안전문화 지표 개발(55,000,000원)

- 2015년 7월~12월 TFT 구성
  - 실무자 3명, 자문위원 2명
- 2015년 12월 안전문화 지표 개발
  - 성창보드(울산) 계약 체결

2) 조직팀 신설 2016년

① 조직 : 산업 및 조직심리학이나 안전공학 전문인력 구성하여 5인팀 신설

② 실적 : 안전문화팀 신설(114,400,000원)

3) 사업 진입 2017년

① 조직 : 9인으로 전문가 3인 기간제 채용을 통한 인력 충원

② 실적 : 안전문화팀 신설(114,400,000원)

- 안전문화 실적 부족으로 사업 수주에 어려움
  - 선진 컨설팅 시장 선점
- 대기업 수주
  - LG 이노텍(파주)

4) 사업 성장 2018년~2019년

① 조직 : 현재 7인의 인력으로 운영 중 보강 필요

② 실적 : 지속 및 성장 (2018년: 837,557,400원)

- 롯데케미칼 (실행/지속)
- SKC 수원공장
- ISO 45001 컨설팅 (신규 사업)
  - 사업 팸플릿(Pamphlet) 제작 및 배포

5) 사업 확대 2020년~

① 조직 : 지역본부 내 인력배치로 인력안정화 추진

② 실적 : 지역본부 확대

- 롯데케미칼 지속(2020년 8월)
- 안전문화 컨설팅
  - 안전의식 진단
  - BBS 진단
  - 안전관리시스템 진단
- ISO 45001 인증 컨설팅 확대

(4) 안전문화 사업발전 5단계

조직의 안전문화 컨설팅을 통해 조직의 현재 상황을 분석하고, 안전문화 향상을 위한 Road-Map을 수립하여 제공하는 것을 목적으로 한다.

① 모범 단계

- 경영진을 비롯한 모든 근로자가 안전의 중요성을 인식하고, 자율적 안전관리가 목표로 수립된 상태임.
- 안전보건경영 시스템이 안정적으로 구축되어 있으며, 경영발전의 효과가 지속될 수 있는 수준임.
- 행동기반안전이 정착되어 자발적 안전행동이 내재화됨.

② 성숙 단계

- 안전을 위해 안전팀뿐만 아니라 현장직원들도 자발적으로 함께 참여함
- 안전보건경영 시스템에 법적 요구 수준 이상으로 안전에 관한 내 · 외부적인 요구를 적용함
- 행동기반안전(Behavior Based Safety) 운영이 원활하나, 일부 개선이 필요함

③ 전환 단계

- 안전은 환경안전팀의 노력에 의해 결정된다고 인식함
- 안전보건경영 시스템은 법적인 사항만 충족시키는 수준임
- 안전행동을 명령에 의해서 준수함

④ 노력 단계

• 안전은 필요하지만, 불편한 것으로 인식함
• 안전보건경영 시스템이 일부 구축된 상태임
• 작업절차가 존재하지만 작업과의 연관성이 낮음.

⑤ 미성숙 단계

• 성과가 우선시되어 안전의 필요성을 느끼지 못 함
• 안전보건경영 시스템이 갖춰지지 않음
• 작업절차가 미비하여 불안전행동이 빈번히 발생함

2. 국외 안전보건문화 현황

(1) 국외 안전보건문화 지표

1) HSE 안전보건문화 지표

HSCST(Health and Safety Climate Survey Tool)

• **평가항목**(10개) : 조직의 몰입수준과 의사소통, 현장관리자의 몰입수준, 관리감독자의 역할, 개인의 역할, 동료근로자의 영향, 전 직원의 능력, 리스크 감수행위 및 영향요인, 안전행동에 대한 장애요소, 작업허가체계, 사고 및 아차사고의 보고
• 5점 리커트식 평가척도

2) OSQV1 안전보건문화 지표

OSQV1(Offshore Safety Questionnaire)

• **평가항목**(8개) : 작업관련, 주요 리스크 인식, 작업관련 리스크 인식, 안전성 평가, 안전태도, 협력업체 근로자 안전태도, 업무 안전성, 사고이력
• 5점 리커트식 평가척도, O/X식

3) OSQ99 안전보건문화 지표

OSQ99(Offshore Safety Climate Questionnaire)

- 평가항목(6개) : 의사소통, 안전에 대한 참여, 안전활동에 대한 만족도, 작업압력, 안전에 대한 태도, 안전행동
- 3 · 5점 리커트식 평가척도

4) CSCQ 안전보건문화 지표

CSCQ(Computerised Safety Climate Questionnaire)

- 평가항목(6개) : 작업관련사항, 안전관리 성과의 자부심, 생산압력, 관리감독, 법규와 규정, 사업장에 대한 안전
- 3 · 5점 리커트식 평가척도

5) LSCAT 안전보건문화 지표

LSCAT(Loughborough Safety Climate Assessment Toolkit)

- 평가항목(4개) : 조직수준, 사회적 환경, 개인적인 선호, 작업환경
- 5점 리커트식 평가척도

6) QSCQ 안전보건문화 지표

QSCQ(Quest Safety Climate Questionnaire)

- 평가항목(12개) : 안전의 우선순위, 의사소통, 교육훈련, 환경, 개인, 절차서, 인간을 위한 작업설계, 장치 및 설비의 설계, 체계적인 관리, 사고조사 및 분석, 비상사태, 유지보수
- 7점 리커트식 평가척도

7) Nordic 안전보건문화 지표

Nordic(북유럽의 다섯 국가: 노르웨이, 덴마크, 스웨덴, 핀란드, 아이슬란드)

- 평가항목(7개) : 관리 우선사항 및 능력, 관리안전권한, 관리안전판단, 근로자 안전위원회, 근로자 우선사항 및 리스크 비허용, 낮은 안전 의사소통 그리고 신뢰 및 능력, 근로자들의 신뢰 및 안전시스템
- 4점 리커트식 평가척도

8) DNV 안전보건문화 지표

DNV(Det Norsk Veritas)

- 평가항목(29개) : 경영층의 안전의지, 경영층의 안전문제에 대한 관심과 대화, 경영층의 안전의식 수준, 관리자의 안전의식 수준, 직무위험성평가(JSA)의 활용, 안전비용에 대한 회사의 입장, 안전부서의 규모 및 중요성, 안전보건에 대한 종업원의 참여, 안전을 위해 스스럼없이 말할 수 있는 분위기, 개인목표 성취 성향, 회사와의 일체감, 관리자의 안전보건 교육훈련, 종업원의 안전보건 교육훈련, 표준안전작업지침(SOP) 및 직무관찰, 안전절차서의 인식 및 활용, 불안전한 상태 및 행동의 발굴 및 제거, 부서 안전회의, 일상 안전보건 활동의 주체, 조직 구성원간의 상호 신뢰와 협력, 업무패턴 및 성실성, 기타 위험관리, 사고발생 원인에 대한 회사의 입장, 사고보고 및 조사, 아차사고 보고, 안전보건경영 시스템 감사, 안전보건경영 검토, 성과측정(주요성과지표:KPI), 안전성과에 대한 회사의 반응
- 10점 리커트식 평가척도

3. 국내 안전보건문화 평가현황

(1) 국내 안전보건문화지표

1) 항공 안전보건문화 지표 CASS(Commercial Aviation Safety Survey)

- 평가항목(5개) : 조직의 책임, 경영진의 관여, 상벌체계, 직원권한위임, 보고제도
- 7점 리커트식 평가척도

2) 철도 안전보건문화 지표 HMRI(Her Majesty's Railway Inspectorate)에 기반이 되는 SMS(Safety Managemaent System)

- 평가항목(5개) : 안전정책 및 안전리더십, 학습문화, 이해당사자 간 의사소통, 변화관리 및 자기진단, 안전책임 마인드

- 5점 리커트식 평가척도

3) 원전 안전보건문화 지표

NRC(Nuclear Refulatory Commission)

- 평가항목(4개+하나로 안전문화 평가지표 15개) : 안전우선정책 및 실행, 관리자의 태도, 종사자의 태도, 의사소통 및 교육 · 안전정책, 안전활동, 안전의 강조, 책임의 정의, 관리자 설정, 규제자와의 관계, 안전실적 검토, 교육훈련, 현장실무, 관리자의 현장 감독 실태, 업무부하, 관리자의 태도, 종사자의 태도, 연구결과 반영, 설계검토과정
- 3 · 5점 리커트식 평가척도

4) 화학산업 안전보건문화 지표

대학교수 및 연구실

- 평가항목(9개) : 안전정책과 조직분위기, 이해당사자 간의 의사소통, 위험도 평가와 관리계획, 안전운영 가이드와 절차, 안전이행 허가와 절차, 변화와 시스템 점검, 관리유지보수, 자가진단, 사고조사 절차, 비상대응계획
- 5점 리커트식 평가척도

4. 안전보건문화 평가 방법

안전보건문화 평가는 안전의식과 안전행동 등의 인적요인 평가와 안전관리 시스템 등 환경적 요인 평가로 나눌 수 있다.

먼저 인적요인 평가요소 중 하나인 안전의식은 경영진의 안전의지와 조직문화 등을 통해 평가할 수 있다. 안전행동은 현장 내 근로자의 작업행동으로 발생되는 위험요인과 그 행동을 유발하는 원인 등을 통해 평가할 수 있다.

안전관리 시스템은 아무리 완벽한 안전행동과 안전의식이 준비가 되었더라도 불안정한 안전관리 시스템으로 인한 사고가 발생할 가능성이 있으므로 파악하는 것이 중요하다.

(1) 안전의식 진단

- 평가방법 : 설문조사 및 인터뷰, 통계분석 등으로 평가 실시
- 평가지표 : 경영진의 안전의지, 중간관리자, 안전교육훈련, 현장안전 분위기, 안전규정 및 절차, 사고관리, 의사소통 및 참여, 안전관리부서, 도급업체 관리, 조직문화(공동체 문화, 위계문화, 혁신문화, 성과문화), 안전행동(준수해동, 안전참여행동)

(2) 안전관리 시스템 진단

- 평가방법 : 국제 표준(안전보건경영 시스템, 국내법)
- 평가지표 : 조직의 상황, 법규 및 기타요구사항 파악, 리더십과 근로자의 참여, 조직의 역할, 책임과 권한, 안전보건 방침 및 목표, 위험성평가, 자원, 교육훈련 및 역량, 의사소통 및 정보제공, 문서화된 정보, 안전보건 활용 운영, 설비관리, 협력업체 안전관리, 비상사태 대비 대응, 준수평가, 내부심사 및 자체감사, 경영검토, 모니터링, 측정, 분석 및 성과평가, 사고조사시스템, 시정조치 및 지속적 개선

(3) 안전 행동 진단

- 평가방법 : BBS행동기반 안전, 안전리더십 행동
- 평가지표 : 작업상황, 개인보호장비, 신체위치, 도구와 장비, 현장관찰, 시스템 입력, 안전대화, 장애요인 제거

5. 안전보건문화 평가 사례

(1) 안전보건문화 평가 구성요소

1) 안전 가치

- 안전의식 : 안전의식수준의 상향평준화
  공유된 안전가치 확산

• 자발적 몰입 : Fun, Easy, Simple한 방법
안전에 대한 동기, 협력

2) 안전 시스템

• 공정 및 시스템 : 공정안전(PSM) 수준 향상
안전보건경영 시스템 체계 구축

• HR/HSE 제도 : 평가, 보상제도 개선
현장 단위 안전 위원회 구축

3) 안전 행동

• 리더/관리자의 안전리더십 : 작업자 안전 행동 코칭
체계적/자발적 안전활동

• 작업자 행동 : 지속적 안전행동 향상
지속적 불안전 행동 개선

※ L사의 비전과 지속성장에 실천적 공헌이 될 수 있도록 모든 임직원들의 안전가치에 대한 의식수준을 높여서 자발적 모임을 갖도록 하였다. 또 안정적으로 운영될 수 있도록 선진 안전시스템을 구축하고, 모든 임직원들이 내재화된 안전 행동을 지속할 수 있도록 함으로써 글로벌 최고 수준의 지속 가능한 안전문화를 구축했다.

(2) 안전문화 평가 Tool

1) 안전의식 진단

• 설문조사, 심층 인터뷰, 통계분석

2) 안전관리 시스템 진단

• 안전보건경영 시스템 체크리스트(Checklist), 법규항목

3) 안전행동 진단

• PBS(People Based Safety) 행동기반 안전, 안전리더십 행동

표 2-5 안전행동 진단

<table>
<tr><th>과업
구분</th><th>평가 방법</th><th colspan="2">평가 지표</th></tr>
<tr><td rowspan="2">안전
의식
진단</td><td rowspan="2">• 설문조사
(102문항)
• 심층 인터뷰
• 통계분석 :
SPSS Korea
Statistics 24</td><td rowspan="2">• 경영진의 안전의지
• 중간관리자
• 안전교육 훈련
• 현장 안전분위기
• 안전규정 및 절차
• 사고관리
• 의사소통 및 참여
• 안전관리 부서
• 도급업체 관리</td><td>• 조직문화
– 공동체문화
– 위계문화
– 혁신문화
– 성과문화</td></tr>
<tr><td>• 안전행동
– 준수 행동
– 안전 참여 행동</td></tr>
<tr><td>안전
시스템
진단</td><td>• 국제 표준 안전
보건경영 시스템
Checklist
• 국내법 적용
(PSM, 산업안전
보건 기준에
관한 규칙)</td><td>• 조직의 상황
• 법규 및 기타 요구사항
파악
• 리더십과 근로자의 참여
• 조직의 역할, 책임과 권한
• 안전보건 방침 및 목표
• 위험성 평가
• 자원
• 교육훈련 및 역량
• 의사소통 및 정보제공
• 문서화된 정보</td><td>• 안전보건 활용 운용
• 설비관리
• 도급업체 안전관리
• 비상상태 대비 대응
• 준수평가
• 내부심사 및 자체감사
• 경영 검토
• 모니터링, 측정, 분석 및
성과평가
• 사고조사 시스템
• 시정조치 및 지속적 개선</td></tr>
<tr><td rowspan="2">안전
시스템
진단</td><td>• BBS(Behavior
Based safety)
행동 기반 안전</td><td colspan="2">• 작업상황 : 작업 절차 비치 여부 및 준수 여부
• 개인보호장비 : 해당 작업장과 관련한 개인 보호구 착용
여부
• 신체 워치 : 상해를 유발시킬 수 있는 작업자의 위치와
자세
• 도구와 장비 : 작업과의 적합성, 올바른 도구 및 장비
사용 안전 상태</td></tr>
<tr><td>• 안전리더십 행동</td><td>• 현장 관찰
• 안전 대화</td><td>• 시스템 입력
• 장애요인 제거</td></tr>
</table>

(3) 안전문화 프로젝트 3단계 진행 절차

① 진단 단계 약 6개월

- 진단계획 수립, 진단 실시, 진단결과 도출

② 실행 단계 약 12개월

- 액션 플랜(Action plan) 수립, 안전문화 위원회 구성 및 운영, 전략과제 실행

③ 지속 단계 약 18개월

- 재진단, 재진단 결과 분석, 코칭 및 피드백

④ 진단 단계 진단계획 수립, 진단 실시, 결과 도출

1) 타 기업과의 안전문화 수준 차이 파악

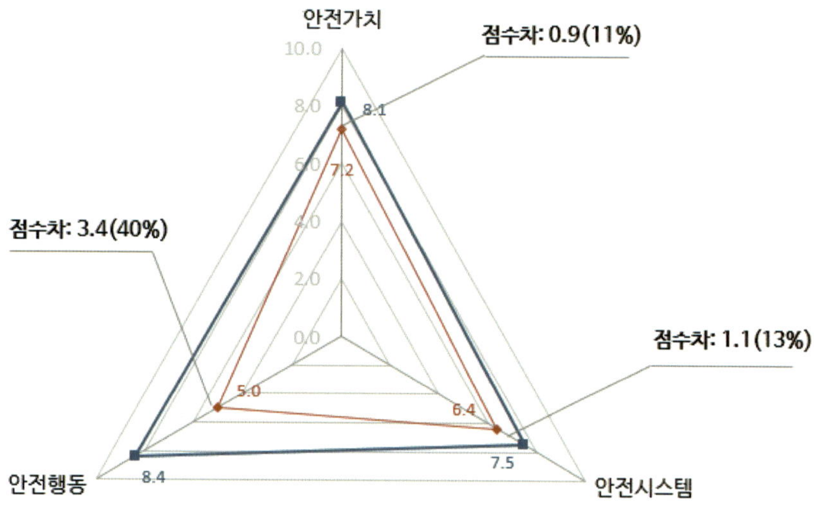

2) 안전가치 진단 결과

• **지표 별 점수**

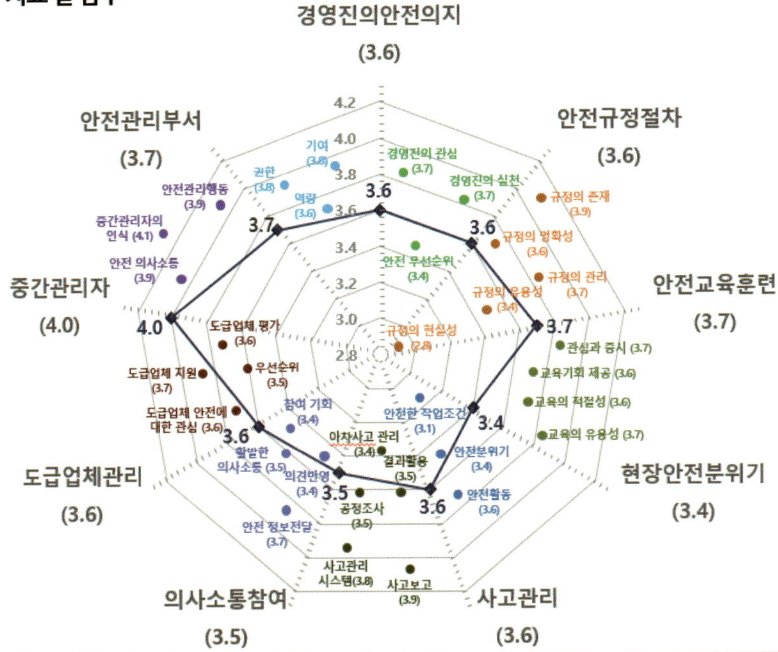

3) 안전관리시스템 진단 결과 요약

• **항목 별 점수**

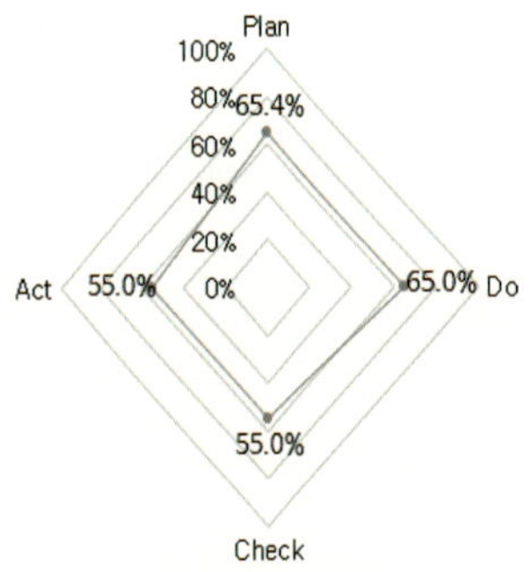

<단계 별 득점 분포도>

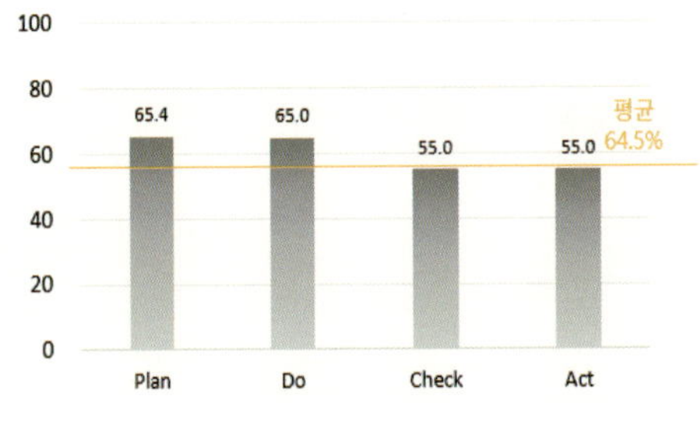

<단계 별 득점 백분율>

4) 안전행동 진단 결과 요약

- **항목 별 점수**

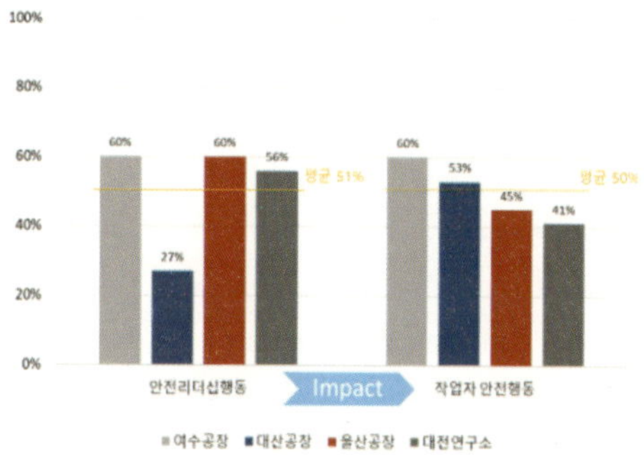

〈사업장 별 안전행동 전체 및 요인 별 점수〉

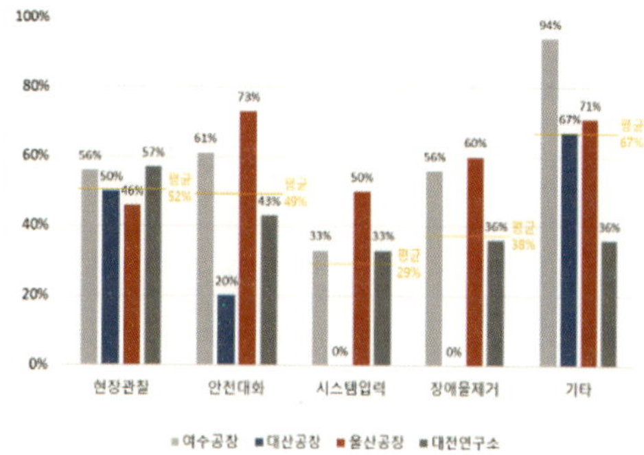

〈진단 요인 별 안전리더십 행동 수준〉

5) **진단결과를 통한 현재 수준 파악**(안전문화 수준 향상 목표)

안전문화 현황 진단 결과는 미성숙단계, 노력단계, 전환단계, 성숙단계, 모범단계 중에서 성숙단계 진입을 목표로 함

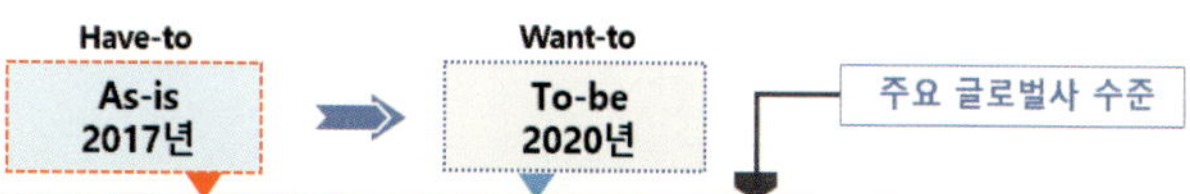

미성숙 단계	노력 단계	전환 단계	성숙 단계	모범 단계
• 성과가 우선시되어 안전의 필요성을 느끼지 못함. • 안전관리시스템이 갖추어 지지 않음. • 작업절차가 미비하여 불안전행동이 빈번히 발생함.	• 안전은 필요하지만, 불편한 것으로 인식함. • 안전관리시스템이 일부 구축된 상태임. • 작업절차가 존재하지만 작업과의 연관성이 낮음.	• 안전은 안전환경팀의 노력에 의해 결정된다고 인식함. • 안전관리시스템은 법적인 사항만 충족시키는 수준임. • 안전행동을 명령에 의해서 준수하며, 질책적 방법으로 관리함	• 안전을 위해 안전환경팀과 생산라인 에서도 자발적으로 함께 참여함. • 안전관리시스템에 Risk 감소를 위해 법적 요구 수준 이상으로 안전에 관한 내·외부 적인 요구를 적용함. • 자발적으로 규칙과 절차를 준수하며, 동료의 안전 행동에 대한 피드백과 코칭을 실시함.	• 경영진을 비롯한 모든 근로자가 안전의 중요성을 인식하고, 자율적 안전관리가 목표로 수립된 상태임. • 안전관리시스템이 안정적으로 구축되어 있으며, 경영발전의 효과가 지속될 수 있는 수준임. • 안전행동이 내재화/습관화되어 있는 수준.

– 안전문화 현황 진단결과 단계

6) 분야별 이슈 사항 도출 및 전략 방향 수립

안전문화 향상을 위한 4대 전략과 12대 과제 수립

안전문화 요소	4대 전략	12대 실행 과제
의식	안전문화 향상 위한 비전과 방향 제시	1. 안전 의식 함양
		2. 안전 조직 및 안전 활동 내실화
		3. 안전 커뮤니케이션 변화관리
시스템	안전관리 수행 역량 강화	4. 안전 코칭 역량 강화
		5. 안전 지식 강화 체계 구축 (안전환경 교육훈련체계 재 정립)
		6. 사내 전문가 양성 (행동관찰,PSM,안전보건경영시스템)
	선진 안전 시스템 구축	7. 안전관리표준 통합 및 글로벌 스탠더드화
		8. PSM(공정안전관리) 관리 절차 내실화
		9. 안전행동관리 시스템 구축 및 이행
		10. 도급업체 안전관리체계 개선
행동	지속적 안전경영을 위한 동기 부여	11. 안전지표 (선행 · 후행) 개발 운영
		12. 안전활동 동기부여 제도 구축 및 이행

(4) 실행 단계 Action plan 수립, 안전문화 위원회 구성 및 운영, 전략과제 실행

① 안전문화 향상을 위한 추진계획 수립

② 안전문화 향상을 위한 전략과제 선정

③ 위원회 구성 및 운영

④ 안전의식 향상 교육

⑤ 안전관리시스템 개선

(5) 지속 단계(재진단, 재진단 결과 분석, 코칭 및 피드백)

재진단 결과 분석(컨설팅 전수 Data 분석)

의식 및 행동 변화지수

■ **의식 변화지수** : 안전문화 전체 점수는 상승하였으며, 지표 점수도 현장 안전분위기를 제외하고 상승하거나 동일한 수준을 유지함.

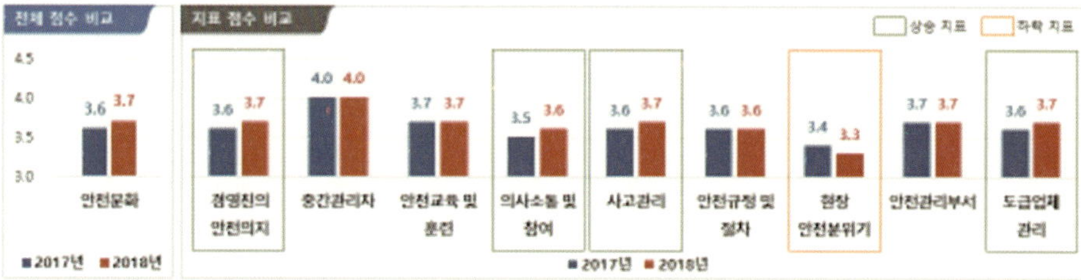

■ **행동 변화지수** : 안전행동 전체 점수는 상승하였으며, 지표 별 점수도 모든 지표에서 상승한 것으로 나타남.

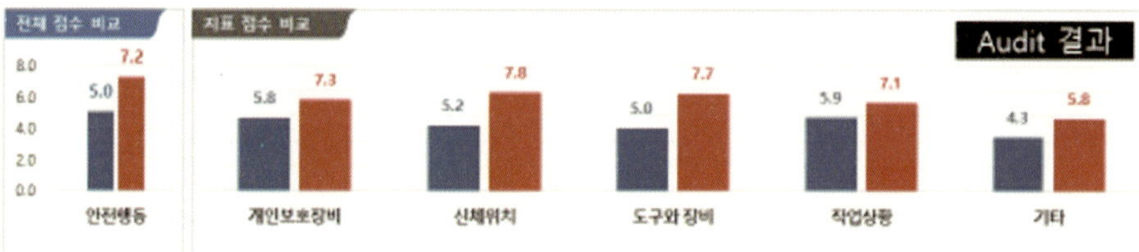

제3장

안전과 청렴(감사)의 기본 원리

우리나라는 1991년 국제노동기구(ILO)에 가입한 이래 재해예방 대책을 중심으로 한 안전관리 시대를 지나 청렴(감사)을 바탕으로 부정부패 추방 등 '안전과 감사(청렴) 20계명' 을 선포하고 안전보건문화 혁명에 돌입하였습니다.

제3장

안전과 청렴(감사)의 기본 원리

I. 안전의 기본 원리 – '안전의 10계명'

1. 국제노동기구ILO 창설과 국제사회의 안전보건

노동자의 노동조건 개선 및 지위 향상을 위해 1919년 설립된 국제노동기구[International Labour Organization (ILO)]가 2019년에 창설 100주년을 맞이했다. ILO는 제1차 세계대전 승전국인 영국 · 프랑스 등 31개국 대표들이 프랑스 파리에 모여 체결한 '베르사유 조약(Treaty of Versailles)'에 설립 토대를 두고 있다.

당시 승전국들은 이 조약을 통해 제국주의 전쟁의 비극적 참화를 수습함과 동시에 전 세계 노동자들의 열악한 근로조건을 개선하려고 했다. 산업화가 진행될수록 노동자들에 대한 기업들의 착취가 극심해졌고, 이는 결국 사회적인 불안감을 양산해 노동자들을 중심으로 공산혁명이 촉발될 수 있다고 판단했기 때문이다. 국제노동기구가 노동과 관련된 국제적인 기준을 제시하게 된 이유가 바로 여기에 있다.

오늘날 국제노동기구에는 전 세계 198개 회원국이 소속돼 있다. 우리나라는 1991년 12월 152번째 회원으로 가입했으며, ILO 핵심협약 8개 가운데 4개항을 비준하고 있다. (표 3-1 참조)

표 3-1 ILO 핵심협약 8개 중 4개항 비준

분야	협 약 명	비준여부	비준국수
차별금지	제100호 남녀 동등보수 협약	비준	171
	제101호 고용 · 직업상 차별금지 협약	비준	172
아동노동 금지	제138호 취업상 최저연령 협약	비준	167
	제182호 가혹한 형태의 아동노동 철폐 협약	비준	179
강제노동 금지	제 29호 강제노동에 관한 협약	미비준	177
	제105호 강제노동 철폐에 관한 협약	미비준	172
결사의 자유	제 87호 결사의 자유 및 단결권 보호 협약	미비준	153
	제 98호 단결권 및 단체교섭권 협약	미비준	164

산업안전보건과 노동은 동전의 양면처럼 떼려야 뗄 수 없는 불가분의 관계다. 안전하고 건강한 일터 조성이 곧 노동자의 근로조건 및 지위의 개선을 의미하기 때문이다. 이러한 까닭에 국제노동기구도 ILO 헌장, 협약, 권고 지침 등을 통해 전 세계 회원국(현재198개국)들의 산업안전보건을 규율하고 있으며, 세계산업안전보건대회(World Congress on Safety and Health at Work)등 안전보건 글로벌 플랫폼을 통해 전 세계 노동자의 안전보건 강화 및 글로벌 안전문화 조성에 앞장서고 있다.

지난 2008년 제18회 세계산업안전보건대회가 우리나라에서 개최됐으며, 이 당시 전 세계 노사정 대표자 46명이 세계 최초의 안전보건 국제헌장인 '산업안전보건 서울선언(Seoul Declaration on Safety and Health at Work)'을 채택했다.

2. 우리나라의 산업안전보건

우리나라에는 대통령 및 국무총리 통할 하에 고유의 국가행정사무를 수행하는 18개 부처가 있다. 이 중 고용노동부[Ministry of Employment and Labor(MOEL)]는 법과 동법 시행령, 시행규칙 및 고시, 예규, 훈령, 지침 등을 통해 고용과 노동에 관한 인력정책사무를 관장하고 있으며, 이와 함께 산업안전보건도 담당하고 있다. 고용부가 그림 3-1과 같이 산업안전보건에 대한 주무부처인 이유는 노동시장이 근로기준법의 영향을 적용 받는 데다, ILO 헌장에 따라 회원국은 일관된 기준으로 관련 정책을 집행해야 하기 때문이다.

지난 2006년 제주특별자치도가 출범하면서 고용센터와 노동위원회는 도청 소관으로 이양했지만, 근로감독과 산업안전의 경우 광주고용노동청에서 관할토록 한 이유가 바로 여기에 있다.

이러한 산업안전보건의 특성 때문에 고용부가 아닌 기타 부처(행정안전부 , 산업통상부 등)에서 산업안전보건을 다루는 것은 불가능하다고 할 수 있다.

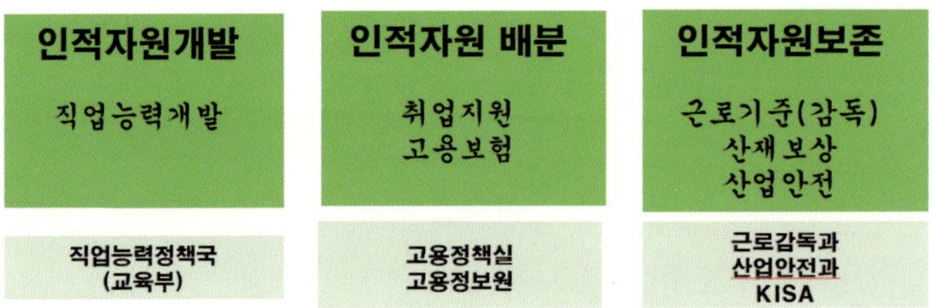

그림 3-1　우리나라의 산업안전보건

3. 재해의 정의

국제노동기구(ILO)에서는 재해를 '사람이 물체(물질), 물질 혹은 타인과 접촉하였거나 각종의 물체 및 작업조건에 놓여짐으로써, 또는 사람의 동작으로 인하여 사람의 상해를 동반하는 사건이 일어나는 것"이라고 정의하고 있다. 여기에는 직업성 질병도 포함되며, 물적 재해만 발생하는 것은 일반적으로 '재난'이라고 한다.

국내 산업안전보건법에서는 재해를 '근로자가 업무에 관계되는 건설물, 설비, 원재료, 가스, 증기, 분진 등에 의하거나 작업 · 기타 업무에 기인해 사망 또는 부상하거나 질병에 이환 되는 것'이라고 정의하고 있다.

이러한 재해 중 사망 등 재해 정도가 심한 것을 중대재해라고 하며, 여기에는 ▲사망자가 1인 이상 발생한 재해 ▲3월 이상의 요양을 요하는 부상자가 동시에 2인 이상 발생한 재해 ▲부상자 또는 직업성 질병자가 동시에 10인 이상 발생한 재해 등이 해당된다.

일각에서는 이러한 재해의 의미를 사고와 사고의 결과가 모두 내포된 중의적인 의미로 잘못 사용하고 있는데, 재해는 사고가 아닌 '사고의 결과'로 인명의 상해나 재산상의 손해를 일컫는 것임을 알아둘 필요가 있다.

4. 안전의 기본 이론

안전 분야의 대표적인 이론으로는 미국 산업안전의 선구자로 평가받는 허버트 윌리엄 하인리히(Herbert William Heinrich)의 '1:29:300법칙'을 꼽을 수 있다. 하인리히는 1931년 그의 저서(산업재해 예방을 위한 과학적 접근(Industrial Accident Prevention : A Scientific Approach)을 통해 재해 발생 과정에 대한 일련의 통계적 법칙을 제시했다.

하인리히는 이 법칙을 통해 한 건의 심각한 재해(8일 이상 휴업)가 발생하기 전에는 경미한 사고가 29건(휴업 1일 이상 7일 미만), 300건(휴업 1일 미만) 이상의 불안전한 행동 또는 아차 사고(Near-Miss)의 징후가 나타난다고 주장했으며, 이를 바탕으로 중대재해를 예방하기 위해서는 경미한 사고 징후를 적극 분석하고 대책을 세워 나가야 한다고 강조했다. 이밖에도 하인리히는 산재로 인한 경제적 손실비용(5배), 도미노이론, 5단계 사고예방, 4M(Man, Machine, Media, Management) 등 안전분야의 히포크라테스라고 할 수 있다.

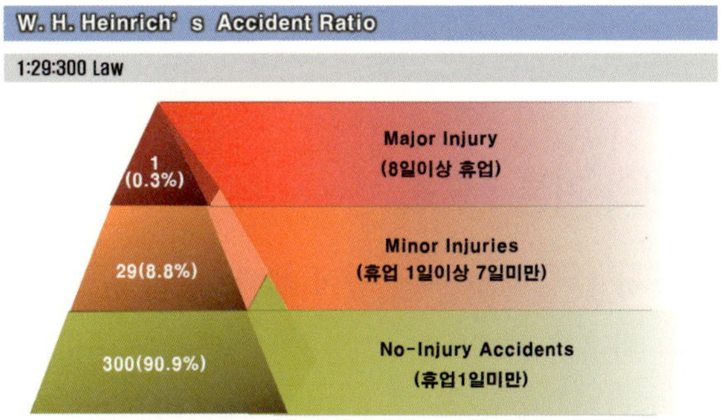

그림 3-2 하인리히의 1:29:300의 법칙

기업과 국가의 안전 수준은 어째서 차이가 나는가? 이러한 궁금증을 해결하고자 나선 기업이 바로 세계 최대의 화학회사인 '듀폰(Dupont)'이다.

듀폰은 1995년 기업의 안전문화 수준을 파악하고 평가해 볼 수 있는 브래들리 커브(Bradley Curve) 모델을 개발했다.

이 모델은 기업의 안전문화 수준을 ▲반응적(본능에 의해 안전을 지킴) ▲의존적(법규나 규정 등 관리감독에 의존) ▲독립적(개인이 본인의 안전을 책임짐) ▲상호의존적(팀원이 서로의 안전을 챙기는 안전문화의 완성단계) 등 크게 4단계로 구분하는 것을 골자로 한다. 이 모델을 참고해 볼 때 우리나라의 안전수준은 2단계와 3단계 사이쯤으로 보이며, 선진 유럽은 3~4단계로 평가된다.

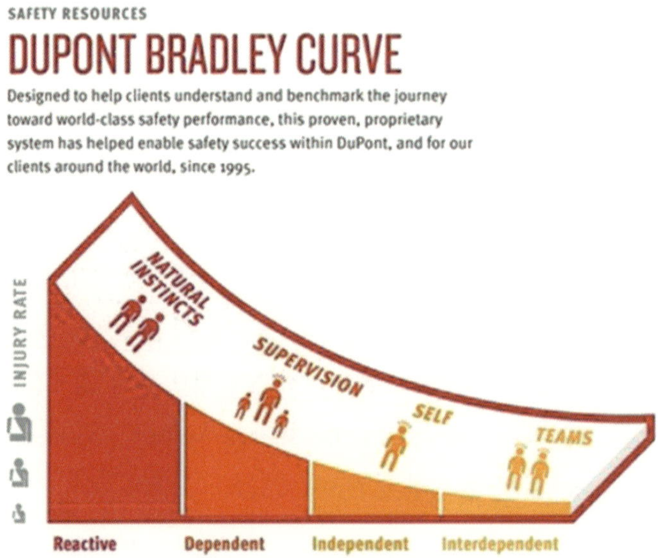

그림 3-3 듀폰의 브래들리 커브

5. 산업안전보건의 기본 3요소

존 하베이(J.H Harvey)는 그림 3-4와 같이 재해예방을 위한 3가지 대책을 제시했는데 주요 내용은 다음과 같다.

Enforcement(관리적 대책), Education(교육적인 대책), Engineering(기술적인 대책)

- 관리적인 대책(산업안전보건법 제14조 내지 제24조)
- 교육적인 대책(산업안전보건법 제29조, 제33조)
- 기술적인 대책(안전보건기준에 관한 규칙)은 구산업안전보건법에 최초로 반영 ·

제시되어 있으며 모든 안전보건관리의 기본 요소라고 할 수 있다.

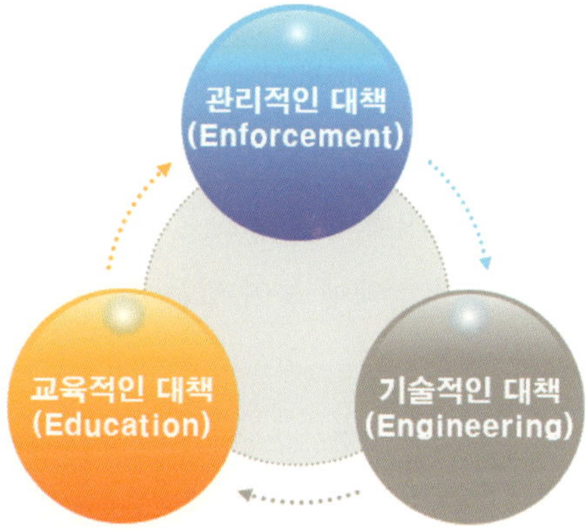

그림 3-4 재해예방을 위한 3가지 대책

6. 인간의 과오

"조물주가 전지전능(청렴)한 사람으로 인간을 만들었으면 산업안전(감사)하는 사람은 다 굶어 죽는다." 인간의 과오(Human Error)는 인간은 완벽한 사람으로 안 만들어졌다는 것을 전제로 해서 모든 것이 이루어진다는 것을 의미하는 말이다.

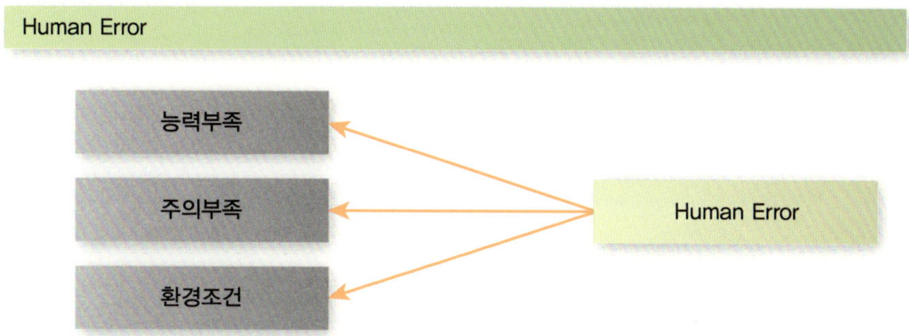

그림 3-5 인간의 과오(Human Error)

7. 인간의식 5단계

인간의식 수준은 그림 3-6과 같이 ▲Phase 0(수면) ▲Phase 1(멍청) ▲Phase 2(일상작업) ▲Phase 3(적극 활동 시) ▲Phase 4(과긴장) 등 5단계로 나눠 볼 수 있으며 신뢰도를 보면 쉽게 알 수 있다.

예를 들어 길을 가던 중 갑자기 자신을 향해 달려오는 자전거와 맞닥뜨렸다고 가정해 보자. 일반 사람들이라면 혼비백산할 수 있는 상황임에 틀림없다. 여기서 자전거와의 충돌을 피하기 위해서는 자전거 핸들 반대방향으로 피하는 것이 올바른 선택이다. 하지만 본인의 의지와 다르게 자전거 핸들 방향으로 몸이 움직일 때가 있는데, 이때가 바로 과긴장 상태에 놓여 있는 경우다.

Phase(의식) 등급		상태	신뢰도	지속시간
"	0	수면	0	최장 48시간
"	I	멍청	0.9 이하	
"	II	일상작업	0.99~0.99999	8시간
	※ 현상이지만 정확히 함, 닥쳐올 미래는 예측불능			
"	III	적극 활동시	0.99999 이상	15분 이상 지속불가능
		※ 예측가능(위험예지), 눈싸움		
"	IV	과긴장	0.9 이하(자전거)	

그림 3-6 인간의 의식 5단계

8. 기술적인 대책 우선순위

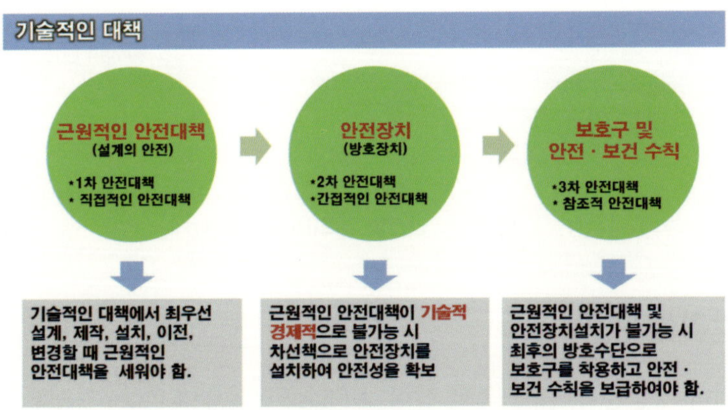

그림 3-7 기술적인 대책 우선선위

① 세계적으로 산업안전이 강화된 데에는 저마다의 이유가 있다. 프랑스도 마찬가지다. 1차 세계대전 이후 프랑스는 군사력 보강의 필요성을 느끼고 있었다. 이에 청소년들을 대상으로 신체검사를 실시했는데 어처구니가 없는 상황이 벌어졌다. 많은 수의 청소년들이 검지 손가락이 잘려 있는 탓에 대부분이 징집 불가 판정을 받은 것이다. 프랑스 당국은 이 사태를 계기로 근로자 안전보건의 중요성을 깨닫고 산업현장에서의 안전보건을 강화하는 데 본격적인 노력을 기울이기 시작했다.

② 프랑스의 사례와 같은 문제를 미연에 예방하기 위해서 조치해야 할 것이 바로 기술적인 대책을 수립하는 것이다. 먼저 설계, 제작, 설치, 이전, 변경을 할 때에는 유해위험방지계획서, PSM과 같은 근원적인 대책을 세워야 한다. 근원적인 안전대책을 실행하기가 경제적 · 기술적으로 어려울 때에는 차선책으로 안전(방호)장치를 설치해 안전을 확보해야 한다. 이러한 근원적인 안전대책 시행 및 안전장치 설치가 불가능한 경우에는 최후의 방호수단으로 근로자에게 보호구를 착용토록 하고 안전 · 보건 수칙을 보급해야 한다.

③ 재해발생의 메커니즘

산업재해 발생의 메커니즘은 그림3-8에서 보는 바와 같이 교육시장(간접원인)과 노동시장(직접원인)에 원인이 있기 때문에 재해예방 및 안전문화수준 향상은 범 국가적으로 하여야 한다.

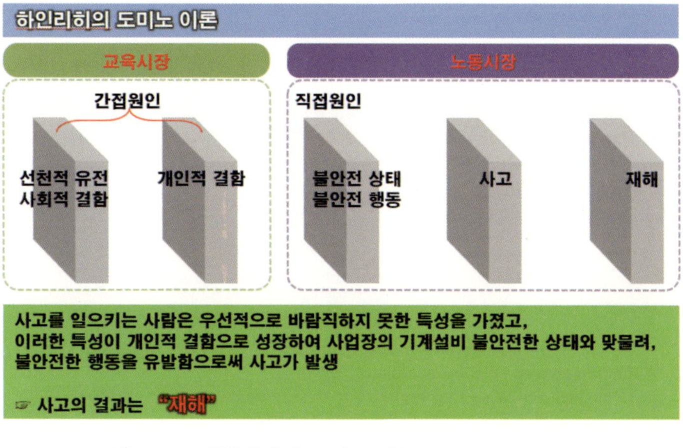

그림 3-8 하인리히의 도미노 이론(부정의 도미노 이론)

9. 산업재해 현황 및 경제적 손실

산업화가 본격적으로 시작된 지난 1970년대부터 세계 각국에서는 산업안전 강화를 위해 부단한 노력을 전개해 왔지만, 업무상 재해 및 질병은 여전히 빈발하고 있는 추세다. ILO에 따르면 전 세계적으로 요양진료비, 보상비, 노동력손실비, 생산장해, 재훈련 등으로 인한 경제적 손실액은 1,250조 원(1조2천500억 US $)에 달한다. 이는 전 세계 GNP의 4%가 넘고, 우리나라 국민총생산액(GNP)의 약 3배(4조 2천억 US $)에 해당하는 수치다.

ILO가 발표한 산재 현황을 살펴보면 전 세계에서 해마다 225만 명이 산업재해로 숨지고 있다. 하루에 6,000명으로 15초당 1명이 숨지고 있는 셈이다. 세부적으로는 ▲사고성 재해(355,000명) ▲통근 재해(사망자 158,000명) ▲직업병에 의한 사망자(160만 명) 등이다.

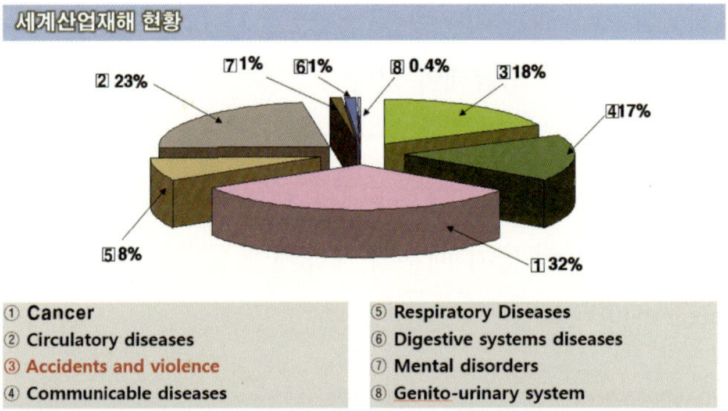

세계산업재해 현황

- Economically active population : 2.7 billion
- Deaths attributed to occupation 1.9 - 2.3 Million
- Work-related diseases : (lower limit) 1.6 Million
  - cancer, w/r 610 000
  - circulatory diseases, w/r 449 000
  - communicable diseases, w/r 320 000
  - chronic respiratory diseases (silicosis 36 000), w/r 145 000
  - nervous system disorders, w/r 20 000
  - digestive system diseases w/r 21 000
  - genito-urinary disorders, w/r 9 000
- Deaths caused by work accidents 355 000
- Commuting injuries (not included in overall deaths above) 158 000

그림 3-9 세계산업재해 현황

다음 5년 간(2009년~2013년) 재해현황을 업종별로 보면 다음과 같다.

전체 재해자 473,838명중 제조업이 33.9%로 가장 많았으며, 서비스업이 33%로 그다음을 차지했다 규모별로는 50명 미만 영세사업장에서 전체 재해의 81.15%가 발생하고 있다.

업무상 사고 재해는 추락(떨어짐), 협착(끼임), 전도(넘어짐), 충돌(부딪힘), 낙하비래(맞음)등 5대 재래형 반복재해가 전체 사고재해의 65% 이상을 차지했다.

재해율 산출과 관련해 일반화된 국제기준이 없다. 또 통계산출기준, 업무상 재해 인정범위 등이 다르다는 점을 고려했을 때 ILO의 산재 통계와 우리나라의 그것과 단순 비교하기에는 어려운 점이 있다. 하지만 일본에서는 재해율을 휴업 4일 이상 재해자 수를 산재보험 가입 근로자 수로 나눈 수치로 파악한다는 점에서 우리나라와 간접적으로나마 재해율 비교가 가능하다.

우리나라의 재해율을 일본 기준(휴업기준)으로 환산 비교해 보면 일본보다 높고, 영국과 비슷한 수준이다. 아울러 사고사망만인율은 OECD 국가 중 가장 높은 수준이며 미국의 2배, 일본의 5배에 달한다.

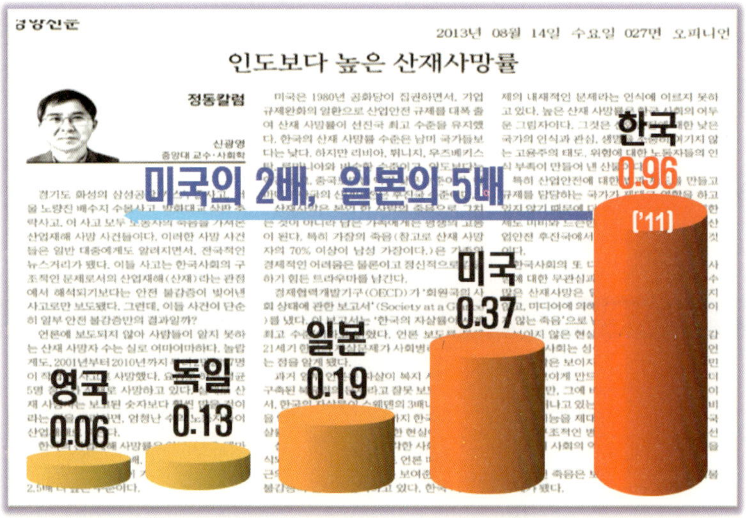

그림 3-10 국가별 사망만인율

10. 응급처치와 골든아워

골든아워는 사람의 목숨이 위태로운 상황에서 신속한 치료를 통해 목숨을 살릴 수 있는 금쪽같은 시간을 말한다.

골든아워를 확보할 수 있는 대표적인 응급처치 중 하나가 바로 심폐소생술이다. 심폐소생술은 다양한 사례를 통해 그 중요성이 널리 알려져 있다. 실제 지난 2018년 충남 태안에서는 한 초등학생(당시 13살)이 마당에서 의식을 잃은 채 쓰러져있는 할아버지를 심폐소생술로 살려내게 됨으로써 큰 화제가 됐다. 특히 초등학생이 실시한 심폐소생술은 사고 전날 학교에서 배웠던 것으로 전해지면서 학생들을 대상으로 한 심폐소생술 교육의 중요성이 크게 강조되는 사례로 기록됐다.

이처럼 중요한 심폐소생술에서 잊지 말아야 할 것은 '시간'이다. 심폐소생술의 골든아워는 4~6분이다. 이 시간 내 심폐소생술을 실시하지 않으면 뇌세포가 손상돼 후유증이 남고, 특히 10분이 넘어갈 경우 환자는 원상회복이 불가능하고, 사망까지 할 수 있다.

응급처치는 산업현장에서도 매우 중요하다. 하인리히가 제시한 1:29:300 법칙처럼, 신속한 응급처치는 300건의 아차사고, 29건의 경상 사고, 결과적으로 1건의 중대재해를 예방하는 효과를 얻을 수 있다. 산업안전보건 관계자들은 이러한 사실을 유념해 반드시 응급처치 요령을 숙지해야 하며, 주기적인 훈련을 실시해야 한다.

표 3-2 심폐소생술의 골든아워

호흡이 멈춘 후 인공호흡이 시작되기까지의 시간(분)	소생률(%)
1	95
3	75
5	25
6	10

II. 청렴(감사) 기본원리 – '청렴(감사)의 십계명'

1. 감사의 정의

감사는 경제적 행위와 사건에 대한 주장(AS IS)과 미리 설정된 기준(TO BE)과의 일치정도(편차)를 확인하기 위해 주장(AS IS)에 대한 증거를 객관적으로 수집 평가(방법 1)하고 그 결과를 이해관계가 있는 이용자에게 전달하는(방법2) 체계적인 과정이다. 아울러 조직의 가치를 증진시키고 지속 가능할 수 있도록 만드는 것이 감사의 핵심적인 목표이자 역할이다.

내부감사란?

내부감사란 조직의 가치를 증대시키고 조직 운영을 개선하기 위해 전개하는 일련의 설계(업무의 정확화 / 효율적 수행 / 법규 등의 준수/ 내부관리 및 내부통제의 유효성 체크)와 독립적이고 객관적인 검증(Assurance) 및 컨설팅(Consulting) 활동을 말한다.

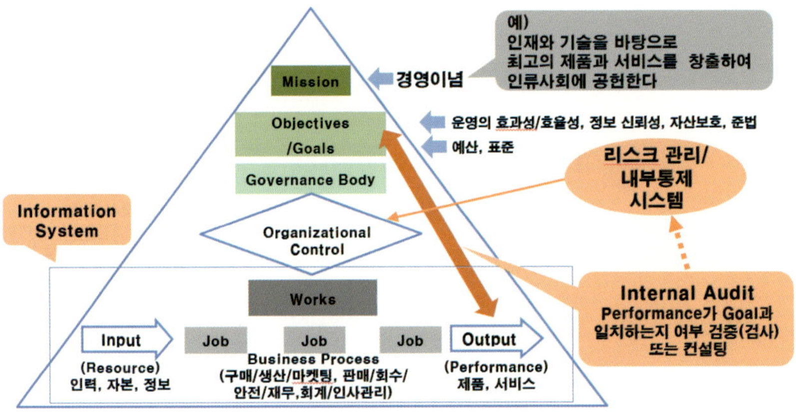

그림 3-11 조직구조상의 내부감사 역할과 위치

2. 감사의 3대 핵심가치

감사의 핵심가치는 크게 3가지로, 독립성, 전문성, 윤리성 등이다.

독립성과 윤리성을 확보하려는 의지는 있으나 전문성이 없다면 무엇을 핸들링할지 모르게 된다. 또한 사건이 안 되는 것을 가지고 낭비하게 되며 결국 사건이 되는 것을 부실하게 감사하는 상황이 발생한다.

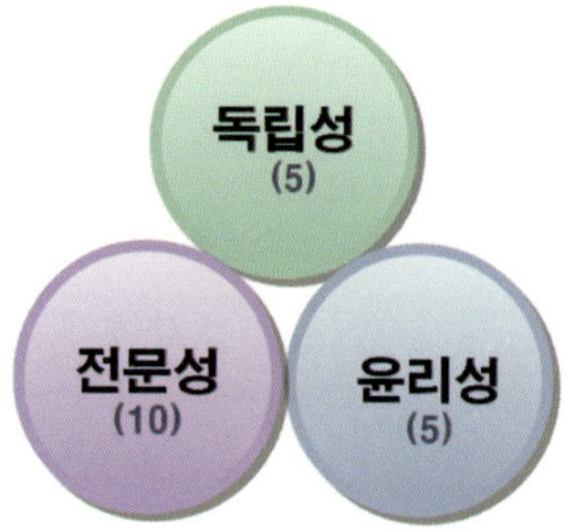

그림 3-12 감사의 3대 핵심가치

그림3-13은 바로 독립성을 높이기 위한 CAE의 감사의 이상적인 보고방법이다. 감사의 본질적 보고는 기능적 보고로, 감사위원회나 이사회 등 적절한 지배기구에 보고를 해야 하며, 관리(행정)적 보고는 CEO에 보고하고 경영진, 즉 이사 및 실장에게는 보고하지 않도록 되어 있다.

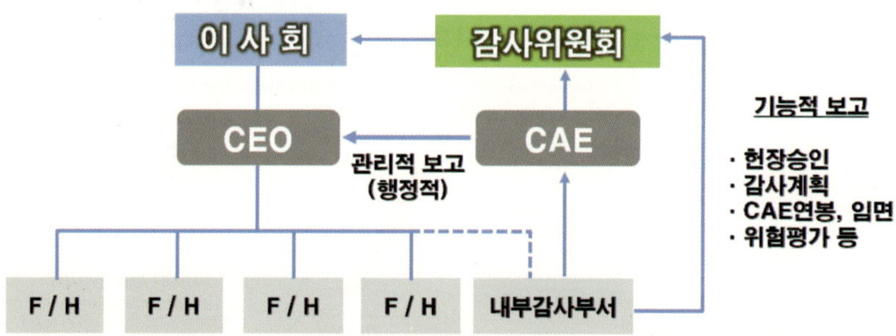

그림 3-13 독립성을 높이기 위한 CAE의 이상적 보고 방법

감사의 기능은 적발보다는 상시 모니터링을 함으로써 부정부패를 조기에 발견토록 하는 것에서 방향제시, 즉 조직이 올바른 방향으로 갈 수 있도록 방향을 제시하는 게 감사의 기능이다.

Hunting Dog(절발) < Watchdong(상시 모니터링) < Guide Dog(안내견, 방향제시)

자체감사기능의 성장 모형은 크게 6단계로 나눠지며 주요 내용은 다음과 같다.

① 부패와의 전쟁

② 투명성 제고

③ 책임성 확보

④ 3E 및 윤리성, 공정성 제고

⑤ 정책대안 제시

⑥ 미래예측력

그림 3-14 자체감사기능의 성장모형

시스템 감사는 정부 주요정책, 사업, 제도, 업무 시스템 등 감사대상 업무를 시스템적인 기준과 절차 및 방법에 따라 체계적으로 진단 분석하는 것이다. 특히 발견된 문제점의 발생 원인을 사람, 업무, 환경 및 제도 등 다양한 내외적 요인을 분석 검토하고 이를 토대로 종합적 · 체계적 · 근원적인 개선대책을 모색하는 활동이다.

시스템 감사의 3대 운영원리는 ▲전략적 감사 ▲성과중심 감사 ▲전향적 감사 등이다. 전략적 감사는 선택과 집중의 원리와 상시 모니터링이며, 성과중심의 감사는 3E 관점에서 성과평가, 개선안 제시를 나타낸다. 전향적 검사는 적발 처벌을 지양하며 우수사례(Best Practices) 발굴을 의미한다.

시스템감사의 3개 운영원리

- **전략적 감사** : 선택과 집중의 원리, 상시 모니터링
- **성과중심 감사** : 3E 관점에서 성과평가, 개선안 제시
- **전향적 감사** : 적발 처벌 지양, Best Practices 발굴

3. 내부통제 개념

내부통제는 조직(기업)의 가치, 성과창출, 이윤 등을 극대화하고, 리스크를 감소시키기 위한 활동을 말한다. 또한 목적 달성을 위한 리스크를 얼마만큼, 어느 수준으로 통제하는 것을 골자로 하고 있다. 내부통제의 핵심은 얼마만큼 통제를 할 것인지 그 기준을 정하는 것이다. 이에 적정한 통제를 할 것인가, 투자비용과 통제수준을 어느 정도 할 것인지 등이 고려 요소가 된다. 아마도 예술적인 수준으로 하는 것이 가장 좋을 것이다. 유능한 안전관리가 되어야 하고 유능한 감사가 될 것이다.

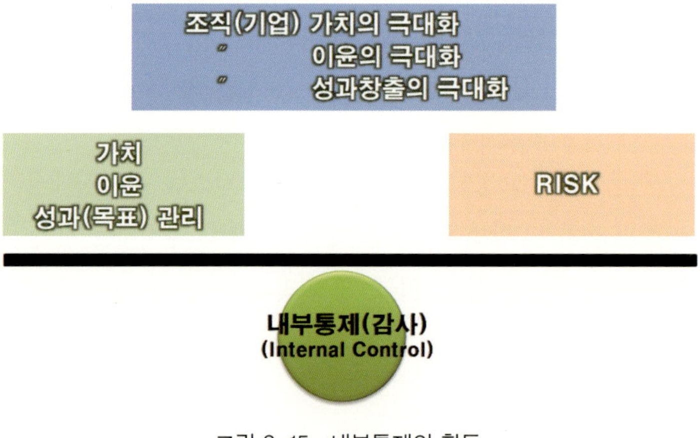

그림 3-15 내부통제의 활동

통제비용과 효익은 성과, 목표, 관리와는 가깝고 RISK, 통제관리와는 멀다. 우리가 너무 목표에 연연하다 보면 리스크가 발생되는데 이에 따라 어느 정도 통제를 적절히 해야 하는 것이다.

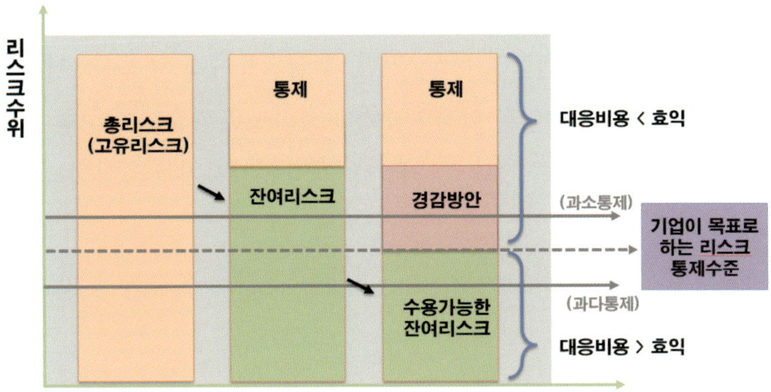

그림 3-16 리스크의 통제

국제내부감사에서는 직무수행방안이라는 것이 있다. 세계감사협회에서 만든 것으로 'IIAA' 라고 하며 또한 ISO45001(2018년 3월 시행)과도 밀접한 관련이 있으며 국제내부감사 '직무수행체계(IPPF: International Professional Practices Framework)'라고도 부른다.

4. 국제 내부감사 직무수행방안

국제내부감사 직무수행체계(IPPF)에는 내부감사의 정의가 들어 있다. 또 윤리강령, 내부감사기준, 일반기준, 실행기준, 적용기준, 수행권고, 수행지침 등이 담겨 있다. 여기에는 KOSHA 18001처럼 번호가 매겨져 있으며, 1000번부터 적용기준 성명서 등의 필수지침과 강력권고기준이 만들어져 있다.

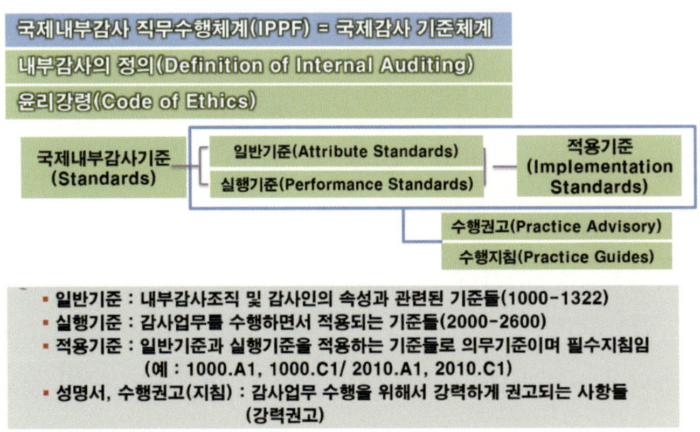

그림 3-17 국제내부감사 직무수행체계

감사헌장에 따르면 국제 내부감사기준의 첫 번째는 일반기준이다. 일반기준에서 우선시 되는 것은 감사헌장의 목적, 권한, 책임으로 주요 내용은 다음과 같다.

① IAA의 목적, 권한, 책임은 감사헌장에 공식적으로 기술되어야 함

② 감사헌장은 내부감사의 정의, 윤리강령 및 내부감사기준에 부합되게 작성되어야 함

③ 작성된 감사헌장은 최고경영진(Senior management)과 이사회(the board)의 승인을 얻어야 함

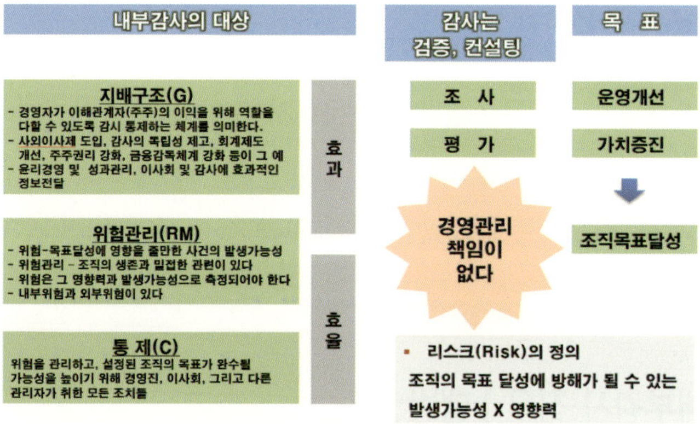

그림 3-18 내부감사의 기준구조

내부감사의 윤리강령으로는 4가지 기본원칙과 12가지 행동규범이 있다.

기본원칙은 성실한 책임감(성실성), 객관성, 보안의식(비밀유지), 감사역량 등이다. 12가지 행동 규범은 다음과 같다.

① 업무를 정직, 근면, 책임감 있게 수행하여야 함.

② 법을 준수하고 법과 직업인으로서 요구되는 것을 밝혀야 함.

③ 고의로 불법행동의 당사자가 되어서는 안 되며, 내부감사업무 종사자로서 또는 조직직원으로서 불명예스런 행동을 해서는 안 됨.

④ 합법적이고 윤리적인 조직의 목표를 잘 이해하고 공헌해야 함.

⑤ 공정한 판단을 저해하거나 저해할 것으로 간주되는 어떤 활동이나 관계에 참여하지 않아야 함.

⑥ 직업적 판단을 저해하거나 저해시킬 것으로 간주되는 어떤 것도 받아서는 안 됨.

⑦ 조사해서 알게 된 모든 사실들을 밝혀내야 함. 만약 밝히지 않는다면 검토한 내용의 결과보고를 왜곡시키게 됨.

⑧ 업무수행 중 취득한 정보의 사용과 보호에 있어 신중해야 함.

⑨ 개인의 이익을 목적으로 정보를 사용해서는 안 되며, 어떠한 경우든지 법에 반하거나, 합법적이고 윤리적으로 타당한 조직의 목표에 방해가 되는 식으로 정보를 이용해서는 안 됨.

⑩ 자신이 필요한 지식, 기술, 경험이 있는 분야에 대해서만 감사를 수행해야 함.

⑪ 내부감사직무수행 기준(IPPF)에 따라 내부감사 서비스를 수행하여야 함.

⑫ 지속적으로 자신의 업무 숙련도를 높여 감사 서비스의 효과성과 질적 수준을 향상시켜야 함.

표 3-3 윤리강령(Code of Ethics)

4원칙	12가지 행동규범
성실한 책임감 (성실성)	• 업무를 정직, 근면, 책임감 있게 수행하여야 함 • 법을 준수하고 법과 직업인으로서 요구되는 것을 밝혀야 함 • 고의로 불법행동의 당사자가 되어서는 안되며, 내부감사업무 • 종사자로서 또는 조직직원으로서 불명예스런 행동을 해서는 안됨 • 합법적이고 윤리적인 조직의 목표를 잘 이해하고 공헌해야 함
객관성	• 공정한 판단을 저해하거나 저해할 것으로 간주되는 어떤 활동이나 관계에 참여하지 않아야 함 • 직업적 판단을 저해하거나 저해시킬 것으로 간주되는 어떤 것도 받아서는 안됨 • 조사해서 알게 된 모든 사실들을 밝혀내야 함. 만약 밝히지 않는다면 검토한 내용의 결과보고를 왜곡시키게 됨
보안의식 (비밀유지)	• 업무수행 중 취득한 정보의 사용과 보호에 있어 신중해야 함 • 개인의 이익을 목적으로 정보를 사용해서는 안되며, 어떠한 경우든지 법에 반하거나, 합법적이고 윤리적으로 타당한 조직의 목표에 방해가 되는 식으로 정보를 이용해서는 안됨
감사역량	• 자신이 필요한 지식, 기술, 경험이 있는 분야에 대해서만 감사를 수행해야 함 • 내부 감사직무수행기준(IPPF)에 따라 내부감사 서비스를 수행하여야 함 • 지속적으로 자신의 업무 숙련도를 높여 감사서비스의 효과성과 질적 수준을 향상시켜야 함

5. 내부감사 발전의 5단계와 내부통제 프레임워크

(1) 1단계Initial

① 업무프로세스가 명확히 정의되지 않음

② 조직 전체에 걸쳐 리스크가 산재함

③ 감사조직 및 내부통제를 관리하는 조직이 없음

④ 조직의 내재된 위험과 통제위험이 모두 높은 상태

(2) 2단계Repeated

① 업무의 표준화 및 시스템화가 되지 않음

② 체계적인 통제 및 관리절차가 부재함

③ 위험 징후를 사전에 파악하기 어려움

④ 위험관리체계 부재로 인해 Event 발생 시 대처가 어려움

(3) 3단계Defined

① 통제 설계 및 테스트가 수행되고 있음

② 리스크에 대한 식별 및 정의가 되어 있는 상태

③ 감사조직 및 리스크 관리조직이 존재함

④ 주기적인 모니터링이 어려움

(4) 4단계Managed

① 지속적인 리스크 관리 및 내부통제 운영이 가능하도록 IT기반의 상시 모니터링 체계가 구축되는 상태

② 감사업무가 체계화되어 관리되는 상태

③ 감사조직의 역할이 증대되어 가는 상태

(5) 5단계Optimized

① 지역, 조직 등에 관계없이 Center 에서 리스크 관리

② 내부통제 운영이 가능한 단계

③ 리스크관리/내부통제 관리의 유연성,확장성이 확보되어 프로세스 개선이 활발해짐

④ IT기반 감사체계 정착

⑤ 경영진 의사결정을 지원하는 수준으로 발전

(6) 국제사회에서의 내부감사와 내부통제 프레임워크

COSO는 1985년 미국에서 효과적인 내부통제 체계를 확립하기 위해 IMA, FEI, IIA, AICPA 등의 민간단체가 힘을 모아 만든 조직이다.

내부통제의 프레임워크는 1970년대 미국에서 발생한 워터게이트, 록히드 사건[美 군수업체인 록히드 사가 일본 고관 및 정계(다나까 일본수상 구속)에 대거 로비를 한 사건]에서 유래한다.

1970년 미 의회는 마피아 등 조직적인 범죄를 다루기 위해 리코법을 제정했다. 리코법은 조직범죄 근절을 위한 법이었지만 의도와는 다르게 월스트리트 내부거래자, 메이저리그베이스볼 구단(MLB), 공인회계법인 등에 주로 적용됐다. 뉴욕시장을 지낸 루돌푸 줄라아니라는 미국의 유명한 검사는 투자은행인 드럭셀 번햄 램버트(Drexel Burnham Lambert)와 전 직원 마이클 밀켄의 내부거래정보를 이용한 주식거래에 대해 이 법을 적용해 기소한 바 있다.

이 두 가지 사건을 근거로 Tready위원회가 발족됐고, 77년에 해외부패방지법(FCPA)이 제정됐다. 관련자를 징역형에 처할 수도 있고 회사에 벌금도 부과할 수 있게 된 셈이다.

시간이 흘러 1992년 COSO는 제1차 내부통제 프레임워크를 발표했다. 2년 뒤 이 프레임워크는 리뉴얼 됐다. 이를 기본으로 캐나다 CICA가 95년도에 만들어졌고, COBIT이 만들어졌으며, eSAC이 만들어지면서 나름대로 역할을 했는데 이는 세계감사인협회에서 만들었기 때문에 강제력이 없었다.

그러나 2002년도에는 사베인즈 옥슬리법(Sarbanes-Oxley)이 만들어졌다. 이는 엔론(Enron)사태와 같은 회계부정으로 인한 막대한 피해를 예방하고자 처벌규정이

포함되어 제정됨으로써 강력한 효력을 미치게 되었다.

엔론은 포춘지에 몇 년 간 최고혁신기업으로 선정된 유명한 미국 7대 기업이었는데 아서 앤더슨이라는 회계사가 엔론의 감사로 취임하면서 통제 시스템이 붕괴됐다. 아서 앤더슨은 엔론에서 몇 년 간 있지도 않은 석유거래를 종이 위의 숫자로 기록하여 선물시장에 내놓는 방식으로 회계를 조작했다. 그 결과 회계 부정이 드러났고 이로 인해 엔론의 부회장은 자살하고 직원 2만 명은 실업자가 됐다. 회장과 CEO는 각각 징역 45년과 185년을 선고 받았으며, 부도액은 무려 130억 달러를 기록했다.

COSO는 2008년도에 발생한 세계 리먼브라더스(Lehman Brother) 사태의 재발방지를 위해 새로운 내부통제기준을 2013년 발표했다.

통제기준에는 5개의 요건이 담겨 있으며 내용은 다음과 같다.

① 주식을 발간하는 회사의 감사위원회 위원은 이사회의 독립적인 구성원이어야 한다.

② 감사위원회 위원 중 적어도 1명은 회계 전문가이어야 한다.

③ 감사위원회(감사)는 외부감사인의 업무에 대한 지정과 보상 그리고 감독에 대하여 직접적인 책임을 진다.

④ 독립적인 감사인은 경영진이 아니라 감사위원회에 직접 보고하여야 한다.

⑤ 조사를 방해할 목적으로 회계 및 다른 기록을 숨기거나 파괴하는 것에 대하여 강력한 형사처벌을 규정하고 있다.

(7) 감사에서 차지하는 직무범위

감사에는 직무감사, 회계감사, 준거감사 등 3가지가 있다. 여기서 직무감사는 전체 감사의 70%를 차지한다는 점에서 대표적인 감사라고 볼 수 있다. 회계감사는 거의 공인회계사가 외부 감사인을 중심으로 하고 있는데, 그 비율은 20% 정도 된다. 준거감사는 법을 지키느냐, 안 지키느냐 등을 살펴보는 것인데 통상적으로 10% 정도의 직무범위를 차지하고 있다.

6. 회계와 컴플라이언스(Compliance)

(1) 회계

회계감사에서는 정보이용자에게 유용한 정보(Useful Information)를 제공하는 것이 중요하다. 여기서 유용한 정보는 회계기준 및 감사기준 등의 신뢰와 재무제표 및 계정과목 등 목적 적합성이 있어야 한다.

현대 회계거래에는 10요소가 있다. 차변은 자금운용 분야, 대변은 자금원천 자산은 부채+자본이며 비용과 수익 발생이다. 차변과 대변은 자금을 운용(사용) 하느냐 자금의 원천이 되느냐의 둘로 구분된다.

우리 정부에서는 고대부터 사용한 수입과 지출이 완전히 분리된 예산회계 방식을 채택하고 있다. 쉽게 말해서 수입은 수입대로 지출은 지출대로 처리하는 것이다.

수입과 지출을 병행 기입하는 것은 재무회계(복식부기)로 나눠지며, 복식부기는 1300년대(14세기) 루카 파치올리(Luca pacioli, 1447~1517)에 의해 고안됐다.

17세기 산업혁명으로 영국에서 제조업 중심의 원가회계가 발전했으며, 수탁책임의 목적으로 회계사(CA) 자격증이 만들어졌다.

대공황(1929. 10. 29(Black Thursday) 발생으로 미국의 자본시장이 패닉 상태에 빠졌는데, 이를 계기로 1933 증권법이 제정되고, 1934년 증권거래법이 제정됐다. 동법에 의거 증권거래위원회(SEC)가 발족하면서 AICPA(미국공인회계사) 제도가 도입됐다.

즉, 신자유주의를 숭상하는 미국에서 공공성(Public)을 담보로 한 CPA 자격을 도입했다. 공공성을 무시하고서는 자유주의가 성립될 수 없었던 까닭이다.

(2) 컴플라이언스(Compliance)란?

컴플라이언스(Compliance)의 개념적 정의

① **컴플라이언스 리스크**(Compliance Risk) **정의** : "외부규제, 규제, 내부 규정/정책 및 고객, 임직원, 사회 등 주요 이해당사자 기대 등의 미준수로 인한 조직 비즈니스, 평판 및 재무적 손실을 가져올 위험"

② 레귤레이션 리스크(Regulation Risk) 정의 : "적용대상 법규 및 규제 등의 미 준수로 인한 법적 제재, 재무적 손실 및 평판 하락 가져올 위험"

③ 컴플라이언스(Compliance) 보다 협의의 개념

레퓨테이션 리스크(Reputation Risk) 정의 : "법적 요인에 한정하지 않고 기업 평판에 영향을 주는 모든 위험"

④ 컴플라이언스(Compliance) / 레귤레이션(Regulation) 보다 광의의 개념

⑤ 브랜드 리스크(Brand Risk) 측정 / 모든 환경 대응 어려움

⑥ e.g. : Media "Feeding Frenzy")

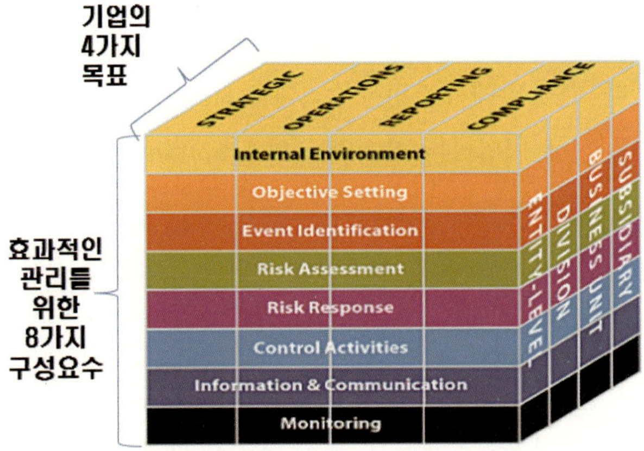

그림 3-19 기업의 목표와 관리를 위한 구성요소

7. 감사에서 포렌식(Forensic)의 활용

(1) 포렌식의 종류 및 의미

① 포렌식 사이언스(Forensic science 법의학) : 사건 및 사고와 관련된 증거물에 대하여 전문인력이 과학적인 실험과 해석을 통하여 수사나 재판 또는 분쟁을 해결하는 분야를 말한다.

② 디지털 포렌식(Digital Forensic) : 컴퓨터 등 디지털 기기에 저장된 문서나 로그 기록 등 자료를 수집하고 복구 · 분석해 수사나 재판에 제출할 증거를 확보하는 분야를 일컫는다.

③ **포렌식 어카운팅**(Forensic Accounting) : 회계 및 재무에 특화된 분야로 회계적 재무적인 분석 및 검토를 통하여 궁극적으로 법정증거를 수집하는 것을 말한다.

부정부패 방지 프레임워크(Framework) 에서는 포렌식을 활용한 감사기법의 3가지는 ▲예방영역 ▲적발영역 ▲대응영역 등이다.

구체적으로 살펴보면 예방영역은 최고 경영진의 의지, 건전한 윤리문화 형성, 부정부패 방지교육, 임직원 스크리닝, 부정위험 관리, 내부통제, 직무순환/강제휴가제도 등이다. 또 적발영역은 내부감사조직, 사후거래 검토, 디지털(Digital)/네트워크 포렌식(Network Forensic), 내 · 외부 제보제도, 암행감찰, 이해관계자에 대한 기업심사(Due diligence)다.

끝으로 대응영역은 내부조사, 징계강화, 손해보험가입 등으로 구성된다.

최근 기업 경영에서 있어 리스크 패러다임이 변화되고 있다. 법만을 준수해 경영하는 준법 경영에서, 이제는 법 준수는 기본이며 사회적 윤리성에 위배되지 않도록 하는 윤리경영이 중요시되고 있는 것이다. 최근에는 이러한 기업의 준법경영 및 윤리경영의 형태에서 더 나아가 사회구성원으로서의 책임과 역할을 완수하고 지속적인 성장을 이루어 내는 '기업의 사회적 책임 지속가능경영' 형태로 변화하고 있다.

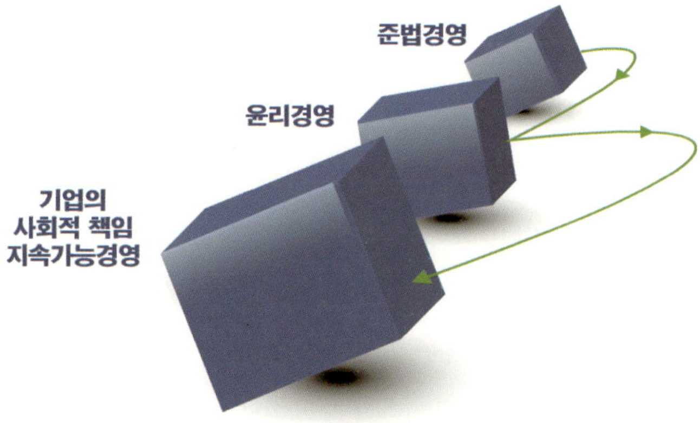

그림 3-20 기업의 사회적 책임 지속가능경영 형태의 변화

8. 부정부패의 발생 원리

(1) 부정부패의 발생원리(부정의 삼각형)

① 동기/압력 : 재무적 어려움, 성과/목표달성 압박, 명품구매, 고급 룸살롱 등의 출입 등 사치성 소비, 카지노 · 경마 · 경륜 등의 사행성 투기, 본인이 남들보다 대우를 못 받고 있다는 편견 등

② 기회 : 서류/돈 접근 가능, 동기를 가진 사람이 부정부패를 할 수 있는 기회를 발견할 때

③ 합리화 : 회사를 위한 일/ 회사로부터 잠시 빌리는 것, 자신의 행동은 사회 및 조직의 관습에 따라 한 것으로 크게 문제되지 않는다, 자신의 기여도에 비해 회사의 처우가 부당하다고 생각하는 것.

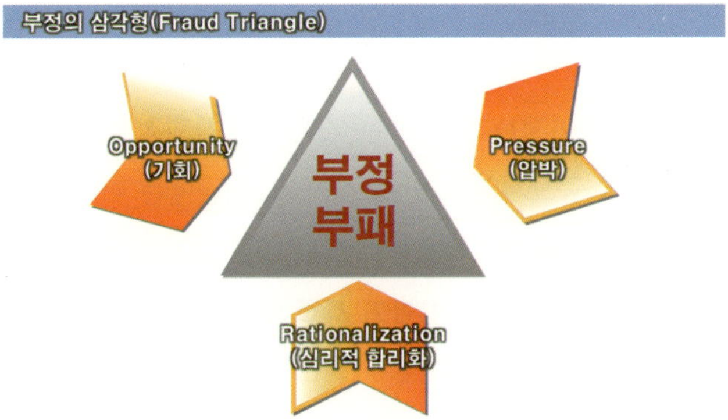

그림 3-21 부정의 삼각형

(2) 부정부패 방지 3대 전략

크게 ▲윤리경영에 대한 비전 수립 ▲부정부패 방지 프레임워크 구축 ▲부정부패 통제정책 수립 등이 있다. 윤리경영 비전을 명확하게 수립해야 한다. 이는 임직원, 고객채권단 등 기업생태계가 함께 공유해야 할 최상의 가치다.

부정부패방지 프레임워크 구축은 예방, 적발, 대응 등 3단계 절차로 구성되며, 3단계 절차에 대해 관리가 필요(평가, 디자인, 이행)하다.

독립적인 부정부패 통제정책을 수립(부정의 정의, 부정위험 관리책임자, 부정예방/적발/대응)해야 한다.

부정부패의 예방을 위한 전술

- 최고 경영진의 의지(최고경영진의 강력한 부저부패 방지 의지 표명)
- 윤리 문화 형성(윤리강령제정, 윤리서약, 설문조사, 담당자 지정 등)
- 부정부패 방지 교육(임직원들의 부정부패 인식 증대를 위한 교육강화)
- 임직원 스크리닝(신입직원 배경조사, 상급/동료/후배 360도 종합평가)
- 직무순환제도/ 강제휴가제도("고인물이 썩는다", 주기적 강제 휴가 후 점검)
- 이임감사(임직원이 그만두거나 부서를 옮길 때 사후감사)
- 내부통제(부정부패 위험 예방을 위한 내부통제시스템 구축)
- 부정부패 위험관리(위험 발생가능성 및 영향을 점수화 후 내부통제 강화)
- 이해관계자에 대한 윤리 강화 및 기업실사(Duo Diligence, 이해관계자 생태계와 윤리경영에 대한 인식 강화)

(3) 부정부패 방지를 위한 부정부패 적발방지 기법

내 · 외부 제보 프로그램과 사후 거래 검토, 네트워크 포렌식, 내부감사를 활용한 기능의 강화, 암행 감찰, 내부조사, 징계강화 및 임직원 부정에 대한 손해보험 가입 등이 있다.

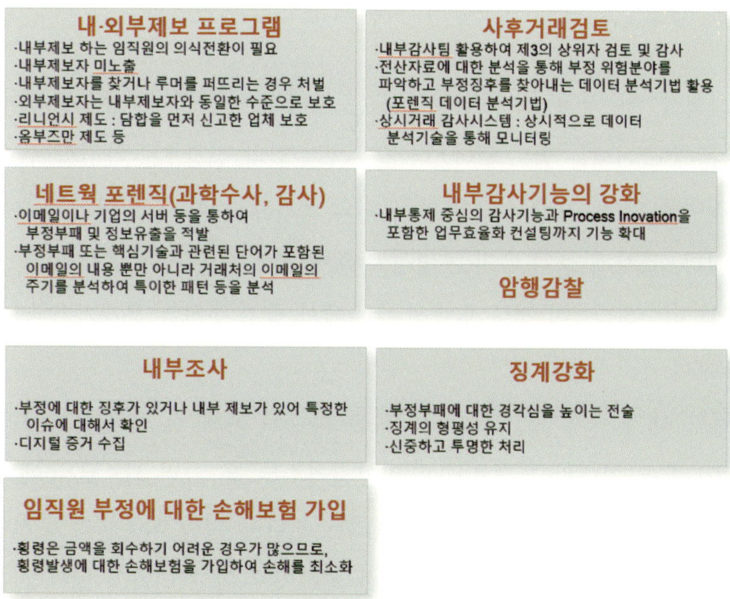

9. 청렴은 어디에서 오는가?

청렴은 성품과 행실이 높고 맑으며 탐욕이 없는 것을 말한다.

그렇다면 청렴교육을 많이 할수록 사람들이 더 청렴해질까? 단언컨대 우리는 교육으로 더 청렴해지는 그런 사람들이 아니다. 청렴하지 않을 때 더욱 큰 이익을 얻을 수 있고, 더 행복할 수 있다면 우리의 본성은 기꺼이 청렴하기를 포기할 수 있기 때문이다.

그렇기 때문에 청렴하지 않은 것은 어쩌면 지극히 자연스러운 것이고, 사회 제도가 우리를 청렴할 수 있도록 규제하는 것이 바람직하다 볼 수 있다. 그렇다면 청렴은 어떻게 만들 수 있을까? 청렴은 오로지 '좋은 내부통제제도'와 '좋은 성과보상 시스템'에서 만들 수 있다.

이재열 서울대 사회학과 교수는 "극단적인 갈등의 뿌리는 불신"이라 하였다. 불신을 불식시키면 신뢰성이 쌓이게 된다. 대한민국은 가난한 평등 사회에서 풍요로운 불평등 사회로 급속하게 이동했다. 그 과정에서 벌어진 가장 뚜렷한 변화가 불신사회다. 민주화를 이룬 뒤에, 오히려 불신은 더 깊어졌다. 한동안 시민단체와 종교 · 언론이 신뢰를 받았지만, 이제는 그것도 사라졌다. 심판에 해당하는 입법 · 사법 · 행정부를 특히 못 믿는다. 제도의 불신이 심각하다.

우리 사회가 민주화로 풀 수 있는 문제는 이미 많이 풀었다. 성장을 더 해서 풀 수 있는 문제도 이제는 별로 없다. 더 많은 민주화와 성장으로 해결할 수 없는 문제들에 직면해 있다. 가장 심각한 게 신뢰의 적자(赤字)다. 그 바탕에는 투명성 문제가 깔렸다. 조사해 보니 우리 투명성 수준이 세계 50위권에 멈춰 있다. 이탈리아, 대만과 비슷하다. 이 정도 투명성 수준에서 풀지 못하는 문제가 '엘리트 카르텔 형 부패'다.

예를 들면 내가 규제자일 때 피규제자를 봐주고 은퇴 뒤 자리를 보장받는 것, 국회의원 도움을 기대하고 그 자식을 취업시켜주는 것, 그런 식으로 눈에 잘 드러나지 않게 저질러지는 부조리들이다. 엘리트 집단에 속한 이들끼리 공적인 규칙이나 정보를 사적으로 유용하는데 뚜렷한 피해자는 잘 드러나지 않는다. 하지만 어디에선가 결국 문제가 노출된다. 위험한 상황에서 규제자가 휘슬(호루라기)을 불지 않았던 세월호 사건도 유사한 사례다. 복지예산은 엄청나게 불어나는데 진짜 필요한 곳으로 가지 않는다. 그것을 눈감아 준다면 어떻게 되겠나. 우리가 지금 이런 엘리트 카르텔형 부패 문제를 풀지 못하는, 딱 그 위치에 갇혀 있다.

남아프리카공화국은 인종차별을 '몽플뢰르 시나리오 콘퍼런스'라는 사회적 합의로 극복했다. 우리보다 훨씬 극단적인 갈등을 풀어냈다. 독일에서는 노조의 지지를 받아 집권한 사민당 정권이 가장 강력한 노동개혁을 단행했다. 그 여파로 슈뢰더가 다음 선거에서 패배했지만, 보수적인 기민당의 메르켈 총리가 적장인 슈뢰더를 모셔 칭송을 아끼지 않았다. 미국에서는 1930~60년대에 70% 이상의 법인세 부과를 보수집단에서 기꺼이 수용했다. 우파가 집권했을 때 재벌개혁을 이루고, 좌파가 집권했을 때 노동개혁을 이루는 나라로 가야 한다. "그래야 미래가 열린다." 고 하였다.

위와 같이 갈등과 불신, 신뢰성 상실도 부패와 투명성이 문제가 되며 결국은 안전과 동전의 양면이라 하는 청렴도와 관련이 된다. 따라서 청렴성이 뒷받침되지 않는 안전문화 수준 향상이나 안전문화 혁명은 상상조차 할 수 없는 것이라 할 수 있다.

10. 3차 방어선으로서의 내부감사 역할

(1) 내부감사의 역할

1차 방어선 : 관리통제, 내부통제 척도

2차 방어선 : 재무통제, 보안, 리스크 관리, 품질, 검사, 컴플라이언스

3차 방어선 : 내부감사

그림 3-22 내부감사의 역할

(2) 부정부패 관련 국내외 법규

① 형법 : 업무상 배임/횡령, 뇌물죄 등 광범위하게 부정부패 처벌

② 상법 : 서울 G20 정상회의에서 채택된 반부패 행동계획에 맞춰 기업의 부패방지에 역점을 둔 상법 개정 추진

③ 부패방지 및 국민권익위원회 설치와 운영에 관한 법률

- 1997년 OECD 뇌물방지협약 통과
- 1998년 국제상거래에 있어서의 외국 공무원에 대한 뇌물 방지

④ 국제투명성기구 부패인식지수 : 10점 만점에 5점대 수준

⑤ 2011년 43위, 2012년 45위, 2013년 46위, 2018년 45위

⑥ 낮은 사회적 투명성으로 해외 투자 유치의 어려움, 기업경쟁력 약화 등 경제발전의 발목잡음에 따라 제정

전 세계적인 사업영역 확장과 각국의 강화된 부패방지법의 제정 및 강력한 법집행 추세에 따라 국내외 자회사 영업과 관련하여 준법 리스크의 발생 위험성이 증가하고 있다.

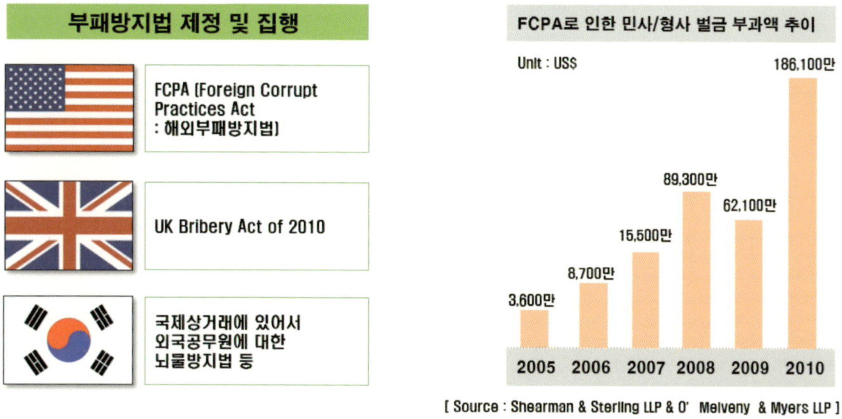

그림 3-23 국가별 부패방지법 제정 및 집행내용과 미국의 벌금 부과액추이

(3) 안전과 감사(청렴)전략

사고로 인해서 재해가 발생하며 재해로 인한 경제적 손실비용을 비롯하여 비리로 인해서 부정부패가 발생한다. 부정부패로 인한 경제적 손실비용은 천문학적이며 거의 비슷한 수준의 경제적 손실비용을 나타내고 있다.

따라서 안전과 감사(청렴)는 동전의 양면과 같으며 안전은 주로 자연과학을 바탕으로, 감사(청렴)는 주로 인문사회과학을 바탕으로 출발하였으니 프랑스 시인 [15]보들레르가 말한 것처럼 재해 · 비리 예방은 통섭으로 융합하여야 한다. 그래야 청렴한 사회로 거듭나 진정한 선진국이 될 수 있다.

① 통섭(統攝, Consilience)은 서로 다른 요소 또는 이론들이 한데 모여 새로운 단위로 거듭남을 의미

② 인문학과 자연과학의 두 부문 간 경계가 존재하지 않은 근대 이전처럼 현재는 새로운 융합기술 문화에 대한 새로운 각도의 이해가 필요한 시점이다.

③ "모든 것이 새롭게 보이는 어린아이의 눈으로 세상을 보라."라고 말한 프랑스 작가 '보들레르.' 그는 "지성을 통해 이루어지는 자연과학과 지혜를 통해 이루어지는 인문사회과학의 동거로 일어날 이 시대의 변화들에 대해 새로운

15 Charles Pierre Baudelaire(1821~1867) : The Flowers of Evil(악의 꽃)프랑스 시인이자 번역작가

눈으로 주목 및 준비할 필요가 있다."라고 하였으며, 이미 150년 전에 보들레르는 통섭(統攝,Consilience)이라는 용어를 사용하였다.

이와 같이 안전과 감사(청렴)의 3대 요소는 뗄레야 뗄 수 없는 불가분의 관계로 감사 분야에서 내부감사인의 전문성 향상을 위한 중요한 이론인 그림 3-24 내부감사인의 지식 구조체(Internal Auditor's Knowledge Structure, 감사인 3대전문성 향상방안)]은 안전 분야에서도 그대로 적용 · 활용하여야 할 것이다.

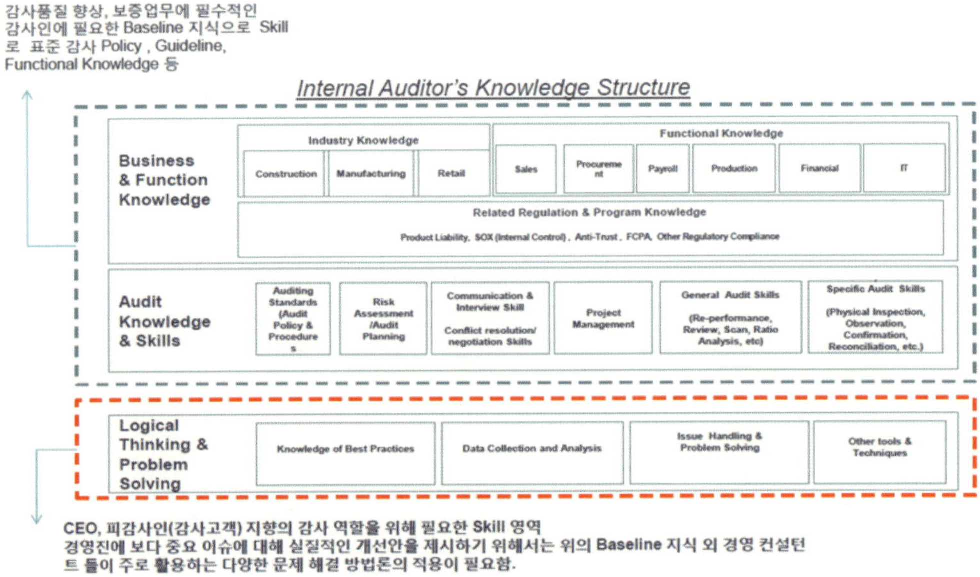

그림 3-24 내부 감사인의 지식 구조체

아울러 안전과 감사를 융합해 보면 다음과 같이 정리할 수 있다.

안전과 감사(청렴) 20계명

1 안전은 사고조사보고서에서 사람의 과오나 한계를 나타내며, 감사는 감사조사보고서에서 사람의 욕심을 표현한 것이다.

2 안전은 자연과학을 바탕으로 한 인문사회과학이며, 감사는 인문사회과학을 바탕으로 한 자연과학이다.

3 안전과 감사의 예방 5대 원칙이 동일하다.

1. 양립 불가 / / 2. 견제와 균형 / / / 3. 책임과 권한 일치
4. 수익자 부담 / 5. 입증책임 전환 원칙

4 부정부패사건(비리)도 하인리히 이론에서 중대재해는 300:29:1과 같은 확률로 발생한 것처럼 대형 비리 사건도 비슷한 확률로 발생할 수 있다.

5 안전문화와 청렴(감사)문화수준은 노동시장 진입전인 교육시장에서부터 형성되어야만 한다.

6 안전문화와 청렴(감사)문화 수준은 노동시장 진입전인 교육시장에서부터 형성되어야만 한다.

7 안전문화와 청렴(감사)문화는 동전의 양면과 같으며 쌍끌이 문화다.

8 안전사고(재해)와 부정부패사건(비리)의 예방을 위해서는 부단한 노력을 하고 있지만,재해와 비리는 계속 발생하고 있다.

- 따라서 안전과 청렴(감사)에 대한 큰 인식전환이 필요하다.
- 조물주가 전지전능(청렴)한 사람으로 인간을 만들었으면 안전(감사)하는 사람은 다 굶어 죽는다.

9 안전과 청렴에 대한 투자가 손실이나 낭비가 아닌 국가와 조직을 미래에도 지속가능하도록 하는 가장 우선순위 투자로 인식하고 발상의 전환을 통한 코페르니쿠스적인 과감한 투자가 선행되어야 한다.

10 결국 재해와 비리의 발생은 경제적 손실뿐만 아니라 국가와 기업 이미지의 추락으로 인해서 경쟁력 상실로 이어지며, 국민 개개인의 소중한 가정과 조직을 붕괴시키는 결과를 가져온다.

11 청렴은 오로지 좋은 내부통제(감사) 제도와 좋은 성과보상 시스템으로 만들어진다.

- 안전은 오로지 좋은 안전관리 제도와 좋은 성과보상 시스템으로 만들어진다.

12 위험을 보는 것이 안전의 시작이다.

- 위험을 보는 것이 감사(청렴)의 시작이다.

13 감사(Internal Control)와 안전보건관리는 예술이다.

- 투자비용(성과, 가치, 이윤)과 통제비용 수준을 어느 정도로 할 것인가? 예술적인 수준

14 성과(목표, 실적, 가치, 이윤) 관리는 가깝고 RISK(통제)관리는 멀다.

15 최고 감사인(CEA)은 이사회, CEO에 무제한 접근권이 있어야 한다.

- 안전보건 책임자는 이사회, CEO에 무제한 접근권이 있어야 한다.
- 최고 감사인은 거버넌스, 리스크 관리, 통제, 컴플라이언스 등 모든 영역에 접근권이 있어야 한다.

16 최고 감사인은 이사회, CEO에 무제한 교육을 하도록 되어 있음(IPPF 규정)

- 안전보건 책임자는 이사회, CEO에 무제한 교육을 하여야 한다.

17 안전은 최신의 전문성을 보유할 때 사업장의 안전수준향상을 이끌 수 있고,

- 감사는 최신의 전문성을 보유할 때 조직의 성과향상을 이끈다.

18 안전이 경영진의 의사결정을 지원할 때 비로서 빛을 발하고,

- 감사도 경영진의 의사결정을 지원하는 수준으로 발전해야 최적화(Optimized)가 된다.

19 산업재해를 예방하기 위해서는 위험요소 발굴, 예방 및 대응이 중요하고,

- 부정부패 방지도 리스크(Risk) 발굴, 예방 및 대응이 중요하다.

20 안전의 도미노에서 한 단계만이라도 작동되면 재해는 발생하지 않고,

- 감사는 1차~3차 방어선 중에서 단 하나만이라도 작동되면 부정은 발생하지 않는다.

제4장

시스템 안전보건경영 (OHSMS)

위험에 기반한 안전관리(RBS), 리스크 엔지니어링(RES) 등 위험 및 효과관리 프로세스 실행계획과 시스템 안전관리 정착으로 시스템 안전보건경영을 완성하는 한편, 인간공학과 Smart 안전(안전 자동화)의 강화로 무재해 운동을 생활화하여 경영목표를 달성하도록 해야 하겠습니다.

제 4 장

시스템 안전보건경영(OHSMS)

1. 위험에 기반한 안전관리 RBS

안전보건 분야를 학문적인 관점에서 논할 때 '노동과학'이라고 부르기도 한다. 노동과학은 공학과 인문사회과학을 융합 또는 통섭(統攝)한 학문이라는 의미를 담고 있다. 쉽게 말해 안전보건을 연구하고 근본적으로 재해를 예방하기 위해서는 기계, 전기, 화공, 토목, 건축, 소방, 간호, 위생 등 특정 분야의 학문과 기술만 익혀서는 안 된다. 기계 · 전기 · 화학 · 건설 · 소방 등 이과적인 영역에서부터, 위생 · 간호 · 병리 등 의학 영역을 비롯하여 심리 · 경영 · 경제 · 역사 등 인문사회 영역에 이르는 폭넓은 지식과 소양을 갖추고 있어야만 체계적으로 안전보건 분야에 접근할 수 있고, 이를 바탕으로 재해 예방이 가능하다.

그러나 이런 융합과 통섭적 인식이 산업발전의 초기부터 자리를 잡고 있었던 것은 아니다. 재래형 재해 예방에 중점을 두었던 예전에는 규제(법적) 기반에 의한 재해 예방사업이 대세였다. 이때는 주로 공학적 관점에 근간을 둔 위험 예지훈련이나 무재해 운동이 주를 이뤘다. 그러다가 산업 간 영역 침범과 융합의 반복 속에 현대사회가 복잡다기한 모습을 갖춰 가면서 안전보건 역시 융합을 통한 진화가 시작됐다.

그리고 그 융합의 대표적인 구현 사례가 바로 '위험(리스크)기반에 의한 안전관리'라고 할 수 있다. '위험 기반 안전관리'는 보는 시각에 따라서 시스템 안전관리 또는 시스템 안전보건경영(OHSMS)이라고도 불린다.

우리보다 산업의 발전이 빠른 일부 선진국에서는 이미 위험(리스크)기반에 의한 안전관리를 하기 시작했다. 선진국의 경우 주로 화학 플랜트 · 원자력 발전 · 반도체 · 철강 · 선박 · 자동차 산업 등을 중심으로 위험기반에 의한 안전관리(RBS)가 발전하고 있다.

위험기반에 의한 안전관리를 제대로 알기 위해서는 리스크 엔지니어링, 인간공학, PSM안전관리, 리질리언스(resilience), BCMs, MDG & SDGs와 ISO와의 관계, ISO45001 경영 시스템 등에 대해 충분한 지식이 있어야 한다. 그러나 이 모든 것을 이해하기에는 내용이 너무나 방대한 것이 사실이다. 따라서 완벽히 인식하기보다는 이 모든 것을 적절히 활용하여 '체계적으로 안전관리'를 하는 것이 '위험(리스크)기반에 의한 안전관리'의 요체라고 할 수 있다.

'위험(리스크)기반에 의한 안전관리'가 완벽히 정착되었다면, 비로소 '궁극적인 재해예방'을 논할 수 있는 단계에 올라섰다고 볼 수 있다.

궁극적인 그리고 항구적인 재해예방의 해법은 이미 나와 있다. 그것은 바로 안전보건문화 수준의 향상이다. 문제는 이 수준 향상이 하루아침에 되는 것이 아니라는 점이다. 앞서 언급한 '법적(규제)기반에 의한 안전관리'와 '위험기반에 의한 안전관리(RBS)'를 제대로 시행하면서 최종적으로 임 · 직원의 태도, 인식, 규범, 사고방식, 관습, 의식 등 전반에 걸쳐 안전을 중심으로 개선해야 한다. 이것이 안전문화 수준 향상을 위한 노력이다. 아울러 이 과정이 '안전보건문화 3단계 발전 이론'이다.

여기서 중요한 점은 '법적(규제)기반에 의한 안전관리'와 '위험기반에 의한 안전관리(RBS)'가 제대로 구축 · 작동되지 않으면 결국 안전보건 문화 수준의 향상도 요원하다는 것이다.

그림 4-1 안전보건문화3단계 발전이론

2. 리스크 엔지니어링

리스크 엔지니어링(Risk Engineering Service)은 크게 3가지로 분류할 수 있다. 첫 번째로는 공정성 안전을 위한 공정위험분석, 신뢰성, 가용성, 유지보수 분석 등이 주가 되는 '공정안전(Process safety)'이 있다. 두 번째로는 '손실방지(Loss Prevention)'가 있다. 이는 화재 · 폭발 위험분석, 피난, 대피, 구조분석, 비상 시스템 생존 가능성 평가, 비상계획 등이 핵심이다. 마지막은 정량 · 정성적 위험성 평가, 사고결과 영향분석 등이 골자인 '위험관리(Risk management)'다. 각각의 세부 항목은 다음과 같다.

(1) 공정 안전Process Safety

- Process Hazard Analysis (공정위험분석)
- Reliability, Abailability & Maintainability Analysis (신뢰성/가용성/유지보수분석)

- Safety Intergrity Level and Layers of Protection Analysis
(안전무결수준 & 방호계층분석기법)
- Dropped Object Assessment(낙하물 평가)
- Acoustic Lnduced Vibraion Analysis (음향유발진동 평가)
- Forensic Engineering (법공학)

(2) 손실방지 Loss Prevention

- Fire and Explosion Rescue Analysis (화재/폭발 위험분석)
- Evacuation, Escape and Rescue Analysis (피난, 대피, 구조분석)
- Emergency Systems Survivability Assessment (비상시스템 생존 가능성 평가)
- Emergency Planning (비상계획)
- Fire & Gas Detector 3D Mapping (화재, 가스감지기 3D Mapping)
- Temporary Refuge Lmpairment Assessment (임시피난처 평가)
- Aging Plant (노후 플랜트 위험관리)
- Firewater Deluge System Reviews (물 분무 설비검토)
- Fire Safety Support for Buildings and Transport (건물 및 교통에 대한 화재안전지원)

(3) 위험관리 Risk Management

- Quantitative Risk Assessment (정량적 위험성 평가)
- Qualitative Risk Assessment (정성적 위험성 평가)
- Risk Assessment (위험성 평가)
- Consequence Analysis(Fire/Explosion/Gas Dispersion/Computational Fluid Dynamics)
(사고결과 영향분석)
- Safety Case Support ((안전사례 지원)
- Safety Management (안전관리)
- Expert Witness (전문가 증언)
- Training (교육)

- Auditing (감사)
- ALARP 데먼스트레이션(Demonstration)

리스크 엔지니어링의 핵심기술이자 중요 요소로는 QRA(Quantitative Risk Analysis, 정량적 위험성평가)라는 선진 위험성평가 기법을 들 수 있는데, 아쉽게도 우리나라에서는 아직 본격적으로 활용되고 있지 않다.

현재 제도상 'QRA를 PSM에 적용한다'라고만 형식적으로 규정되어 있지, 구체적인 지침이나 기준이 없어서 기업에서 자율적으로 활용하고 있는 실정이다. QRA가 본연의 성과물을 내기 위해서는 빠른 시일 내에 제대로 된 절차에 따라 도입 · 보급되어야 할 것으로 보인다.

QRA는 유해화학물질 사용 공정에 대한 사고결과 영향분석(CA:Consequence Analysis) 및 빈도분석(Frequency Analysis)을 통해 허용가능 위험수준을 판단하는 고도의 위험성 평가기법이기도 하다. 특정 위험의 발생확률을 평가할 때는 셧다운(작동 중지 Shutdown), 블로다운(감압 Blowdown), 화재 및 가스탐지/감지기, 비상대피뿐만 아니라 작업자의 반응과 예방 및 통제완화 요인을 복합적으로 고려한다. 그리고 그 피해범위를 등고선(Contour)형태로 나타낸다. 또 QRA는 설계단계에서 정량적인 결과의 도출이 가능하여, 공장 레이아웃트(배열 Lay out) 결정에 근본적인 도움을 주어 선제적인 안전관리를 가능케 한다.

QRA의 제대로 된 도입 및 활용사례로는 대한산업안전협회를 들 수 있다. 협회는 영국 ESR 테크놀로지(기술, Technology)사의 업무협약(MOU)을 통해서 QRA 소프트웨어(software)인 RIFLE를 사용하고 있다. 이를 통해 잠재적인 사건 가능성과 결과를 모두 고려하여 상세한 위험 모델링을 수행하고, 작업자 그룹 · 개인 위험 · 잠재적 생명손실의 관점에서 위험이 고려되는 등 현대 지구상에서 나타난 위험기반에 의한 안전관리를 구현할 수 있는 고도의 전문성과 경험에 의한 사고예방의 효율적 감소대책 마련을 위한 기술기반을 갖추고 있다.

QRA의 효율성, 필요성, 기대효과를 좀 더 자세히 살펴보면 다음과 같이 설명할 수 있다.

① 사고예방의 효율적 감소대책 마련

- 원하지 않는 사고의 발생가능성을 예측하여 리스크(Risk)의 체계적 분석을 통해 대책 우선순위를 정하여 허용 가능 여부를 판단 가능
- 근로자 개인에 대한 위험도 산출이 가능하여 시설에서 가장 위험한 지역을 표시하거나, 가능한 경우 운영시간을 최소화해야 하는 경우에 유용
- 위험지역에서의 근무시간과 근무 패턴 및 순환근무를 고려하여 정량적 위험 도출

② 필요성

- 어떻게든 안전을 측정하거나 수치화할 필요가 있음
- 사고로 인한 사망확률은 여러 요인에 의해 달려 있어 복합적인 분석이 필요하며 관련 리스크(Risk)를 결정할 수 있도록 사고로부터의 위험 해저드(Hazards)를 정량화해야 함
- 공정안전상 받아들이거나 거부할 수 있는 판단기준으로 객관적인 표준확보가 필요
- 공정관리자가 가장 위험한 부분이 어디에서 발생했는지 식별하고, 자원 및 재정을 가장 효율적으로 목표를 삼을 수 있도록 하는 지원 시스템 필요

③ 수행절차

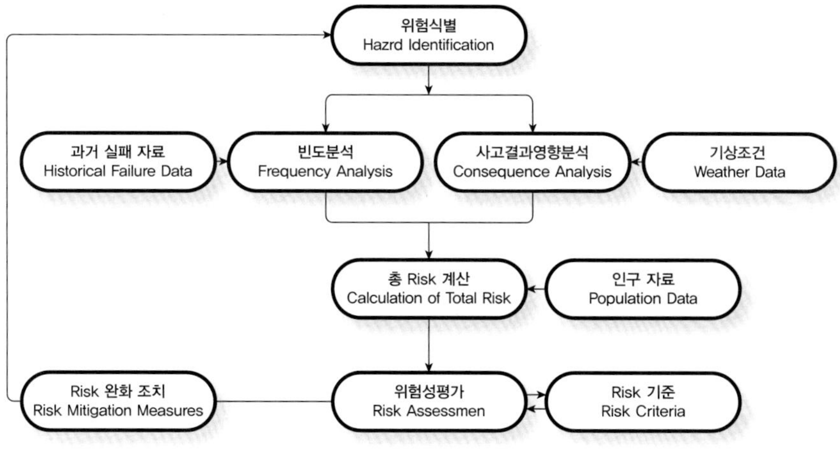

그림 4-2 안전보건문화 3단계 발전이론

④ 기대효과

- 정량화된 결과 기준으로 안전확보 가능한 공장 레이아우트(Lay out) 및 근로자의 최적배치
- 리스크(Risk) 정량평가의 결과를 바탕으로 우선적, 선별적, 안전투자 방안 마련가능
- 리스크(Risk)가 높은 지역에서 가능성을 기반으로 한 근무자 배치 및 시간조율
- 안전하고 건강한 일터 조성으로 조직의 자율적 안전문화 분위기형성

위험성 기반에 의한 안전관리는 QRA의 핵심 기술과 HEMP(Hazards and Effects Management Process, 위험을 효과적으로 관리할 수 있는 체계)를 알아야 적용 · 활용할 수 있다.

3. HEMP(위험 및 효과 관리 프로세스, Hazards and Effects Management Process)

HEMP는 공정에 존재하는 안전/환경/보건에 관련한 위험을 발견 · 평가한 후, 그 위험을 합리적이고 현실적으로 가장 낮은 위험 수준(ALARP)으로 낮추는 구조적인 방법이다. 설계, 건설, 시운전, 운전, 폐기 단계에 존재하는 위험의 근원을 조직적으로 발견하고 평가할 수 있으며, 주로 공정전체 수명주기에 걸쳐 안전/환경/보건에 관련된 위험을 분석하는 데 응용된다.

(1) 역할과 책임

① **프로젝트 책임자 혹은 플랜트 책임자** : HEMP를 적용하여 안전/환경/보건 위험을 관리할 책임이 있으며, 새로운 플랜트의 경우 운전시작 후 12개월 이내에 HEMP 스터디(study)를 시행.

- HEMP결과물을 결재하고 승인
- HEMP 관리인을 지정

② HEMP 관리인

• HEMP 절차서를 확립

• HEMP 스케줄을 확정하고 준수를 확인

• HEMP 진행자를 발견하고 역량을 확인

③ HEMP 진행자

• HEMP 스터디(Study)를 진행하고 보고서를 작성

(2) 훈련

① 기술부서장은 최소한 HEMP 소개 과정을 수료하여야 하며 HEMP에 대한 지식을 습득하여야 한다.

② HEMP 관리인과 진행자는 HEMP 진행자를 위한 교육훈련을 받아야 하며 높은 숙련도를 습득하여야 한다.

(3) HEMP의 적용

① HEMP는 공정수명전체 주기에 대해 적용되며 각 공정주기별로 강조되는 관련위험분야는 '표4-1'에 나와 있다.

② 협력업체가 관련되는 경우에는 HEMP 스터디에 참여해야 한다. HEMP 스터디는 시의적절하게 수행되어서 결과가 재공사 등의 낭비 없이 적용될 수 있도록 하여야 한다.

③ HEMP 스터디는 문서화되어서 중요한 정보와 결정이 투명하고 추적 가능해야 한다. HEMP 스터디에서 발생되는 제안은 모두 기록되고 종결될 때까지 추적할 수 있어야 한다.

④ 제안을 기각하는 결정은 모두 위험이 적절히 감소되었는지를 확인할 수 있도록 평가되고 승인하는 절차를 거쳐야 한다.

⑤ HEMP 스터디는 다음과 같은 직원에 의하여 수행되어야 한다.

• 공정 및 운전에 지식과 경험이 있는 자

• 유지보수, 운전, 설계, 안전/환경/보건 분야의 전문가

⑥ HEMP 스터디 진행자는 훈련을 받은 유경험자여야 한다.

(4) 공정주기별로 강조되는 HEMP 초점분야

표 4-1 공정주기별로 강조되는 HEMP 초점분야

공정 주기	HEMP 초점분야
• 자산의 취득 • 개념설계 • 엔지니어링 • 건설 • 시운전 • 운전개시 • 기획 및 개발	• 안전환경보건 위험 및 지속가능성의 발견 • 안전환경보건 위험 및 사회적 충격에 대한 위험경감대책의 적용; 본질안전형 설계의 적용, 기술의 선택, 입지선정, 인력 배치 및 관리
• 운전(제품생산 및 유지보수)	• 운전 및 유지보수와 관련된 안전환경보건 위험요소 및 지속가능성 문제를 발견 • 안전환경보건 위험 및 사회적 충격에 대한 위험경감대책의 적용; RBI, 유지보수 프로그램, 절차적이고 행정적인 통제
• 폐기	• 위험요소와 위험을 제거하고 최소화 함으로써 발생 가능한 법적 책임을 예방

(5) HEMP 체계

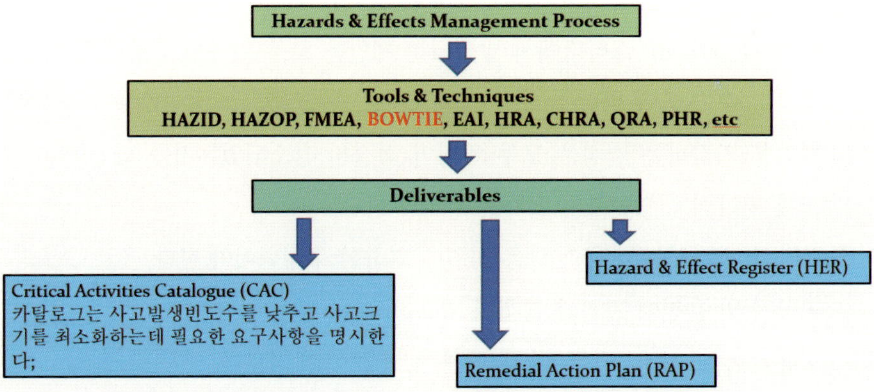

그림 4-3 안전보건문화3단계 발전이론

(6) HEMP 절차

HEMP는 위험을 발견하고 평가하고 제어하며 위험물의 누출로 인한 사고를 복원하는 구조적이고 조직적인 방법이다. HEMP 절차는 '표4-2'에서 설명하고 있다. 4개의 요소, 즉 발견 · 평가 · 제어 및 회복이 HEMP의 기본 요소이다.

(7) HEMP 공정 흐름Process Flow

표 4-2 HEMP 공정 흐름

절차		결과물
위험의 발견	1. 위험요소, 위험 및 최초사건 발견 2. 사고 결과의 예측 3. 사고 영향평가; −PEAR(People-Environment-Assets-Reputation) −최악의 시나리오	프로젝트 매니저, 공장장이 결제하고 승인한다
위험의 평가	4. 위험의 등급 결정 5. 위험의 통제 및 복구 방호벽 6. 현실 가능저위험(ALARP) 증명 −허용가능위험범위 확인 −기준, 표준 및 법적 요구사항 만족 −적용 가능한 제안의 기록 및 감시	HER
위험의 통제, 복구	7. 위험의 통제 및 복구의 완전성 확립 −기존통제방법 −위험한 활동 −위험한 위치 −성능 기준 8. RAP(Remedial Action Plan) 개발 −빠진 방호벽 −ALARP을 성취하기 위해 필요한 활동 −책임 부서 −완성 일자	CAC
	RAP은 연간 HSE Plan에 포함시키고 HER과 CAC는 갱신한다	RAP

(8) 위험요소, 위협, 초기사건의 발견

본 단계[16]에서는 위험요소, 위협 및 초기사건들을 조직적으로 발견한다. 다음 사항과 관련된 모든 위험요소들은 통합된 위험요소 등록부에 고려되고 문서화되어야 한다.

① 주요 사고

② 화학제품

③ 작업장

④ 환경

⑤ 보건

⑥ 정신적/사회적 견해

⑦ 사업장 외부 충격

⑧ 보안

(9) 위험의 결과 평가

① 각각의 위험물 누출 시나리오 혹은 초기사건에 대해서 그 결과가 사람, 환경, 자산 혹은 명성에 미치는 결과나 피해에 대해 예측할 필요가 있다.

② 누출된 물질의 위험은 누출 확률과 잠재적 충격의 크기에 따라 결정된다.

③ 위험물이 서로 다른 초기 사건을 가지고 있다면 각각의 초기사건에 대한 평가가 필요하다.

④ 위험의 크기는 HSE 리스크 평가 매트릭스(Risk Assessment Matrix, RAM)에 따라 측정한다.

⑤ 평가는 모든 방호벽이 무너져서 위험의 크기를 줄이는 효과가 없다고 가정하는 최악의 경우를 가정하여 수행한다.

⑥ 초기사건의 발생 빈도는 역사적 자료에 근거하며 확률은 사용하지 않는다.

---

16 참고서류

The Hazard and Effects checklist; ISO 17776-Petroleum & Natural Gas Industries, Offshore Production Installations-Guidelines on tools and techniques for hazard identification & risk assessment should be used to identify all potential hazards.

⑦ 사고의 발생빈도수를 평가할 때에는 유사한 장소와 회사, 그리고 산업에서 발생하는 사고가 적용된다.

IMPACT		Severity	1 Insignificant	2 Minor	3 Moderate	4 Major	5 Catastrophic
		People	Slight Injury	Minor Injury	Major Injury	Single Fatality	Multiple Fatalities
		Asset	Slight Damage	Minor Damage	Local Damage	Major Damage	Extensive Damage
		Environment	Slight Impact	Minor Impact	Localized Impact	Major Impact	Massive Impact
		Reputation	Slight Impact	Limited Impact	Considerable Impact	Major National Impact	Major International Impact
LIKELIHOOD	E Almost Certain	Happens several times per year at location	E1	E2	E3	E4	E5
	D likely	Happens several times per year in company	D1	D2	D3	D4	D5
	C Possible	Incident has occurred in our company	C1	C2	C3	C4	C5
	B Unlikely	Heard of incident in industry	B1	B2	B3	B4	B5
	A Remotely Likely	Never heard of in industry	A1	A2	A3	A4	A5

Major Risk

그림 4-4 리스크 평가 매트릭스

⑧ 발견된 위험에 대한 위험통제 방법이 평가되어야 한다 (관련 사항을 참조하여 정성적 혹은 정량적 HEMP 스터디를 적용한다)국내 · 외 법규 인정되는 규칙 및 기준 산업의 "업무처리 모범 규준(Best-Practice)"

⑨ 새로운 프로젝트 수행 시나 주요 공정 변경 시 필요하다고 판단되면 HSE와 사회적 영향의 통합평가가 수행되어야 한다. 평가는 잠재적인 인간의 실수를 포함하여야 하며 실수의 빈도와 결과의 영향을 줄이는 방법을 찾아야 한다.

(10) 통제 및 복원

① 주요 위험에 대해서는 보타이(Bowtie) 분석 방법을 통하여 통제 및 복원 방호벽을 발견하여야 한다.

② 주요 위험이란 RAM에서 빨간색 부분(매우 높은 위험; E4, E5, D5), 오렌지색 부분(높은 위험; B5, C5, D4, E3), 그리고 노란색 부분(중간 위험; A5)을 지칭한다.

③ 방호벽이 유효하기 위해서는 효과적이고, 독립적이며, 감사가 가능하여야 한다.

④ 방호벽은 작동하여 사고의 결과가 발생하는 것을 막아 주었을 때 유효하다고 할 수 있다.

⑤ 방호벽에는 센서, 로직(logic), 작동기가 있다 방호벽은 초기사건으로부터 독립적이어야 한다.

⑥ 방호벽이 서로 공통된 고장 형식을 갖고 있다면 이는 독립적이라고는 볼 수 없다.

⑦ 방호벽이 필요 시 올바로 작동할 수 있다는 사실을 입증하는 기록을 가지고 있다면 감사 가능하다고 한다.

⑧ 적합한 방호벽을 결정하기 위해서는 ALARP(As Low As Reasonable practicable, 약자로 '위험의 합리적으로 실행 가능하게 최대한 낮게 해야 한다.'라는 것이다.) 방침을 사용한다.

⑨ 통제와 복구 방법은 제안된 통제의 효과와 실행가능성을 확인할 수 있어야 하며 다음과 같은 통제의 우선 순위를 따라야 한다.

- 제거
- 최소화
- 교환
- 차단
- 공학적 통제
- 행정적 통제
- 절차적 통제
- 개인보호구

⑩ 모든 기존 통제 및 복구 방법에 대한 실행기준이 마련되어야 하며 이 실행기준을 가지고 방호벽의 건전성을 감시하고 유효성을 확인하여야 한다.

⑪ 관련된 HEMP 스터디 결과를 사용하여 비상대응계획을 수립하고 시험하여야 한다.

⑫ 단계적 사고확대는 통제 및 복구 방호벽을 무력화할 수 있다. 안전장치의 바이패스, 트립 세팅의 변경, 비정상 운전 상태, 기후 조건(가스 탐지기의 민감도 변화) 등으로 사고를 확대한다.

⑬ 통제 방호벽과 복구 방호벽이 단계적 사고확대에 의해 위태롭게 되지 않는다는 것을 확인하여야 한다.

⑭ 주요 위험을 제외한 모든 위험에 대해서 적합한 통제 및 복구 방호벽이 적용되어 위험이 ALARP 범위로 관리되고 있다는 것을 OPU(Operational Processing Unit)가 확인하여야 한다.

(11) HEMP 결과물

HEMP 결과물은 모든 프로젝트와 시설에 대해 준비하여야 한다. 공장장이나 프로젝트 매니저는 이들 결과물을 결제하고 승인하여야 한다.

(12) 해저드와 효과 기록(Hazard and Effects Register, HER)

① HER은 발견된 모든 안전/환경/보건 위험요소, 장소, 위협, 초기사건, 사고영향, 위험등급을 포함하는 포괄적인 등록부다.

② HER 양식

표 4-3 해저드와 효과 기록

Hazard #	Hazard	Location	Threats	Top Event	Consequences	Risk Rating P	E	A	R	Controls & Doc	Comments
Use hazard # according to ISO 17776 or the additional hazard list in Appx 4	*Name of identified hazard, according to hazard checklist*	*Location where hazard can be found*	*The threat that can release the hazard and cause the Top Event*	*First event resulting from release of the hazard*	*Impact on P-E-A-R due to release of the hazard*	*The risk rating and colour of the risk rating for P-E-A-R, according to the risk matrix*				*The documents & references where the barriers and other references may be found*	*Any relevant comments*
20.01	H_2S	Crude distillation unit – U2100	Over-pressure of vessels	LOC	• Toxic release & exposure to personnel • Toxic release to environment • Vessel damage	B5	B3	B3	B5	• Bowtie analysis • ALARP study • ERP	
01.01	Crude oil under pressure	Crude distillation unit – U2100	Overfilling of vessel or column	LOC	• Spillage & environmental issue • Vapour release & explosion • Vapour release & fire	B5	B3	B4	B5	• Bowtie analysis • ALARP study • ERP • OSRP • OP	
			O/heating of furnace tubes	LOC	• Furnace damage • Vapour release & fire • Black smoke & environmental issue	B3	C2	C3	C3	• ALARP study • ERP • OSRP • OP	

(13) Critical Activities Catalogue(CAC)

CAC는 다음 사항을 포함하는 포괄적인 목록이며 통제 및 복구 방호벽의 건전성을 유지하는 데 사용된다.

① 하드웨어(Hardware) 혹은 절차서 형태의 통제 및 복구 방호

② 안전/환경/보건의 매우 중요한 활동, 초기사고 및 사고결과를 방지하기 위해 방호벽이 올바로 작동할 수 있다는 것을 확인하는 업무.

③ 안전/환경/보건 상 매우 중요한 장소, 이러한 장소에 대해서는 방호벽의 건전성을 유지하기 위한 기술적 평가가 수행되어야 한다.

④ 성능기준, 방호벽에 요구되는 정성적 혹은 정량적 범위로써 입력자료, 관련 참고자료(유지보수 절차, 장비 시방서, 예정표, 설명서 등).

⑤ 출력물, 매우 중요한 활동 기록(검사 기록, 장비 시험 기록, QA/QC 기록 등).

⑥ CAC 양식

표 4-4 비평적인 활동 목록

	Control & Recovery Barriers			Input	Output	Critical Positions	
	Barriers	Critical Activities	Performance Standards			Positions	Competence
#	*Name of the barrier*	*Critical activities to maintain integrity of the barrier*	*PS to fulfil:* • *Functionality* • *Availability* • *Reliability* • *Survivability* • *Interactions / dependencies*	*References e.g. procedures, data sheet, etc. required to perform the critical activities*	*Evidence e.g. reports, etc. to demonstrate that critical activity has been executed*	*The Level 1 & 2 positions directly responsible to perform the critical activity*	*The specific competence required to perform the critical activity*
1	Pressure relief devices (PRD)	• PRD Adequacy check	• Meeting relief capacity	• PRD contingency analyses and calculation	• PRD adequacy report	• Process engineer • Mechanical technician • Inspector	• PRD auditor with knowledge and skill of PRDs • Fundamental knowledge & skill of PRDs • Skilled in servicing & testing of PRDs • API certified
		• Servicing & testing	• 100% schedule compliance • PRD functioning according to set pressure during periodic test • Leak rate within allowable limits	• PRD test procedure & checklist • SAP test schedule • PRD data sheet	• PRD test report		
		• Bypass control	• PRD bypass managed according to procedure	• PRD Bypass procedure	• Bypass status report		
2	Instrument trip protection loop	• SIL check	• Meeting SIL verification	• HAZOP report • IPF procedure	• IPF report	• Instrument Engineer	• Certified functional safety engineer
		• Servicing & testing of the trip	• 100% schedule compliance	• Data sheet • Instrument trip	• Loop test report		

(14) 보습의 실행계획(Remedial Action Plan, RAP)

① RAP는 HER과 CAC 그리고 ALARP 평가 과정에서 발견된 Gap을 찾아낸다.

② RAP는 연간 안전/환경/보건 계획에 포함한다.

③ RAP 적용경과에 대한 추적은 공식화된 데이터 베이스(Database)를 활용하며 모든 액션 아이템(Action Item)이 적용될 때까지 계속되어야 한다.

④ HER과 CAC는 개선안이 적용되면 갱신되어야 한다.

⑤ RAP 양식

표 4-5 보습의 실행계획

	Reference	Required Action	Priority H/M/L	Responsible Party	Target Completion Date
1	ALARP study report U51.01 dd 02/11/12	Install additional pressure controller on FG line to F5130	H	Instrument Manager Area 1	30 April 2013
		Update related OP to reflect additional pressure controller	M	OPS Manager Area 1	30 Sept 2013
		Carry out training	M	OPS Shift Supervisors Area 1	30 Sept 2013
2	HAZOP report U10.03 dd 25/07/12	Install interlock system to trip crude oil transfer pump when SDV-1007 is shut	H	Instrument Manager Area 5	30 Jan 2013
		Update related OP to reflect additional pressure controller	M	OPS Manager Area 5	30 June 2013
		Carry out training	M	OPS Shift Supervisors Area 5	30 June 2013
3	IPF study report PET 44.01 dd 08/09/12	Review shutdown philosophy for high high and low low level trip for all vessels which can result in front-end shutdown	M	Technology Manager	31 Au gust 2013
4	HRA report HRA/PGB 01.03.12	Implement Mercury Management program	H	OPS Manager Area 1	30 Sept 2012
5	HRA report HRA/MLNG 05.05.12	Carry out noise monitoring due to plant expansion	M	OPS Manager	1 May 2013
6	CAC dated 31.07.12	Develop & implement maintenance programme & schedule according to equipment specification for dust collector	H	Maintenance Manager	31 January 2013

H - implement within 6 months, M – implement within 12 months

(15) 합리적이고 실행가능한 한, 위험도를 낮게 – As Low As Reasonable practicable(ALARP)

각 OPU는 공정에 내재하는 모든 위험이 허용범위 안에 있고 ALARP 범위로 감소시켜 왔다는 것을 확인할 의무가 있다. ALARP 평가의 상세도는 실제 위험 및 인식위험과 상응한다.

평가작업에서는 다음의 원칙을 적용한다.

① 설정된 안전/환경/보건 위험의 허용범위를 초과하지 않는다.

② 매우 중요한 통제가 확인되고 설치(적용)되었으며 유지되고 있다; 보타이(Bowtie) 도표, CAC

③ 법적 요구사항을 준수한다.

④ 공통적이고 일반적인 위험요소에 대해서는 허용위험범위와 ALARP 범위를 규정, 기준 및 법적 요구사항을 준수하고 있다는 것을 보여 주는 것으로 대신할 수 있다.

⑤ 모든 선택사항에 대한 기록을 할 것, 기록은 선택사항에 대한 설명과 함께 이론적 근거를 포함해야 한다.

(16) 위험성 평가도구

HEMP에서 사용될 위험성 평가 도구는 자격 있는 스탭에 의해 상황에 맞게 선택되어야 한다. 위험성 평가 도구는 위험의 종류, 위험의 크기 그리고 위험경감 비용을 고려해 선택되어야 한다. 위험성 평가 도구의 선택은 공정의 수명주기, 활동의 종류, 위험성 평가의 목적에 따라 달라질 수 있다.

4. PSM 안전관리

(1) PSM 안전관리의 도입배경 및 의의

1) 도입 배경

우주 · 항공산업이나 원자력 산업의 위험성은 산업이 시작될 때부터 이미 잘 알려진 상태였으나, 화학물질에 의한 사고 위험성은 사고가 난 후에야 비로소 알려졌다. 유해 · 위험물질의 누출이나 화재 · 폭발 등으로 인한 중대 산업사고는 1940년대 이후 전 세계적으로 선 · 후진국에 관계없이 발생되고 있는 실정이다. 이에 각 국가에서는 다음과 같이 중대 산업사고 예방을 위한 활동을 활발히 전개하고 있다.

① 국제적 동향

유럽연합(EU) 국가들은 1974년 영국 픽스보로(Flixborough) 폭발사고, 1976년 이탈리아 세베소(Seveso)에서 발생한 독성 물질 누출사고를 계기로 중대 산업사고 예방과 피해 감소를 위해 가맹국들이 준수해야 할 최소한의 법적 기준인 세베소 지침을 1982년 채택했다. 이후 1984년 금세기 최대의 산업사고라 일컬어지는 인도 보팔시의 독성 물질 누출사고의 발생을 계기로 EU는 세베소 지침Ⅱ를 채택(1997년)하고, 공정안전관리제도를 한층 강화하여 시행하고 있다.

미국에서는 1985년 환경보호청(EPA)에서 독성 물질 누출사고 예방을 위한 법안을 마련한 후 1989년 10월 휴스턴 소재 필립스사 반응기 폭발사고를 계기로 1992년 산업안전보건청(OSHA)에서 위험물질 취급공장의 안전관리에 관한 공정안전관리제도를 산업안전보건법(CFR 1919.119)에 도입하여 시행하고 있다.

일본은 중대 산업사고 발생 가능성이 가장 큰 석유화학공장의 안전성 확보와 효율적인 법 집행을 위해 1976년 특별법으로 콤비나트 법을 제정하여, 다량의 인화성 물질 또는 고압 가스를 취급하고 있는 지역을 석유화학 콤비나트 특별방재구역으로 지정해 특별관리하고 있다. 이 구역으로 지정되면 인근 주거지역과의 완충지역 설치나 사업장의 방재체계 구축 등을 시행해야 한다.

그 밖에 보팔사고 이후에 여러 국제기구에서는 각자마다의 지침과 중대 산업사고를 예방하고 피해를 최소화하기 위한 기법들을 개발하여 회원국에 보급하는 등 그림 4-3와 같은 여러 가지 활동을 전개하고 있다.

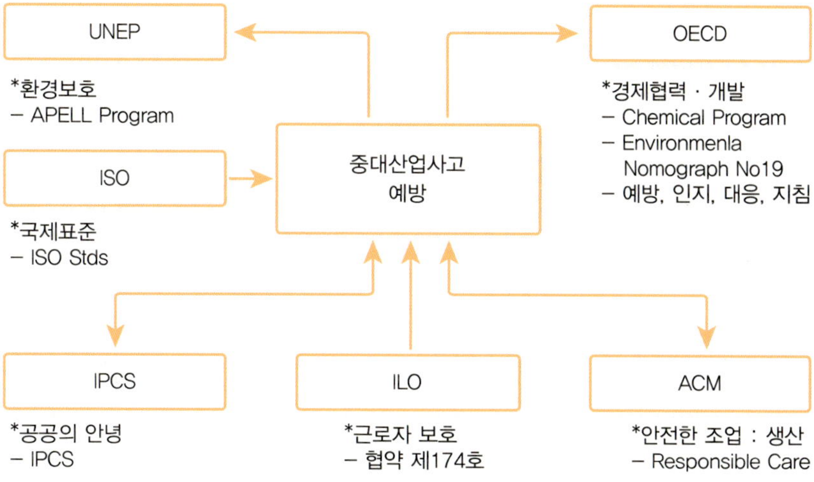

그림 4–5 국제기구의 중대사업사고 예방활동

각 기구별 추진사항을 살펴보면 유엔의 산하기구인 UNEP(United nations environmental program)에서는 화학공장의 사고로부터 공공의 안전과 환경오염을 예방하기 위하여 APELL(Awareness, preparedness for emergency at local level)이라는 안전 프로그램을 개발하여 회원국을 대상으로 이를 보급하고 있다. OECD(Organization economic corporation development)에서도 여러 가지 가이드라인과 지침을 제정하여 회원국 및 비회원국에 지침의 요구사항들을 준수할 것을 촉구하고 있으며, ISO(International standards organization)에서는 품질인증(ISO-9000), 환경인증(ISO-14000)에 이어 안전보건인증(ISO-45001)을 우여곡절 끝에 제정(2018.3)하여 사업장의 안전 · 보건 · 환경에 대한 국제 기준을 적용 · 활용하고 있다.

한편, 국제노동기구에서는 1976년 세베소 사고와 1984년 보팔 사고를 계기로 1985년 화학물질안전 결의안을 채택했다. 이어 1988년 매이저 해저드 컨트롤(Major hazard control) 교본과 1990년 코드 오브 프랙피어스(Code of Practice) 등의 발간을 이사회에서 결정하고, 1992년 제79차 총회에서 1차 토의를 거쳐 1993년 6월에 '중대 산업사고 예방에 관한 협약(제174호)'을 채택한 바 있다.

IPCS(International program chemical safety)에서는 화학물질의 유해 · 위험성으로부터 공공의 안녕을 도모하기 위해 화학물질로 인한 사고예방 프로그램을 추진하고 있으며, 민간단체인 AICM(Asso. International chemical manufacturer's)에서는 리스폰시블 케어(책임이 있는 돌범 Responsible care)라는 프로그램을 가지고 마치 인간이 요람에서부터 무덤에 갈 때까지 사회보장이 되어야 한다는 이론과 같이 화학물질 제조자들은 화학물질을 개발에서부터 제조, 운송, 보관, 사용, 폐기할 때까지 책무(Stewardship)를 갖고 화학물질로 인한 중대 산업사고의 예방과 사고로 인한 인적 · 물적 · 환경적 문제에 대처하자는 운동을 하고 있다.

이러한 안전 · 환경의 문제는 우루과이 라운드 이후에 WTO가 출범하여 이를 중심으로 여러 가지 무역규제가 일어나고 있는데, 앞으로 더욱 더 가속화가 예상된다.

① 국내 현황

1960년대 이후 우리나라의 산업은 중화학공업을 중심으로 크게 발전했다. 각종 공장설비가 대형화되고 복잡해졌으며, 사용하는 화학물질도 다양화됐다. 여기에 유해 · 위험 화학물질의 사용량도 크게 늘어 화재 · 폭발 및 유해 · 위험물질 누출사고 등의 발생 가능성, 즉 잠재적 사고 위험성이 크게 증대되었다.

1991년 군산 임해공단 TDA 누출사고, 1994년 인천 농약원료 제조업체 폭발사고, 1994년 여천공단(현 여수산단) 포스겐 누출사고 등 화학공장에서 대형 사고가 계속적으로 발생되어 근로자 및 인근 주민의 안전을 위협하고 회사경영에까지도 치명적인 타격을 준 바 있다.

따라서 1992년 국제노동기구(ILO)와 공동으로 중대 산업사고 워크숍을 개최하고 1993년부터 1995년까지 제도 도입을 위한 연구 수행 및 해외연수를 통한 전문가 양성에 나섰다. 이어 1993년 중대 산업사고 예방 세미나 개최 및 울산 · 여수석유화학단지에서 공정안전관리와 위험성평가 워크숍 실시 등 제도도입을 위한 홍보도 실시했고, 1995년 「산업안전보건법」에 공정안전 관리제도(PSM)를 도입하여 1996년부터 제도를 시행하고 있다.

2) 도입 의의

① 필요성

현재 국내는 정유 · 석유화학공장 등 대형재해의 잠재 위험성이 있는 화학 관련 사업장이 4개 지역(울산, 여수, 경인, 대산)에 밀집되어 있는데, 이들 공장에 설치된 설비 중 10년 이상 된 설비가 약 60%를 차지할 정도로 노후도가 심각하다. 특히 울산 및 여수 및 대산석화단지에는 40~50여 년이 경과된 노후 대형설비가 집중되어 있어 중대 산업사고가 발생할 잠재 위험성이 크다.

더구나 화학설비 등 주요 위험설비는 유해 · 위험물질을 다량으로 취급할 뿐만 아니라, 공정이 복잡하고 정밀한 장치 및 설비가 자동제어 되는 등 시스템화 · 대형화되어 있어 컨트롤이 쉽지 않다. 특히 이와 같은 설비는 여러 분야의 전문가에 의하여 설계 · 제작 · 운전 · 정비가 이뤄졌기 때문에, 설계자와 제작자 · 운전자 · 정비자 모두가 다르다. 이렇게 다양한 기술이 집약된 화학설비는 그 속에 내재되어 있는 위험요소, 즉 잠재위험요소를 어느 한 분야의 기술자에 의하여 확인 · 평가하여 그 위험을 제거하거나 통제하기가 거의 불가능하다. 따라서 잠재 위험을 찾아 대처하기 위해서는 기술적이고 체계적인 안전관리 방법이 필요하다.

다시 말해, 여러 분야의 기술자들이 함께 모여서 적절한 평가방법 및 도구를 이용하여 위험을 평가함으로써, 무엇이 얼마나 위험하고 무엇이 잘못되면 어떤 사고로 전이되고 어느 정도의 피해가 있을 것인가를 예측하여 그 대책을 마련하여 관리하는 종합안전관리체제가 필수적이다. 이것을 체계적 · 논리적 · 구체적으로 구현한 종합안전관리체제가 바로 공정안전관리제도다. 다만, 이 제도가 보다 효과적으로 운영되기 위해서는 안전전문가와 관련 기술자의 협력은 물론, 경영층의 적극적인 지원과 근로자의 자발적인 참여도 필요하다.

이러한 공정안전관리제도의 효과를 감안할 때 우리나라의 사업장은 중대산업사고 예방을 위하여 이 제도를 조속히 도입, 시행할 필요가 있다. 특히 우리나라는 ILO 협약, WTO 출범 및 OECD 가입 등으로 국제기구들이 규정하고 있는 지침들의 준수가 국제무역장벽의 도구로서 사용되는 국제적 상황을 고려할 때에도 공정안전관리제도의 도입은 적절한 것이라고 할 수 있다.

② 향후 전망 및 과제

앞으로 화학물질의 지속적인 사용 증가와 화학설비의 노후화로 인해 화학사고의 위험성도 높아질 것으로 전망된다. 또 안전 · 환경관련 시민단체 등 NGO의 활동이 활발해지고 있는데다, 주변 유해 · 위험시설의 중대 산업사고 발생에 대하여 우려하는 지역주민들의 공장 이전 및 조업 중단 요구 등도 연일 거세어지고 있다. 게다가 안전하고 쾌적한 작업환경에서 일하는 것이 기본 권리로 인식되고 있다 보니, 근로자들이 작업에 따른 유해 · 위험성에 대한 적절한 정보를 요구할 뿐만 아니라, 보다 적극적으로 위험요인의 측정 · 인지 및 대책 수립에 참여하려는 경향도 보이고 있다.

이와 같은 사회적 변화를 감안할 때, 공정안전관리제도의 도입은 자율안전관리를 바탕으로 우리나라의 안전관리 수준을 한 단계 높일 수 있는 아주 좋은 계기가 될 것으로 보인다. 다만, 자율안전을 위해서는 자율을 실천하려는 측의 자율의지 · 능력과 함께 국가 또는 기업차원에서의 제도적 · 경제적인 지원이 필요하다.

마찬가지로 지역사회 공동체의 일원으로서 주민과 사업장이 공존하기 위해서는 정부, 관련기관, 사업장에서는 보다 정확한 정보를 제공할 수 있는 기반을 구축하여 근로자를 비롯한 국민의 알 권리를 충족시킴으로써 오해나 불신에서 오는 불만을 해소시켜야 한다.

특히, 선진국처럼 HEMP(Hazards and Effects Management Process)의 구조적인 방법에 따른 정량적 안전관리(QRA) 제도가 도입되어 부족한 면을 보완해야 안전/환경/보건/관리 시스템을 선진국처럼 효과적인 방법으로 적용할 수 있는 시스템이 구축되는 것이며, 이때야 비로소 거의 완벽한 관리제도로 자리 잡게 되는 것이다.

(2) 공정안전관리 구성요소

공정안전관리제도의 추진절차는 그림 4-6과 같다.

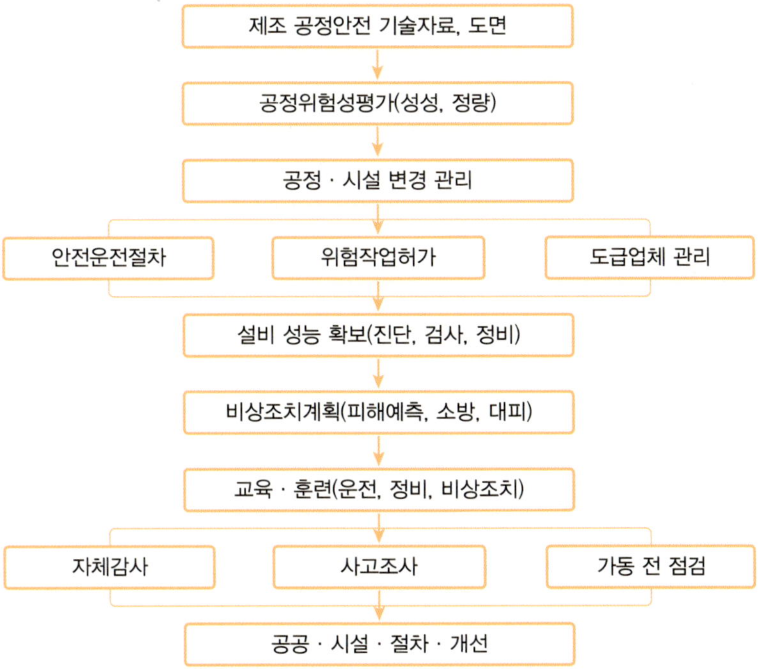

그림 4-6 공정안전관리제도의 추진절차

1) 공정안전자료

공정안전자료는 공정안전관리제도의 수행에 필요한 화학물질, 장치설비, 건축물, 안전 · 환경 등 부대설비에 대한 기초 정보로써, 구성 요소 중 가장 기본이 되는 요소이다. 회사 내에서 공정안전자료의 작성과 유지관리는 매우 중요하다. 동 제도와 공정안전자료의 상호관계는 그림 4-5]에서 확인 가능하다.

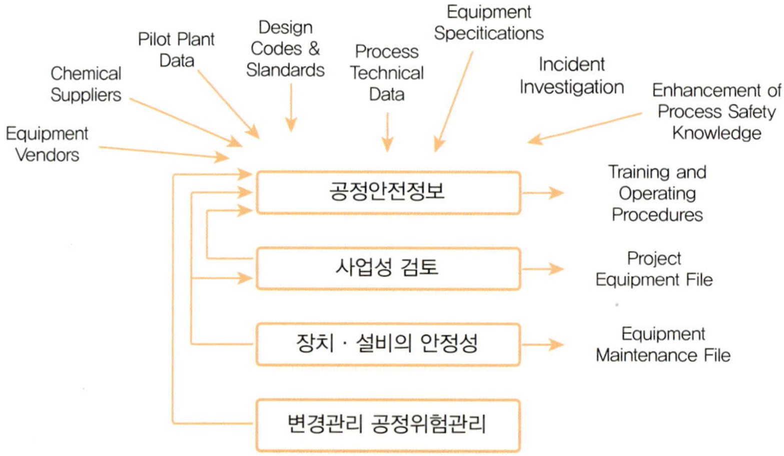

그림 4-7 공정안전자료의 상호관계

2) 공정위험성 평가서

위험성 평가의 목적은 대상 설비가 가지고 있는 위험을 찾아내어 그 위험에 의한 사고의 발생 가능성과 피해의 중대성을 조합한 위험성(RISK)를 최소화하는 것이다. 시행에 들어가서는 발견된 위험성에 대한 대책이 제시 · 개선 되어야 한다.

공정위험성 평가서는 평가 목적, 공정위험 특성, 평가 결과에 따른 잠재위험 종류, 사고빈도 최소화 및 피해 최소화 대책이 포함되어야 한다. 위험성 평가 절차는 공정의 규모, 운전방법, 취급화학물질의 위험도 및 취급량, 신규 · 기존 공정 등에 따라 다소 차이가 있으나 일반적으로 다음 그림 4-8과 같이 표시할 수 있다.

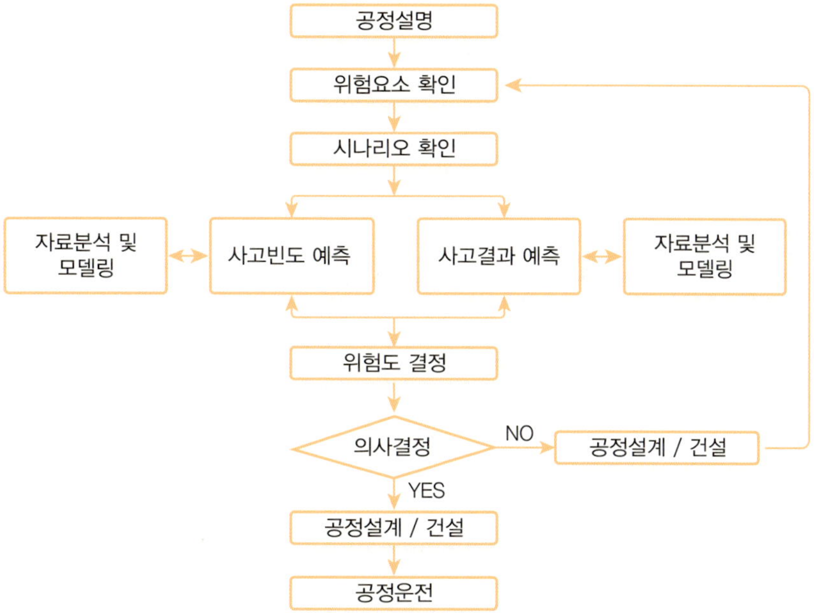

그림 4-8 위험성 평가 절차도

3) 안전운전계획

① 안전운전지침서

– 공정운전 중에 발생할 수 있는 모든 경우에 대비한 운전절차를 규정하는 지침서.

② 설비점검 · 검사와 보수 · 유지계획 및 지침서

– 유해 · 위험설비에 대한 등급화를 통하여 점검, 정비 및 유지관리를 실시하여 효율적으로 설비의 신뢰도를 확보하기 위한 지침서.

③ 안전작업허가

– 유해 · 위험이 잠재된 특정작업에 대하여 사고발생을 최소화하고자 작업허가절차와 작업관리를 규정하는 지침서.

④ 도급업체 안전관리계획

– 사업 또는 공사를 도급한 업체가 고용하고 있는 근로자의 안전보건을 확보하기 위한 계획.

⑤ 근로자 등 교육계획

- 설비의 안전운전, 정비 · 보수 · 유지관리 작업 및 비상조치 등에 대하여 적절한 대응을 할 수 있도록 도급업체를 포함한 사업장 내 모든 근로자의 교육계획서.

⑥ 가동 전 점검지침

- 새로운 설비를 설치, 공정 또는 설비변경을 한 후 설비의 안전운전을 위하여 가동 전 실시하는 점검절차를 규정하는 것.

⑦ 변경요소 관리계획

- 생산량 증가, 품질, 안전 · 환경 개선 등에 의하여 발생하는 변경으로 인한 위험요인을 최소화하고 설비운전의 신뢰성 확보와 사고예방을 도모하고자 절차 등을 규정하는 지침서.

⑧ 자체감사 계획

- 공정안전관리의 각 구성요소가 제대로 실행이 되고 있는지 여부를 확인 · 평가하고 문제점을 보완 · 시행토록 제어기능을 수행하는 절차 등을 규정하는 것.

⑨ 공정사고 조사계획

- 공정사고 및 아차 사고 등에 대한 정확한 원인규명과 대책마련을 통하여 유사사고의 재발을 방지하기 위한 지침서

4) 비상조치계획

사고예방을 위한 노력에도 불구하고 예기치 못한 상황에 의해 사고 발생 시 피해 최소화 대응방안 등을 규정하는 것이다. 목적, 비상사태의 구분, 위험성 및 재해의 파악 분석, 유해 · 위험물질의 성상 조사, 비상조치 계획의 수립 및 검토, 비상대피 계획, 비상사태의 발령, 비상경보의 체계, 비상사태의 종결, 사고조사, 비상조치 위원회의 구성, 비상통제 조직의 기능 및 책무, 장비보유현황 및 비상통제소의 설치, 운전정지 절차, 비상훈련의 실시 및 조정, 주민 홍보계획 등의 내용을 포함한다.

한편, 자율을 바탕으로 기업에서 의지를 갖고 시행하여야 하는 종합안전관리제도라고 할 수 있는 공정안전관리제도(PSM)를 우리나라는 1996년에 도입 · 시행하고 있으나 결정적인 QRA(정량적 위험성평가) 중 재해강도에 의해서만 평가를 하고 재해빈도에 대해서는 적용을 하지 않는 등 제도적으로 결정적인 미흡한 점이 있다. 더구나 로이드나 DNV 등 대형 컨설팅 회사에서는 메이저 화학공장은 반드시 재해보험을 들어야 하기 때문에 재해빈도를 넣어서 평가나 관리를 하지 않으면 안 되기 때문에 재해빈도를 넣어서 이미 관리평가하고 있는 만큼 우리나라도 필수적으로 재해빈도까지 평가하여 시행할 수 있는 제도보완이 시급하다고 할 수 있다.

특히, QRA(정량적 위험성평가)에서 재해빈도가 빠지면 최첨단 안전관리기법이라고 할 수 있는 리스크 엔지니어링이나 HEMP 등 적용이 반감되는 결정적인 문제가 발생한다.

5. 인간공학(Ergonomics, Human factor Engineering)

(1) 인간공학의 정의

① 인간의 안전, 편안함, 만족감을 극대화하고, 일의 효율을 증진시키기 위하여, 공학적인 부분을 설계 · 응용하는 학문.

② 인간의 신체적 · 생리적 · 심리적 특성과 한계를 정성적 또는 정략적으로 측정하여 이를 시스템, 제품, 환경, 설계에 응용하는 학문.

③ 인간공학(Ergonomics)의 "Ergon"은 그리스어원으로 Work(직업)을 뜻하며, "Nomoi"는 Natural Law(자연법칙)을 뜻하는 것을 보아도 이를 쉽게 알 수 있다.

(2) 인간공학의 관점

① 인간공학은 일상생활이나 작업에서의 인간, 제품과 관련된 상호작용과 장비, 설비, 절차, 환경 등에 초점을 맞추고 있다. 특히 인간에 관해서는 일반

공학이 기술적인 부분에 관심을 맞추는 것에 반해, 인간공학은 설계가 인간에 미치는 영향에 대해 강조를 한다.

② 인간공학은 인간이 사용하고 있는 것들을 변화시켜 인간의 능력, 한계, 인간의 요구 등을 향상시키는 데 중점을 둔다.

(3) 인간공학의 목적

① 사용의 편리성을 증대시키고, 오류를 줄이며, 생산성을 향상시키기 위해 일과 활동을 수행하는 효과와 효율을 증진시키는 것이다.

② 안전성의 향상, 피로와 스트레스의 감소, 편리성의 증대, 사용자의 적합성 향상, 작업 만족도 증대, 삶의 질 향상을 포함하는 인간의 바람직한 가치를 증진시키는 것이다.

(4) 인간공학적 접근방법

① 제품의 설계와 관련된 인간의 능력, 한계, 특징, 행동, 동기, 사용하는 절차, 사용하는 환경에 관한 정보를 체계적으로 응용하는 것이다.

② 제품이나 환경에 대한 인간의 반응 및 인간에 대한 정보를 밝혀내는 체계적인 조사방법이다. 이러한 정보는 설계지침을 개발하거나 다양한 설계의 대안을 예측하는 데 기초적인 자료로 사용된다.

(5) 인간공학 관련 학문 분야

① **인간 – 컴퓨터 상호작용**

② **산업안전** : 산업현장에 산재해 있는 재해의 잠재성에 인간의 불안전한 행동이 겹쳐질 때 사고가 발생하며, 이러한 사고가 곧 큰 재해로 이어지기도 한다.

③ **생체역학** : 인체는 골격구조, 근육, 신경계 및 대사과정에 따라 많은 물리적 활동을 수행하고 있으며 생체역학은 이러한 물리적인 움직임의 여러 측면을 다루는 학문이다.

④ **감성공학** : 인간의 감성을 정량적 · 정성적으로 측정하고 과학적으로 분석 · 평가하여 이를 제품이나 환경의 설계에 적극 응용함으로써 보다 편리하고 안락하며, 안전하고 더 나아가서 인간의 삶을 보다 더 쾌적하게 하려는 데 목적이 있다.

⑤ **산업 디자인** : 인간의 본질적인 욕구를 탐구하고, 이를 효율적으로 충족시켜 줄 수 있는 새로운 제품의 창조와 관련되는 이론과 실제적인 응용방법을 연구하는 학문이다.

⑥ **생활과학** : 일상생활에서의 인간공학적인 연구의 토대는 그 근원을 이미 태고로 돌릴 만큼 우리의 역사와 맥을 같이 하고 있는 학문이다.

⑦ **재활공학** : 장애인, 노약자, 신체 부자유자의 신체적 특성을 연구하고 이들에게 필요한 의료기기나 생활용품 등을 인체 특성과 기능에 맞게 설계한다.

⑧ **국방과학 응용** : 군의 인적 · 물적 · 자원에 따른 제 응용분야를 취급하는 학문으로서 인적 자원에 대해서는 인체의 특성에 기반을 둔 군인의 심리적 · 생리적인 인간활동에 대한 연구

(6) 인간공학의 필요성

1) 작업자 측면

① **산업재해 유형의 선진국화** : 산업현장에서 근골격계질환은 산업재해의 가장 큰 부분을 차지하고 있다. 선진국에서는 근골격계질환 환자관리는 물론이고 예방적 관리와 교육훈련을 포함한 인간공학적 프로그램을 개발 적용하고 있다.

② **작업자 실수에 대한 책임 소재** : 선진국에서는 인간 실수의 원인을 전반적인 시스템의 설계원리 차원에서 이해한다. 이에 근거해 풀프루프나 페일세이프 등의 개념을 가지고 인간의 실수로 인해 사고가 발생할 가능성을 원천적으로 봉쇄하는 접근방법을 사용하고 있다.

③ **초 저 재해율의 달성** : 기존의 재해율을 낮추기 위해서는 작업자가 가지고 있던 재해예방을 위한 주의력이나 집중력을 향상시키고, 작업 행위를 정확하게 유지하도록 해야만 한다.

2) 경영자 측면

인간공학은 작업자나 인간공학 전문가만이 현장에서 발생될 수 있는 문제들을 고찰하여 개선하는 것이 아니라 최고 경영층의 관심과 지원이 요구되는 분야이다.

① 생산원가의 절감

② 사고와 의료비용의 절감

③ 설계와 개발의 시간과 비용 절감

3) 사회적 · 윤리적 측면

작업자와 기업주는 사회와 공적인 관계를 유지하고 있으므로 인간공학이나 안전공학이라는 학문을 통해서 보다 과학적이고 정량적인 방법으로 산업재해를 적극적으로 예방함으로써 사회적 · 윤리적으로 안고 있는 문제를 해결할 수 있다.

4) 법적 측면

국내에서는 「산업안전보건법」 제24조와 「산업안전보건기준에 관한 규칙」에 "근골격계부담작업으로 인한 건강장애의 예방"이 규정되어 있다.

6. Smart 안전(FAS, 공장자동화 안전)

본인이 1987년 1월에 일본 연수를 갔을 때 일본열도는 FAS(공장자동화안전)과 VDT(근골격계질환예방)증후군에 대한 안전보건교육으로 열기에 가득차 있는 것 같았다. 우리나라도 그동안 '스마트 공장안전'의 효시라고 할 수 있는 공장 자동화가 꾸준히 진행되어 사람과 로봇 간의 안전이 중요한 이슈로 부각하고 있다.

협동 로봇 설치 작업장이 전국적으로 확대되어 협동 로봇 설치 작업장 안전 인증심사원 양성이 시급하게 되었으며, 현재는 한국로봇산업진흥원이 교육 · 인증을 하고 있으나 협회도 심사원 자격자를 조속히 양성하여 2020년부터는 인증기관으로 지정되도록 노력하고 있다. 한편, 본인이 다음과 같이 추천사를 써서 준

관련 전문서적도 출간이 되어 있다.

"4차 산업혁명의 등장과 함께 전 세계적으로 제조업에 대한 재조명이 이뤄지고 있습니다. 인공지능(AI), 사물인터넷(IoT), 빅데이터, 지능형 로봇 등 4차 산업혁명을 대표하는 신기술들이 정체되어 있던 제조업의 혁신을 폭발적으로 이끌어내고 있는 것입니다. 특히, 이들 기술의 총체적 집약체라고 할 수 있는 '스마트 공장'에 대해서는 글로벌 기업을 중심으로 독일과 미국 등 주요 선진국들이 정부 차원에서 도입과 구축에 적극 나서고 있는 상황입니다.

우리나라도 중소벤처기업부가 2019년 2월 '스마트 공장 보급 · 확산' 계획을 발표하며 제조 혁신에 본격 뛰어들었지만, 스마트 공장의 안정적인 정착과 성장을 뒷받침할 안전기술과 대책도 부족해 기대보다는 우려가 큰 게 사실입니다. 스마트 공장의 구축으로 인해 제조업과 타 업종 간에 또 제조업 내 세부영역 간에 전통적인 경계가 무너지고 있으며, 제조현장의 생산 · 관리 시스템과 구조도 급격히 디지털화되면서 그동안 예측하지 못했던 새로운 유형의 사고가 다발할 위험도 커지고 있습니다.

하지만 우리 사회는 기술의 혁신이 전해줄 달콤한 열매에만 취해 이러한 위험을 간과하고 있습니다. 변화에 맞춰 새로운 기술적 시각으로 스마트 공장에 접근해야 위험으로부터 안전할 수 있음을 우리는 알아야 합니다. 스마트 공장을 구성하고 있는 각 설비와 그 운영 · 작업방법이 자동화와 디지털화에 의한 고도로 집적된 제어기술을 이용할 수밖에 없기에, 이로 인한 스마트 공장에서의 사고를 예방하기 위해서는 안전 관련 제어 시스템에 대한 세밀한 기술적 방안 마련이 필수적입니다.

이러한 상황 속에 자동차의 브레이크 역할을 한다고 할 수 있는 스마트 공장의 안전한 운전과 체계적인 관리를 가능케 하는 기술적 방안이 담긴 전문 서적이 출간되어 무척 다행이라고 생각하며, 한편으로는 고마운 마음이 들기도 합니다.

이 책은 안전 전문가는 물론 산업현장의 설계와 생산기술, 생산 및 공무 등을 담당하는 엔지니어들이 자동화 설비나 공정을 포함한 스마트 공장 전반을 안전하게 운영하여 안전사고를 예방토록 하는 데 상당한 도움을 줄 것이라고 생각합니다. 재해예방을 위해 헌신하는 안전 전문가와 노동자 및 안전경영의 실천에 앞장서는 경영자 그리고 우리나라의 안전문화 수준 향상을 위해 노력하고 계시는 모든 분들에게 이 책을 추천합니다."

7. 무재해 운동

(1) 무재해 운동의 본질

1) 정의

무재해란 근로자에게 상해를 입힐 위험요소가 없는 상태를 말한다. 여기서부터 무재해 운동이 시작되지 않으면 무재해 운동은 일시적인 것에 불과하다.

근로자가 상해를 입지 않는다는 것과 상해를 입을 수 있는 위험요소가 없는 상태라는 말은 근로자가 현장에서 작업으로 인해 재해를 입어서는 안 되며 본래의 건강이 보장되어야 한다는 뜻이다.

2) 무재해 운동의 목적

무재해 운동은 무재해를 궁극의 목표로 하여 일하는 사람 전원이 참여하여 인간중심의 건강하고 쾌적한 직장 분위기를 만드는 실천 활동이다.

3) 무재해의 본질

① 안전관리의 목적과 역할을 이해

② 신뢰경영과 무재해와의 관련성에 대해 이해

③ 경영자가 떠맡아야 할 안전경영 책임이 무엇인가를 알고, 그 책임을 이행할 자세가 필요

④ 경영자가 담당하여야 할 안전직무는 무엇이며 관리감독자를 통해 수행하여야 하는 안전경영 사항은 무엇인지 알아야 하고, 일을 해낼 수 있는 능력이 요구됨.

⑤ 사업장 내의 안전문제를 효율적으로 해결할 수 있는 최선의 안전 경영전략을 수립하고, 이 전략에 따라 체계적 · 합리적으로 안전조치를 추진해 나가야 함

(2) 무재해 운동의 기본이념

① 무재해 운동은 인간존중을 경영지표로 삼아 무재해 운동의 기법을 도입 · 실천할 때 근로자에게까지 그 사상이 깊이 침투하여 안전과 보건을 확보하고 직장을 활성화하여 생산성 증진을 이끌어 내는 것을 목적으로 한다.

② 신뢰와 안전경영의 목적

- 인도주의의 실현
- 손실의 감소
- 근로 의욕의 제고
- 노사 관계의 개선
- 공중 관계의 개선

③ 신뢰경영과 무재해 전략

- 1단계 : 신뢰안전의 위상 정립
- 2단계 : 신뢰안전 경영의 기반조성
- 3단계 : 신뢰안전 경영 수행
- 4단계 : 위험 통제
- 5단계 : 신뢰 속에서 무재해 실현

④ 무재해 운동의 기본이념

- 무의 원칙
- 안전제일의 원칙
- 참여의 원칙

⑤ 무재해 운동 추진의 3기둥

- 최고경영자의 안전경영철학
- 관리감독자의 안전보건에 대한 적극적 추진
- 자율활동의 활발화

(3) 무재해 운동의 추진 기법

무재해 운동의 기법으로는 행동과학적인 기법, 위험예지훈련 기법, H.K.T기법, 사업장 무재해 활동기법 등이 있다.

(4) 무재해 운동의 추진경과

우리나라 무재해 운동의 역사는 1970~80년대 경제성장기에서 시작된다고 볼 수 있다. 고용노동부와 대한산업안전협회는 1979년 9월 국내 처음으로 무재해 운동을 도입 · 추진했다. 그러다가 1987년 안전보건공단이 설립되면서 무재해 운동을 공단에 이관했다. 이후 공단은 1990년대부터 본격적으로 추진하였으나, 무재해 운동이 오히려 산재은폐 문제를 야기하는 등 문제점이 다소 있어 공공기관에서 추진하는 것은 부적절하다는 지적이 많이 제기되어 고용노동부와 안전보건공단은 2018년도부터 무재해 운동사업을 정식으로 폐지하였다.

하지만 대한산업안전협회는 무재해 운동이 확고한 목표 아래 사업장의 자율적인 안전활동을 활성화하는데 상당한 기여를 한다고 보고 2019년 당초 취지대로 순수한 민간재해예방 차원의 사업으로써 사업을 부활시켰다. 현재는 협회 회원의 소속사를 중심으로 민간자율적인 사업으로 활발하게 전개되고 있다.

2018년 정부주관 무재해 운동사업이 정식으로 폐기 되었으나 당초 취지대로 순수한 민간 재해예방사업의 일환으로 안전협회에서 2019년부터 무재해 운동사업을 전개하고 있다.

먼저 무재해 운동과 인연이 깊은 사업장 예를 들어보면 소위 마포 당인리 발전소로 불리웠던 한국중부발전 서울건설본부는 1930년 1호기가 준공된 우리나라 최초의 화력발전소로 '빛의 은혜가 최초로 시작된 곳'이라는 상당한 역사적 가치를 가지고 있으며, 더욱 놀라운 점은 90여 년의 긴 세월 동안 흔들림 없이 본연의 책임을 완수해 왔다. 지금 이 순간에도 서울건설본부는 여의도와 동부이촌동, 마포, 반포 일대 주민들이 윤택한 삶을 누릴 수 있도록 공헌하는 중대한 역할을 수행하고 있으며 우리 협회 임직원들은 이와 같은 서울건설본부와 40여 년 전 인연을 맺고 오랜 시간 상호협력하며 함께 사업장 안전 및 지역 안전을 지켰다. 또 협회가 지난 7월 '무재해 목표관리 사업'을 오랜만에 재개하여 처음 시행한 이후 탄생한 첫 인증 사업장이기에 더욱 보람을 느끼고 있으며, 이번 사례가 타 사업장에게 안전관리 우수현장으로서의 본보기이자 긍정적인 자극제가 될 것이라는 기대에 있다.

아울러 한국중부발전 서울건설본부가 현재 세계 최초로 도심지하에 800메가와트급 대규모 복합화력발전소를 건설하며, 우리나라의 대표 랜드마크로 도약할 날을 고대하고 있는 것으로 알고 있다. 협회는 한국중부발전 서울건설본부가 그 원대한 포부를 실현시키는 데 있어 조금의 빈틈도 발생하지 않도록 반백년의 안전 노하우를 아낌없이 지원할 것을 약속하였다.

나아가 빛나는 미래로 향하는 여정에서 무재해 29배수에서 30배수를 넘어 그 이후까지의 열매도 차근차근 맺어 갈 수 있도록 체계적으로 도울 것이다. 다시 한번 현재까지 '국내기관 중 최장기간 무재해 달성'을 하고 있는 한국중부발전 서울건설본부의 무재해 28배수 달성을 진심으로 축하하며, 존경과 격려의 마음을 담아 박수를 보낸다.

8. 위험예지훈련

(1) 위험예지훈련이란?

사업장 생산 제일선 현장의 소집단이 팀워크를 이루어 진행하는 훈련으로 조장과 반장 및 직장이 리더가 되어 작업개시 전, 현장도착 시, 작업개시 시, 작업종료 시 등에 안전보건에 관한 짧은 미팅을 실시하는 게 핵심이다. 미팅을 통해 잠재 위험요소를 발견하고 문제해결능력을 키우는 것이 목적으로, 1980년대 '4%

재해율 감소'를 위하여 일본으로부터 도입했는데, 당초 예상을 넘어 '1% 미만 재해율 감소'의 성과를 거두었다.

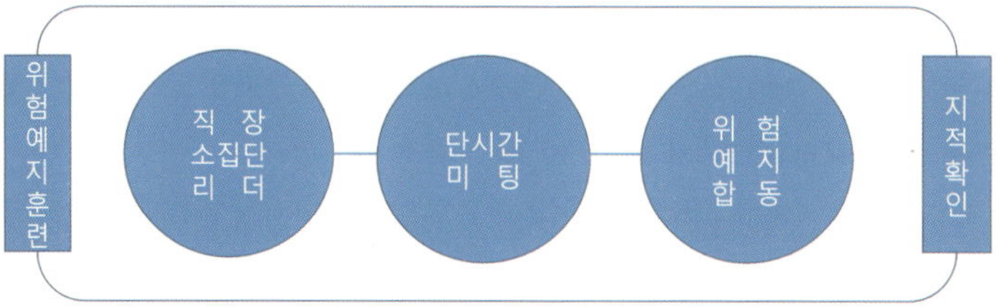

(2) 위험예지훈련의 목적과 성과

① 감수성을 예민하게 한다.

② 집중력을 높인다

③ 실천의 의욕을 강하게 한다

④ 직장 풍토의 조성

(3) 위험예지훈련 4라운드 기법

위험예지훈련 4라운드 기법은 팀을 5~7명으로 구성한 후 본심의 대화로서 문제해결 4라운드를 적용하여 실시하는 위험예지훈련을 말한다. 위험예지활동을 전원이 빨리 올바르게 할 수 있는 능력을 향상시키는 가장 기본적인 훈련기법이다.

① **도입** : 정열, 인사, 확인

② **현상파악** : 어떤 위험이 잠재하고 있는가?

③ **본질추구** : 이것이 위험 포인트다.

④ **대책수립** : 당신이라면 어떻게 하겠는가?

⑤ **목표설정** : 우리들은 이렇게 하자.

(4) 지적 확인

작업행동의 요소요소에는 위험하기도 하고 실수를 범하기도 하는 포인트가 있다. 이때 오판단, 오조작, 오작업에 의한 사고를 방지하기 위해 확인이 필요한 동작과

물적 상태를 파악하여 손가락으로 대상을 가리키면서 큰소리로 "~좋아"라고 외침으로써 그 안전성과 정확성을 확인하는 행위

(5) 위험예지훈련 도입 배경 및 향후 전망

대한산업안전협회 13 · 14대 회장을 역임한 김숙현 회장은 일본에서 유학을 한 경험이 있는데, 당시 쌓은 나까소네 전 수상 등 일본 유력인사들과의 관계를 활용하여 1980년대에 국내 처음으로 위험예지훈련을 협회에 도입했다. 이후 전국적으로 위험예지훈련대회를 개최하는 등 활발하게 적용 보급하였으며 현재도 재해예방사업에 일부 적용 · 활용 중이다.

9. 시스템 안전관리

(1) 시스템 안전관리의 문제점

1) 시스템 안전의 고민

① 충분히 안전하지 않지만 더 이상 안전해질 수 없다.

② 안전노력이 사고 예방이 아니라 사고 처리로 끌려 다닌다.

③ 안전을 위한 모든 일을 하지만 사고는 늘 의표를 찌르고 일어난다.

④ 안전 향상을 하자니 오만 가지 중 어디를 손봐야 할지 알 수 없다.

⑤ 현상으로부터 배우기엔 사고가 너무 적고 그나마 모두 다르다.

⑥ 휴먼 에러를 더 이상 줄일 수 없다.

⑦ 일벌백계를 실시하나 효과는 없다.

⑧ 현장의 피상적 대비는 하나 조직 자체가 안전능력이 있다고 할 수 없다.

⑨ 안전을 기술로만 보고 경영의 힘이 뒷받침되지 않는다.

⑩ 최고경영자의 의지는 있으나 무엇에 힘을 써야 할지 알 수 없다.

2) 패러다임의 탈출

① 휴먼 에러가 문제의 원인이다 → 휴먼 에러는 문제의 결과이다

② 잘잘못이 알고 보니 자명하다 → 하인드 사이트에 대한 경고

③ 인과를 따져 원인을 찾다 → 선형적 인과는 편리한 미신

④ 성공한 요소와 실패한 요소 → 이분법과 환원주의의 함정

⑤ 실패의 구조를 이해하자 → 실패와 성공이 다른 과정이 아니다

⑥ 사고가 없는 것이 안전이다 → 안전해야 사고가 안 난다

3) 휴먼 에러Human Error

① 휴먼 에러로 인한 사고율

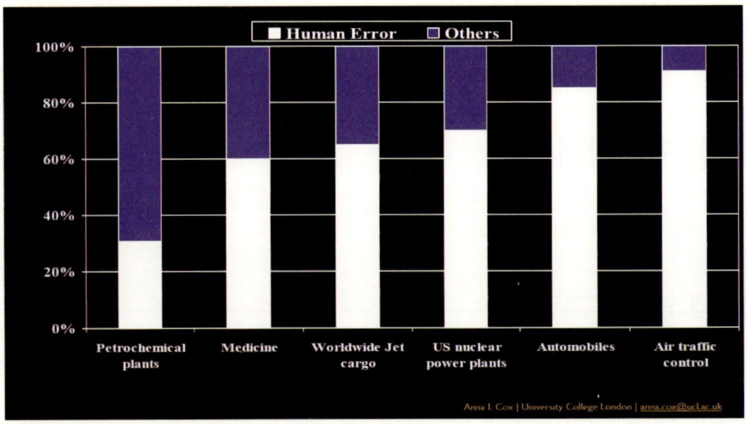

② 항공 사고(휴먼 에러 : 70+%)

테네리페(Tenerife) 공항사고 1977.3.27

Accident summary	
Date	March 27, 1977
Summary	Runway collision
Site	Los Rodeos Airport (now Tenerife-North Airport) Tenerife, Canary Islands, Spain
Total fatalities	583
Total injuries (non-fatal)	61
Total survivors	61 (all were on board Pan Am Flight 1736)
First aircraft	
Type	Boeing 747-206B
Name	*Rijn* ("Rhine")
Operator	KLM Royal Dutch Airlines
Second aircraft	
Type	Boeing 747-121
Name	*Clipper Victor*
Operator	Pan American World Airways

https://en.wikipedia.org/wiki/Tenerife_airport_disaster

③ 선박 사고(휴먼 에러 : 70+%)

Costa Concordia disaster

Date	13 January 2012
Location	Off Isola del Giglio, Tuscany, Italy, Mediterranean Sea
Type	Ship grounding
Cause	Struck a rock while deviating from planned course
Participants	4,252[1] (3,206 passengers; 1,023 crew and personnel)[2]
Deaths	33 (32 passengers and crew, 1 salvage member)
Non-fatal injuries	64

https://en.wikipedia.org/wiki/Costa_Concordia_disaster

④ 왜 사고는 늘 휴먼 에러인가?

- 50~80% 사고가 휴먼 에러
- 사람이 시스템의 가장 약한 요소니까?
- 사람이 가장 어려운 곳을 맡았으니까?
- 사람이 최종 보루이니까? (골기퍼)

- 50~80% 사고가 휴먼에러
- 사람이 시스템의 가장 약한 요소니까?
- 사람이 가장 어려운 곳을 맡았으니까?
- 사람이 최종보루이니까? (골키퍼)

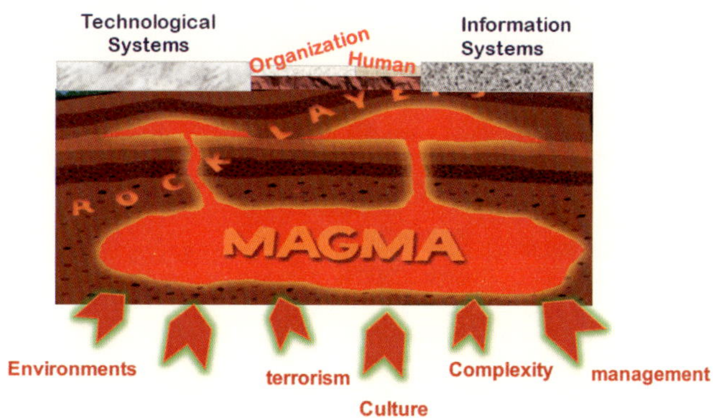

⑤ 인적 실수에 대한 전형적 생각

- 사고의 원인이다.
- 사고는 생명을 위협하는, 평소에는 없는, 특별히 나쁜 일이다.
- 나쁜 일을 일으킨 원인은 나쁜 것이다.
- 그 원인이 사람의 실수라고? 실수는 나쁜 것이다.
- 나쁜 일을 한 사람은 제재를 받아야 한다. 그것이 정의다.
- 그러면 나쁜 사람들은 그런 나쁜 일은 하려고 하지 않을 것이다.

틀린 전제 : 안 나쁜 일이 나쁜 일의 원인이 되는 적은 없을까?

사람들은 실수를 하지 않으려고 하면 실수를 하지 않을 것이다?

⑥ 인지적 직무수행 능력

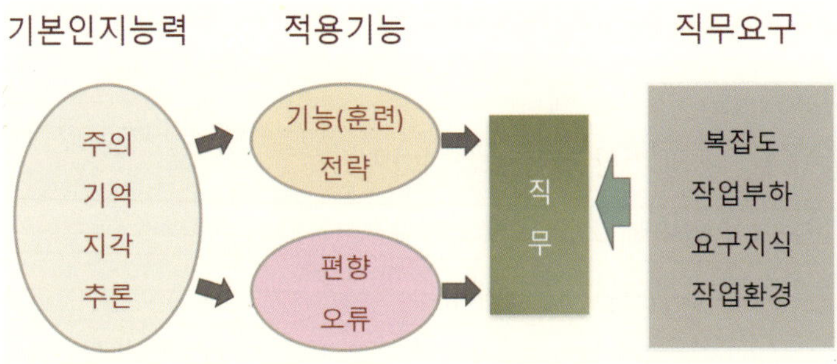

⑦ 편향 – 생각의 습관

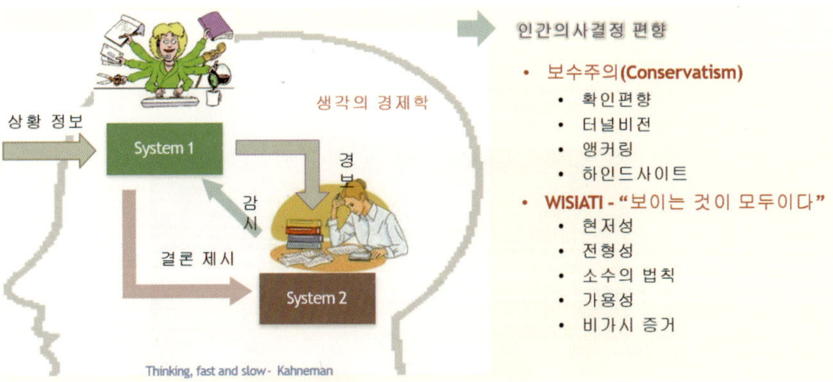

⑧ 휴먼 에러를 일으키는 인지적 한계들

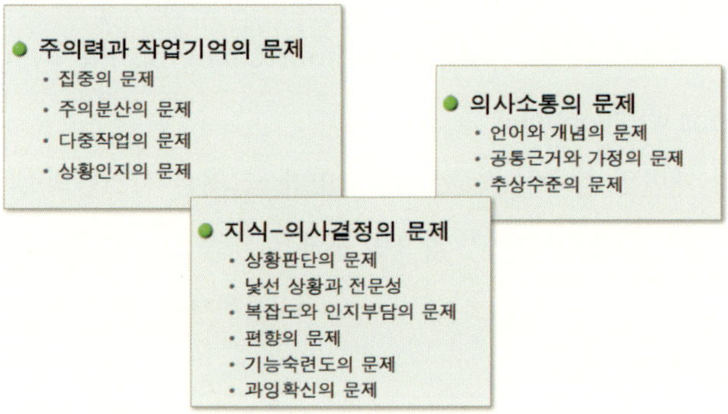

⑨ 휴먼 에러 : 잘못인가 부조화(Mismatch)인가?

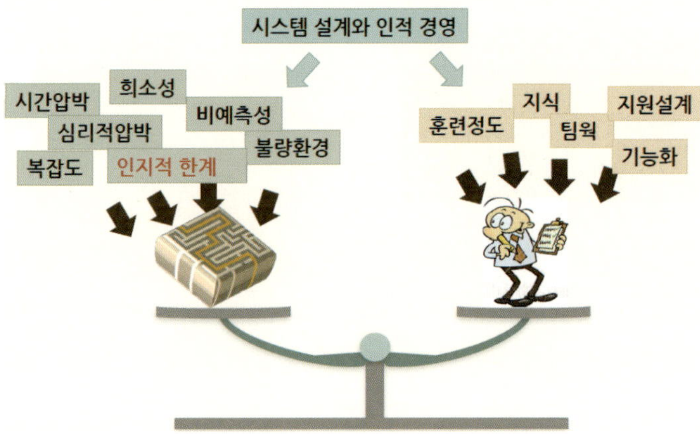

⑩ 휴먼 에러의 미신과 교정

• 휴먼 에러는 문제의 원인이다 → 문제의 증상이다
• 휴먼 에러는 개인의 문제이다 → 시스템의 문제이다
• 휴먼 에러는 조심하면 피할 수 있다 → 실수는 이미 초저확률
• 실수는 나쁜 행동이다 → 정말 나쁜 행동이었을까?(하인드사이트)
• 실수는 처벌하면 줄어든다 → 수건 돌리기
• 휴먼 에러는 결국 피할 수 없다 → 안전해야 사고가 안 난다

⑪ 시스템인가 개인인가

- The problm is seldom the fault of an individual; it is the fault of the system. Change the people without changing the system and the problems will continue.

"문제가 개인의 잘못인 경우는 거의 없다. 그것은 시스템의 잘못이다. 사람은 바꾸고 시스템은 바꾸지 않으면 문제는 계속 일어날 것이다."

– Don Noman, The Design of Everyday Things

(2) 사고의 심층이해

1) 미달형 사고분석

"아이들은 포지션을 줘도 공만 보고 몰려다닌다."

- 명백한 잘못을 보면 집중한다.
- 평소에 의심하던 것을 의심한다.
- 의심에 맞는 증거를 수집한다.
- 눈에 띄는 증거의 증거력을 과신한다.
- 충분한 설명이 되었다면서 다른 면을 안 본다.
- '우연'과 '명백한 잘못'을 찾았으니 재발하지 않는다고 안심한다.

2) 하인드사이트Hindsight의 교정

- 지나간 일에는 갑자기 명료한 판단을 할 수 있는 것으로 느낀다.
- 다시 하면 누구도 그렇게 할 리가 없다고 판단한다.
- 결과의 역투사 이해 → 설명=증명?
- 사고는 정상 상태에서 시작되었다.
- 사고 전에 무엇이 일어나고 있었는가?

- 왜 그렇게 해도 된다고 생각하였을까?
- 이해하지 못하면 고치지도 못한다.
- 나라도 그럴 수 있었다. =이해

3) 사고과정 모형론의 진화

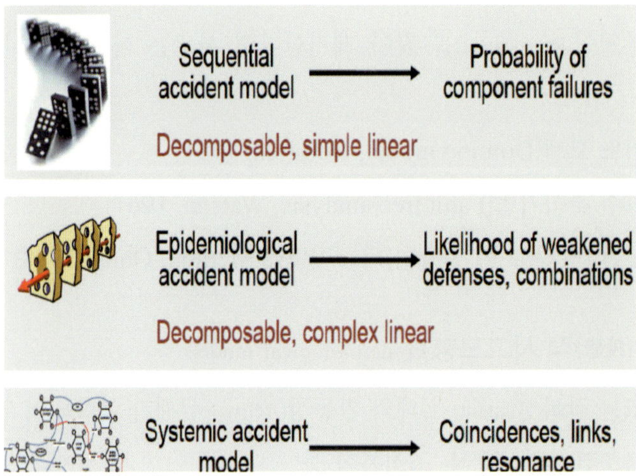

Erik Hollnagel 2006

4) 안전-사고의 패러다임 전환

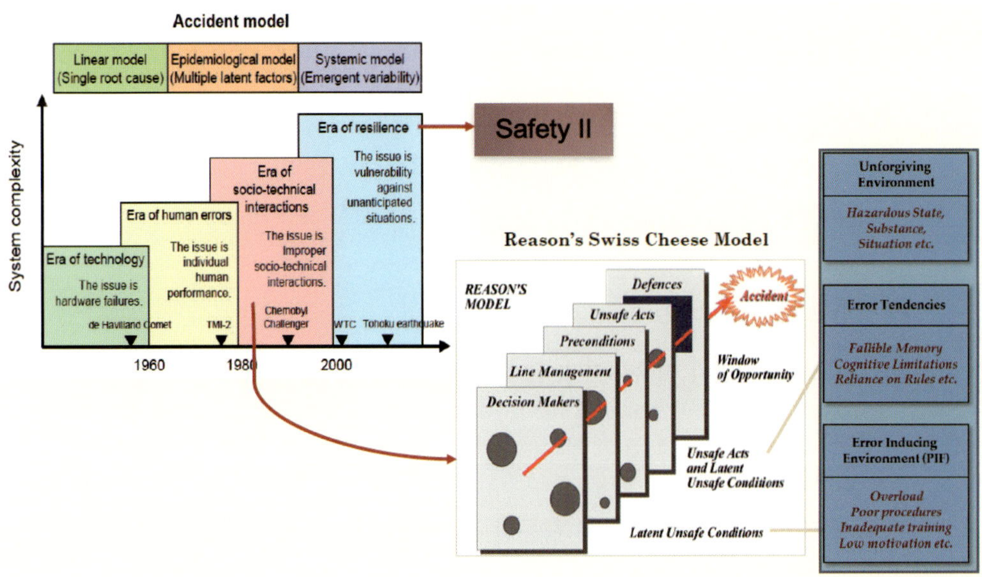

5) 순차적 사고모형

- 이벤트가 순차적으로 파급되어 사고가 발생한다고 봄
- 가정 : 어떤 안 좋은 사건(Root cause)이 일련의 문제를 시작시킴.
- 사고는 이 Root cause의 결과로 봄.
- 그 사이의 인과관계는 선형적이며 결정론적임.
- 근본원인(Root cause)를 찾아 제거한다면 사고는 다시 일어나지 않을 것이다.
- 도미노 모델(Domino model, Heinrich, 1931)
- 결함수 분석기법(Fault tree analysis, Watson, 1961)
- 다섯번 '왜'라고 묻기 방법(Five Whys Method, Ohno, 1988)

6) 역학(疫學)적 사고모형 Epidemiological models

- 사고는 잠복성(latent) 실패와 활동성(Active) 실패가 복합되어 일어난다고 봄
- 잠복조건 : 관리방식, 조직문화 등
- 조직요인 → 현장조건 → 개인수행조건 → (Active) 불안행동 (에러와 위반)
- 실수(?)는 이미 그때 일어난 것이다.
- 잠복성 실패는 활동성 실패와 결합될 때 드러남.
- 사고유발과정에 아직도 직선적(linear)인 방향성 가장.
- 사회-기술적 시스템 사고의 복잡성을 설명하기 어려움.
- 스위스 치즈 모델(Swiss Cheese model, Reason, 1990)
- HFACS(Wiegmann and Shappell, 2003)

7) 시스템적 사고 모형

① 사고 : 시스템의 예측하지 못한 행동 ← 부분기능 간의 제어되지 못한 상호작용

② 현상과 필요성

- 국지적으로 볼 때 괜찮은 행동이 전체 시스템에는 불안전한 결과

- 근본원인(Root cause) 제거가 사고의 재발을 막지 못함.
- 전체 시스템의 안전 약점을 찾는 전체론적(wholistic) 접근이 필요
  - 사고 발생 과정에 대한 심층적 이해가 가능.
  - 분석에 지식과 노력, 시간이 많이 요구됨.
  - STAMP(Leveson, 2004)
  - FRAM(Watson, 2004)
  - 애시맵(Accimap, Ohno, 1997)

8) 변동성, 공명, 한계초과 → 시스템 실패

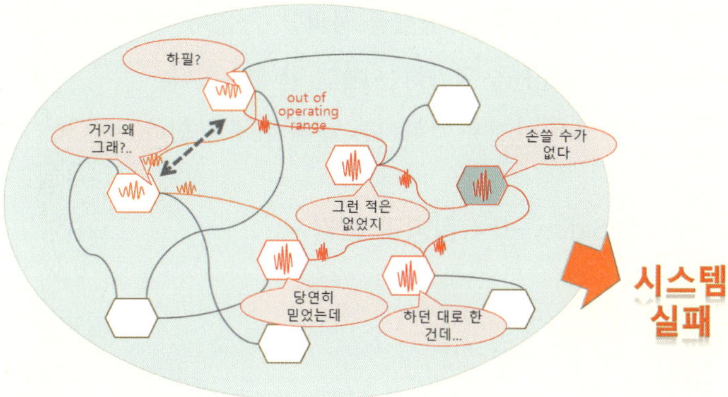

(3) 거꾸로 보던 안전 바로잡기

1) 네거티브적 안전 관점의 반성

① 안전의 중요성은 사고에서 시작되었다.

② 안전에 대한 인식은 지난 100년 간 네거티브 필름

안전 = −사고

안전 = 1−사고율?

안전 = 안전

- Cf. 병이 없는 사람은 똑같이 건강한가?
- Cf. 병을 없애는 방법과 건강해지는 방법이 같을까?

• Cf. 불행한 사건이 없으면 행복하다고 할 수 있는가?

2) 안전 = 사고 없음?

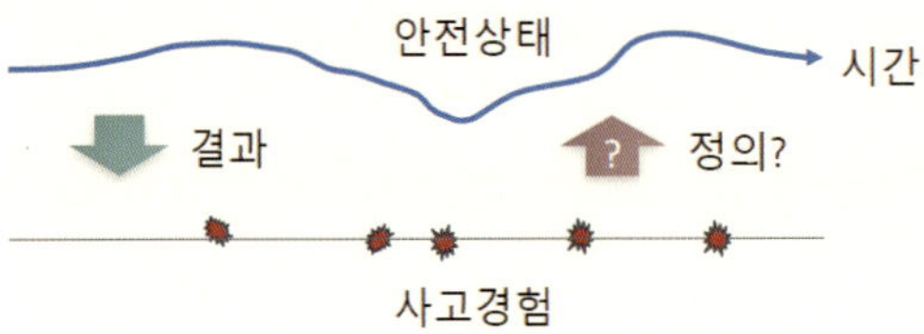

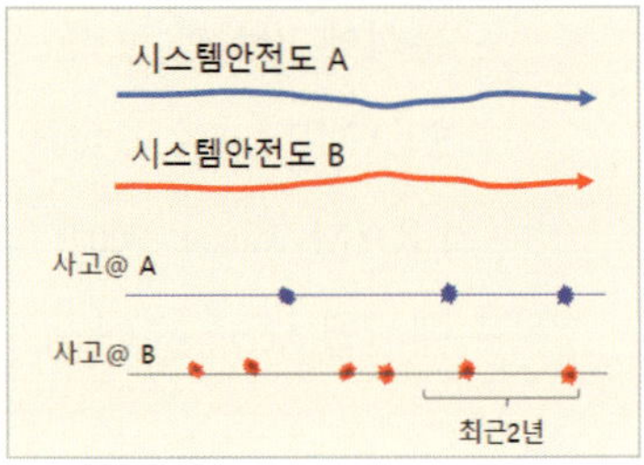

• (부정적) 이벤트는 상태에서 비롯된다.

• 거꾸로, 부정적 이벤트로 상태를 정의할 수 없다.

• 희소한 사고로 안전을 평가하는 데엔 한계가 있다.

• 사고로 반응하여 안전을 강화하는 데엔 한계가 있다.

3) Safety-I과 Safety-II : 질병과 건강

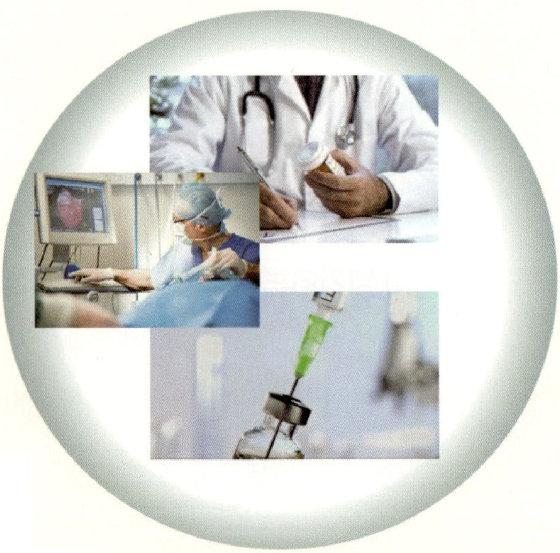

(4) 흑백 이분법과 현실직시

1) 조직행동의 제약방향

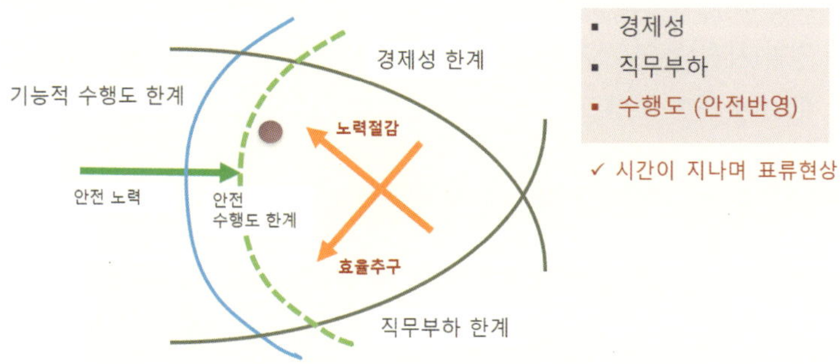

2) Efficiency–Thoroughness Trade–Off

Thoroughness: 안전	Efficiency: 효율
상황 파악 선택과 계획	계획 시행 행동 수행
안전을 과잉 지향하면 실제 실행을 할 시간 부족	효율을 과잉 지향하면 행동 수행에 준비 문제나 오류 발생

- 사람들은 동시에 안전하고 효율적이기를 기대하지만
- 시간과 자원은 제한되어 있음
- 사고 시엔 결과주의적으로 문제와 비문제로 구분

3) 실제상황 Work-as-done

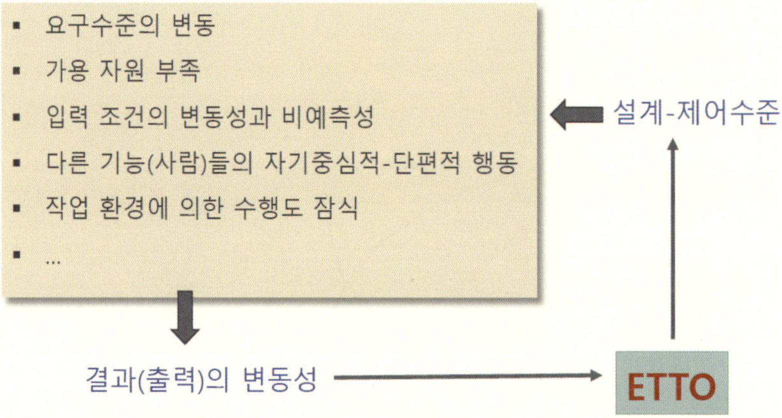

4) 이분법과 인과관계 명료함

① 사고 과정 – 간병함

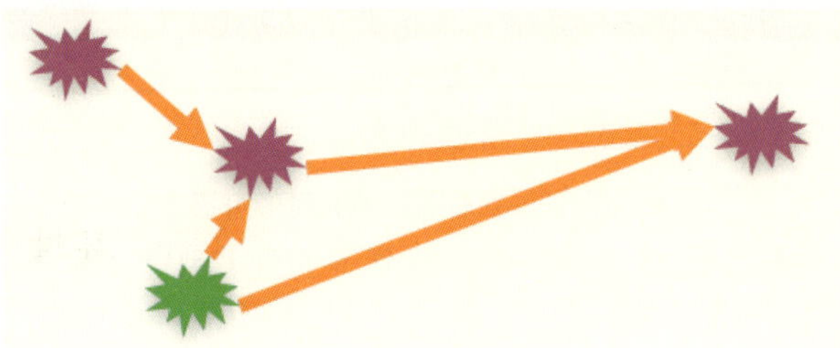

② 원인 추적 – 쉬움

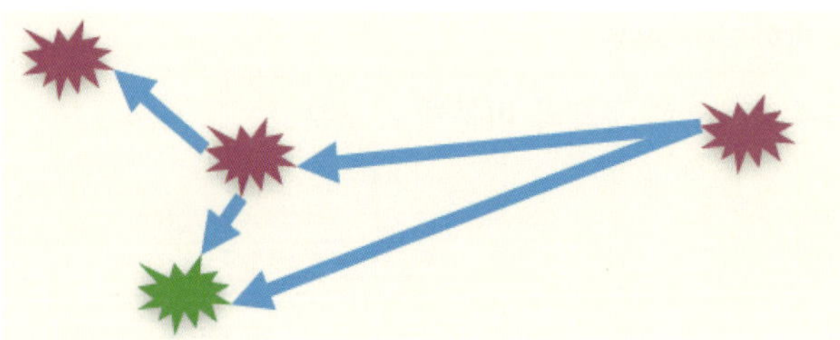

5) 실제의 세계 복잡 모호

① 사고 과정 – 복잡하고 불분명

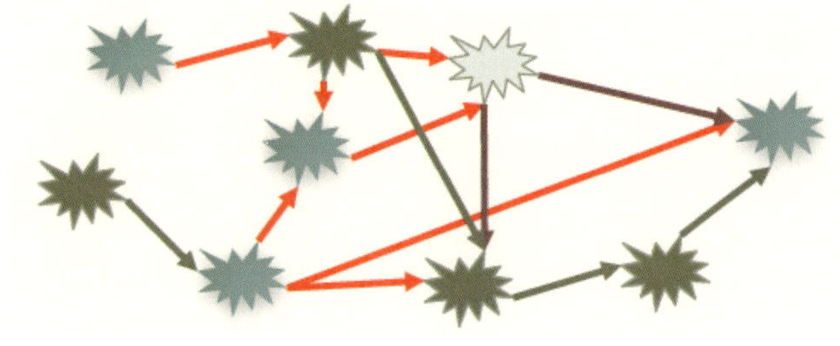

② 원인 추적 – 어려움

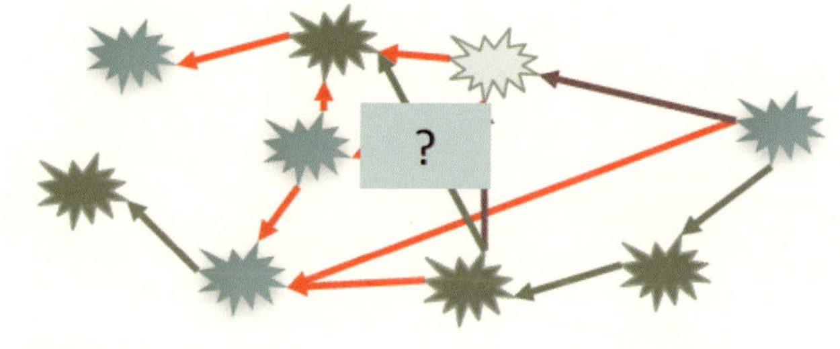

(5) 안전-Ⅰ에서 안전-Ⅱ로

1) Safety-I의 신념체계

- 시스템 행동이란 부분기능 행동의 집합이다. (Decomposability)
- 각 기능은 정상이거나 불량상태에 있다. (Bimodality)
- 좋은 것은 좋은 결과를, 나쁜 것은 나쁜 결과를 낳는다. (Causality Credo)
- 나쁜 결과? 반드시 나쁜 원인이 있다. (Root Causes)
  - 기능, 부품, 사람 또는 신
- 나쁜 원인이 제거되면 나쁜 결과를 막을 수 있다. (Zero accident!)

2) Safety-I의 관점-현상문제

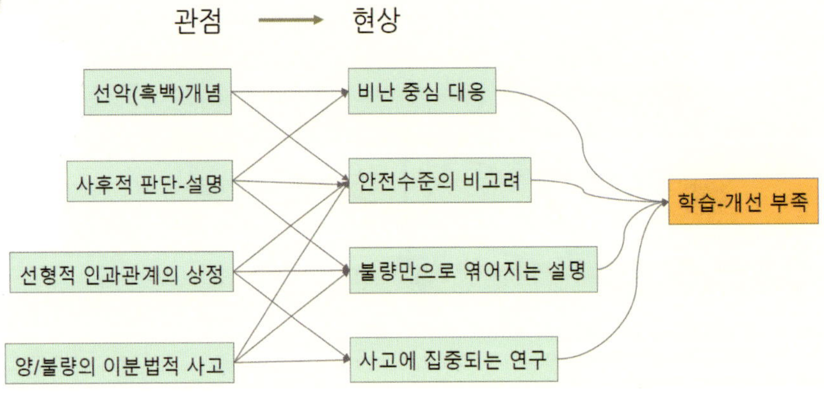

3) 사고 시스템과 정상 시스템

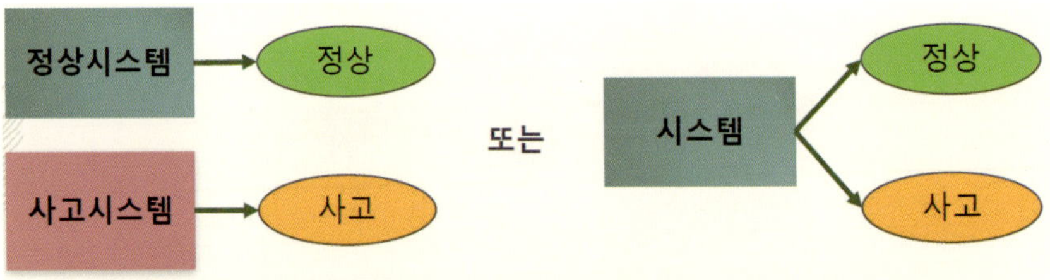

정상결과와 실패결과(사고)는
같은 시스템이 같은 방식으로 작동하는 중 나온 다른 결과일 뿐

사고분석은 실패끼리의 파급 이야기가 아니라
정상과정이 궤도에서 이탈한 과정의 이해라야 함

정상시스템이 어떻게 정상을 유지하는지를 연구해야

4) Safety-I과 Safety-II : 현상에서 무엇을 보는가?

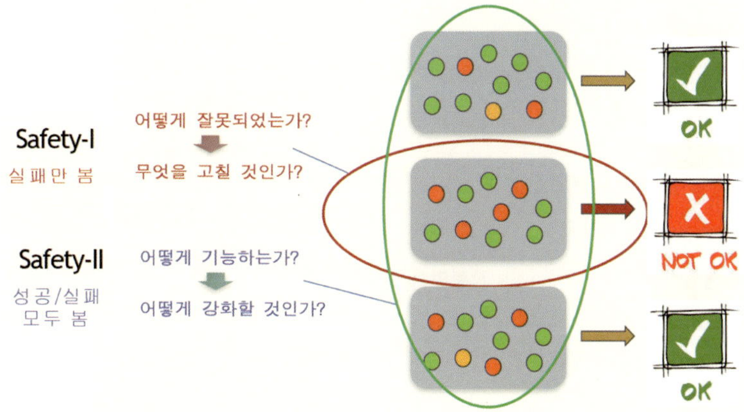

5) 안전-I과 안전-II 비교 요약

	동양문화	서양문화
안전과 사고	사고 없는 것이 바로 안전 (안전=1−사고율)	안전수준이 높아야 사고가 안 남 (안전수준과 사고의 분리)
안전 능력	사고가 없는 상태 사고에 대한 대응 능력	변동에도 불구하고 성공적 운영을 지속하는 힘 사고의 발생을 원천적으로 줄임
안전관리 원칙	수동적 · 반응적: 잘못된 것이 있을 때 대응함.	능동적 · 선제적: 지속적으로 상황변화를 예측하려고 함.
인적요인 관점	사람은 대체적으로 문제나 결함 요인	사람은 시스템의 유연성과 탄력성을 위한 자원
사고 분석	사고는 실패와 고장에 의해 발생하는 것으로 보며, 조사는 그 원인을 찾으려 함	사고는 정상수행과 같은 과정을 거치는 것으로 보며, 조사는 정상적 수행을 토대로 잘못된 경우를 설명하려고 함.
위험 평가	잠재적으로 사고의 원인과 영향 요인이 될 것을 찾음.	변동성을 감시하고 관리하기 어려워지는 부분들과 그런 조건을 이해함.

6) 리질리언스 조직의 7대 조건

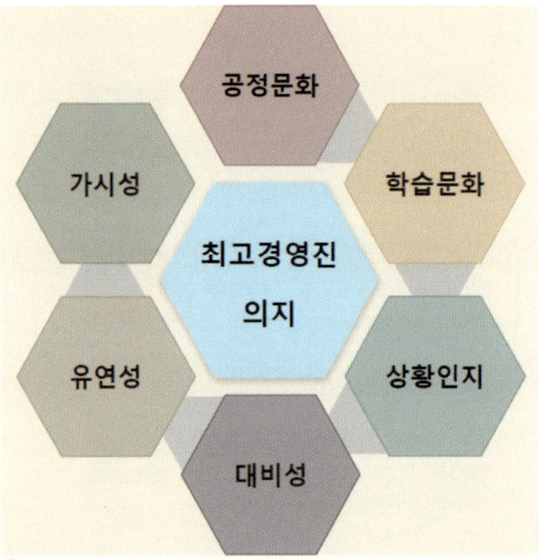

- 최고 운영자의 의지
- 정의문화(Just Culture)
- 학습문화(Learning Culture)
- 상황인지(Awareness)
- 대비성(Preparedness)
- 유연성(Flexibility)
- 가시성(Opacity)

7) 안전문화의 성숙 수준(by Hudson)

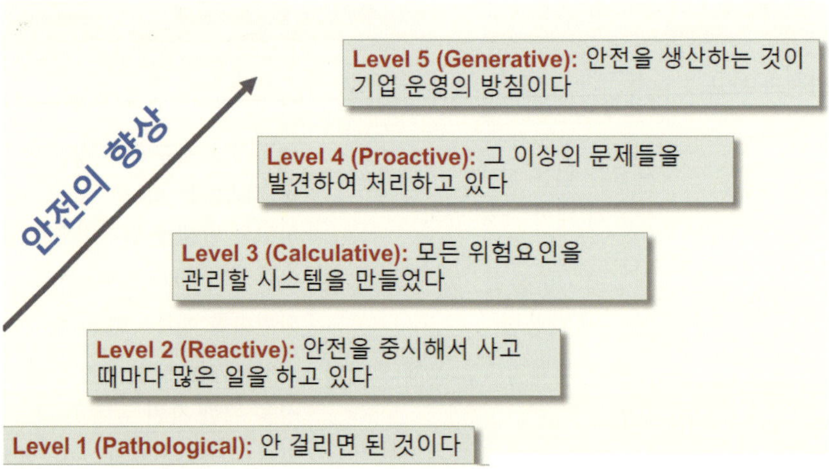

10. 리질리언스 Resilience

(1) 리질리언스 정의

리질리언스는 라틴어의 어원으로 예방력, 회복력, 개선력을 의미한다. 리질리언스의 최종 목표는 알려지지 않는 불확실성에 대한 대비이다. 어떤 문제에 대한 원인을 찾는 것도 중요하지만 발생된 일에 대한 영향을 고려하는 것도 중요하다. 리질리언스는 시스템의 변화 혹은 혼돈이 발생하기 전, 발생 동안, 그 이후 시스템의 기능을 제대로 발휘하는 본질적인 능력을 의미한다.

(2) 리질리언스의 공학적 관점

리질리언스의 공학적 관점은 기존의 시스템 안전의 관점 및 방법을 모두 포기해야 한다는 것이 아니고, 그것들이 새로운 관점에서 다르게 적용되고 적용의 결과가 다르게 해석될 필요가 있음을 강조한다.

일반적인 위험을 초래하거나 초래할 가능성이 있는 것에 집중하여 사고분석, 위험평가, 안전관리 등을 수행하면서 안전활동이 진행되어 왔다. 잘 되지 않는 일에 주목을 하여 발생할 수 있는 결과를 주목 하였으나 현실적으로는 그 결과가 반드시 위험을 초래하지 않고 좋은 결과로 발생할 수 있다는 것을 간과하였다. 또한, 빈도(가능성)와 강도(심각성)의 조합으로 위험을 산출하여 빈도는 낮지만 강도가 큰 위험에 대해서는 간과하였고, 빈도가 높은 위험성을 중요시하였다.

안전의 관심 : 낮은 빈도 × 높은 강도 < 높은 빈도 < 낮은 강도

(3) 리질리언스의 기능

안전 리질리언스 능력을 발휘하기 위해서는 현 상황에 반응하고, 위기를 감시하며, 잠재성 있는 상황을 예상하고 일어날 사실로부터 학습하는 능력을 배양해야 함. 리질리언스의 기능 4가지를 모두 발휘해야만 리질리언스 성공을 이야기할 수 있다. 4가지 기능을 개별적으로 취급하면 리질리언스는 성공할 수 없다. 이들 기능은 서로 의존하고 있으며 이들의 의존 관계 또는 결합관계를 이해하고 인정해야 한다. 서로가 결합하여 대응하고 감시하며 예상하고 학습하는 능력을 강화하는 것이 더 많은 일이 잘 되고 잘못되는 일을 줄이기 위한 최상의 방법이다.

1) 반응(대응) 능력

무엇을 해야 하는지 알고 있는 능력 혹은 규칙적이거나 불규칙적인 변화, 혼동, 기회에 준비된 행동을 수행하거나 작업방식을 조정해 가면서 반응할 수 있는 능력을 말한다. “상황에 대응하는 것”은 현재의 조건을 평가하고, 무엇을 대응하여야 하는지 등을 알거나 결정하며, 어느 시점에 그 행동을 취하여야 하는지에 대해 결정하는 것 등을 포함한다.

어떤 시스템이나 조직 또는 유기체도 발생한 건이 위협이든 기회이든 대응할 수 없으면 생존할 수 없다. 대응은 늦어지기 전에 바람직한 결과나 변화를 초래하도록 시기적절하고 효과적이어야 한다.

2) 학습능력

무엇이 발생했는가를 아는 능력 혹은 경험으로부터 학습할 수 있는 능력이며, 특히 올바른 경험으로부터 올바른 교훈을 얻는 능력이 중요하다. 나쁜 일이 일어난 상황으로부터 배우는 것보다는 잘 해결된 상황에서 배우는 것이 더 효과적이다. 성공과 실패는 표리관계에 있다고 보면, 잘 해결된 상황이 더 많아 보다 효과적으로 학습할 수 있다는 것을 알 수 있다.

학습능력 관련하여 아래의 5가지에 대하여 고려해야 한다.

① 실패 사례뿐만 아니라 성공적 사례로부터 학습

② 사고가 발생했을 때만 학습하는 것이 아닌 일상적 작업의 성공으로부터도 지속적으로 학습

③ 정성적인 학습뿐만 아니라 정량적인 학습도 필요하면 수행

④ 개인뿐만 아니라 조직에 관여된 내용도 학습

⑤ 학습효과가 검토되고 유지되어야 함

과거의 수행으로부터 무엇인가 학습하게 된다면 미래의 수행은 개선될 수 있다. 학습은 단순한 행동의 임의의 변화가 아니고, 어떤 종류의 결과를 더 잘 일어날 수 있게 하고 다른 결과들은 잘 일어나지 않게 하는 변화이다. 그러므로 특정 학습이 바람직한 효과를 갖고 있는지 또는 없는지를 결정할 수 있어야 한다.

경험으로부터의 학습은 배우기 쉬운 것과 배우는 의미가 있는 것을 식별하는 것이 중요하다.

3) 감시능력

무엇을 중점적으로 감시해야 하는지 아는 능력 혹은 조만간 시스템 수행도에 긍정 또는 부정적으로 심각하게 영향을 주거나 줄 수 있는 요소를 감시하는 능력을 말한다. 이 능력은 시스템 수행도에 대한 것뿐만 아니라 주변 환경에서 무엇이 발생하는지 감시하는 능력을 포함한다. 감시능력을 위해 시스템 상태를 잘 감시할 수 있는 지시자의 개발이 핵심적 요소이며, 측정의 결과로부터 해석/판단에 이르는 시간이 가급적 짧아야 한다.

리질리언스 시스템은 자체의 성과뿐만 아니라 환경변화를 유연하게 감지할 수 있어야 한다. 감시능력은 가까운 미래의 위협과 기회에 대해서 그것들이 현실화되기 전에 다룰 수 있도록 시스템을 가능하게 한다. 유연하게 감시하기 위해서는 그 근거는 수리로 평가되고 수정되어야 한다.

4) 예측능력

무엇을 예상해야 하는지 아는 능력 혹은 미래에 잠재적인 혼동, 예측하지 못한 요구사항 혹은 제약사항, 새로운 기회, 작업조건의 변화 등 어떤 일이 발생할지 예측할 수 있는 능력을 말한다. 예측 능력을 위해 시스템과 그 주변환경에 대한 모델 구축이 핵심이며, 너무 단기적인 미래가 아닌 중장기에 대한 미래 예측이 되어야 한다. 미래의 기회를 예상하는 것은 위협을 예상하는 것과 마찬가지로 당연히 중요하게 고려되어야 하나 현재의 기법에서는 거의 지원되지 않고 있다.

11. BCMS와 SCRM

(1) BCMS Business Continuity Management System

조직의 중요한 업무가 갑작스런 재해, 재난 등의 사태로 인해 중단될 경우 빠른 시간 내 복구가 가능토록 전략과 계획을 수립하고 이행하는 총체적 활동을 말한다.

BCMS는 2001년 9.11테러와 2004년 인도양 쓰나미 발생 등으로 재난관리의 국제적 위기대응을 위한 관리나 시스템의 표준화 필요성이 대두되면서 ISO22301 국제적 표준을 사용하게 됐다. 2006년부터 스웨덴을 의장국으로 하여 국제표준화 규격을 추진하였다.

조직의 중요한 생산활동이 임의 사고로 중단되었을 때 이해관계자가 요구하는 한정된 시간 내에 요구량의 제품/서비스를 공급할 수 있도록 예방, 대응, 복원 전략과 절차를 수립하고 그것이 실현 가능하도록 PDCA 사이클에 따라 준비, 연습, 이행하는 활동이다.

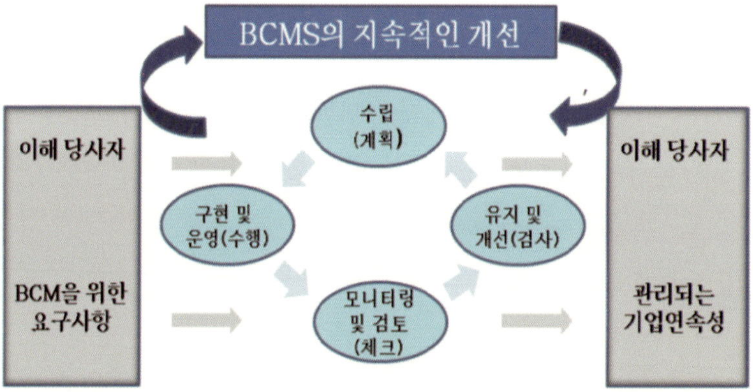

(2) BCMS 대표 추진 사례

9.11테러 시 실시간 BCM을 통해 고객 서비스의 연속을 실현한 모건 스탠리

1) 테러 익일 오전 9시 30분 최고경영자 긴급기자회견 내용

- 대다수의 직원이 생존(3500여 임직원 중 15명 실종)
- 1억 달러 미만의 손실 발생
- 전 세계 모건 스탠리(Morgan Stanley) 지점은 정상적으로 오전 9시에 영업을 개시

2) 모건 스탠리의 5대 위기관리 계획

- 긴급 시 대책
- 비즈니스 연속성 계획
- 위기관리 커뮤니케이션
- 재무위험 분산관리
- 조기경보 시스템

3) 성공적인 BCM의 부가 효과

- 모건 스탠리의 위기관리 시스템이 전 세계적으로 주목 받음.
- 기존 투자자들이 신뢰와 새로운 투자자들의 관심을 이끌어 냄.
- 24시간 이내 신속한 기자회견으로 언론을 우호적으로 바꿈.

(3) SCRM(Supply Chain Risk Management)

21세기 들어 2001년 9 · 11테러, 2002년 스페인 연안 사고, 발리 폭탄 테러, 2003년 북미대정전, 알제리 지진, 2004년 스페인 열차 폭파, 수마트라 지진, 독일 유조차 사고, 2005년 런던 동시폭파 사건, 허리케인 카트리나, 파키스탄 지진, 발리 폭탄 테러, 2006년 뭄바이 열차 폭파, 2007년 페루 지진, 2008년 쓰촨성 대지진, LA열차충돌, 2009년 이탈리아 라퀼라 지진 등 과거에 비하여 초대형인 공급망 위기들이 동시다발적으로 발생하고 있다.

SCRM(Supply Chain Risk Management)은 위와 같은 사건으로 인한 공급망 중단에 효과적으로 대응하여 복원력을 높일 수 있는 관리체계이다. 5가지의 관리요소를 통하여 평상시 지속적 공급망 리스크(Risk) 관리, 비상시 공급망 BCP 가동을 통한 복원력 향상 및 영속적 기업활동을 유지한다.

SCRM 관리요소 5가지

① **가시성(Visibility) 확보** : 공급망의 철저한 가시화를 통해 전사적 관점에서 공급업체 정보 및 공급망을 한눈에 파악하고 문제 발생 시 기민하게 대처할 수 있는 환경이 확보한다.

② **유연성**(Flexibility) **확보** : 공급망 유연성의 지속적 향상을 통해 특정 공급망 중단 시에도 효과적으로 대응할 수 있다. 공급망 유연성 확보방안으로는 원재료 부품 표준화, 솔벤더(Sole Vendor) 다변화, 생산/공급 거점분산, 공급망 위험을 감안한 안전재고설정, 공급사 생산 유연성 확보가 있다.

③ **협업**(Collaboration) **체계 확보** : 공급업체 선정 시 생산유연성 및 복원력 평가, 자사 공급업체 위기관리 정책에 따른 협정, 공급업체 평가 및 복원력 향상을 위한 지속적 협력, 비상시 공동대응 체계를 확보한다.

④ **통제**(Control) : 내외/부의 리스크 현황정보를 가시화하여 통합적으로 관리하고, 잇단 징후 발생 시 공급망 마비상황 조기 감지 및 피해의 선제적 방어를 통한 공급망 복원력을 유지한다.

⑤ **대응 및 복구**(Supply Chain BCP) : 동일본 대지진 시 CISCO는 조기경보(NC4)를 통한 신속한 위기감지 및 전파, 공급망 가시화 정보를 활용한 BCP 가동으로 피해를 최소화 하고 자사 공급망을 조기에 정상화할 수 있었다.

12. MDG & SDGs에서 ISO

(1) MDGs의 등장과 평가

- MDGs 천년왕국 개발 목표들 밀레니엄 디벨로프먼트 골스(Millennium Development Goals)의 출현은 1996년 OECD가 '21세기 구상(Shaping the 21st Century)' 제정하여 8개의 개발목표를 제시했다.
- 'Shaping the 21st Century'를 기반으로 2000년 OECD, World Bank, IMF, UN이 '모두를 위한 더 나은 세상(A Better World for All)' 제시했다.
- UN 사회정상개발회담+5 ((UNGASS+5)에 모인 NGO들이 '모두에게 더 좋은 세상(A Better World for All)'를 '모두에게 브로턴우즈 회의(Bretton Woods for All)'라고 맹렬히 비판하며 UN에게 지지 철회 요청했다.
- 'A Better World for All' 의 주요 내용은 2000년 9월 UN본부에서 개최된 밀레니엄 정상회담에서 189개 참가국들의 동의 하에 채택된 밀레니엄 선언에

반영되고 이를 기반으로 2001년 MDGs가 다음과 같이 8개의 개발 목표, 세부 목표, 지표가 채택되었다.

(2) MDGs의 8개 목표와 세부 목표

(3) SDGs 등장 과정과 국제사회 반응

1) Sustainable Development Goals(SDGs)의 등장

- 2015년 종료된 MDGs의 기반과 대안으로 2015년 9월 UN총회(사무총장 반기문)에서 지속가능한 발전목표 SDGs(Sustainable Development Goals)를 제정.

SDGs 5대 원칙

- 사람. People
- 지구. Planet
- 번영. Prosperity
- 평화. Peace
- 파트너십. Partnership

2) SDGs 내용

- 구체적인 목표의 내용은 2015년부터 2030년까지 추구하기로 결정하였으며 17개의 내용은 다음과 같다.

목표	분야
목표1. 지구상의 모든 형태의 빈곤을 종식한다.	빈곤
목표2. 기아를 종식하고, 식량안보와 개선된 영양상태를 보장하며 지속 가능한 농업을 증진한다.	식량/농업
목표3. 모든 사람의 건강한 삶을 보장하고 웰빙(well-being)을 증진한다.	안전/보건
목표4. 모든 사람을 위한 포용적이고 형평성 있는 양질의 교육 보장 및 평생교육 기회를 증진한다.	교육
목표5. 성평등 달성 및 여성과 여아의 역량을 강화한다.	젠더
목표6. 모든 사람을 위한 물과 위생시설 접근성 및 지속 가능한 관리를 확립한다.	물/위생
목표7. 모든 사람을 위한 지불가능하고 신뢰할 수 있으며 지속 가능한 현대적인 에너지 접근을 보장한다.	에너지
목표8. 지속적, 포괄적, 지속 가능한 경제성장을 촉진하며 생산적인 완전 고용과 모두를 위한 양질의 일자리를 증진한다.	경제/고용/노동
목표9. 복원력이 있는 인프라 시설을 구축하고, 포용적이고 지속 가능한 산업화 및 혁신을 증진한다.	경제
목표10. 국가 내, 국가 간 불평등을 감소한다.	불평등
목표11. 포용적이고 안전하며 복원력 있고 지속 가능한 도시와 인간적 거주지를 조성한다.	도시/주거
목표12. 지속 가능한 소비 및 생산 양식을 확립한다.	소비/생산
목표13. 기후변화와 그 영향에 대응하는 행동을 긴급하게 조직한다.	기후변화
목표14. 지속 가능한 발전을 위한 해양, 바다, 해양자원을 보존하고 지속 가능하게 사용한다.	환경/해양
목표15. 육상 생태계를 보호, 복원 및 지속 가능하게 이용하고, 산림을 지속 가능하게 관리하며, 사막화를 방지하고, 토지 황폐화를 막고 회복하며 생물 다양성 상실을 중단한다.	환경/생물다양성
목표16. 지속 가능발전을 위해 평화롭고 포용적인 사회를 촉진하고, 사법 정의에 대한 접근성을 제공하며, 모든 차원에서 효과적이고 책무성 있으며 포용적인 제도를 구축한다.	평화/법/행정
목표17. 이행수단을 강화하고 지속 가능발전을 위한 글로벌 파트너십을 재활성화한다.	이행 매커니즘

3) SDGs의 특징MDGs과 차이점

① MDGs가 주로 사람에 초점을 맞춘 반면 SDGs는 사람, 경제, 환경 등 3대 축을 중심으로 구성.

② MDGs에 담기지 않은 경제, 평화, 기후변화, 도시, 에너지, 소비, 불평등 등 발전의 다양한 측면이 담겨짐.

③ MDGs가 개도국 발전에 대한 선진국의 지원이 주 내용이었다면, SDG는 개도국 및 선진국의 발전 문제도 주요하게 다루고 있음.

④ SDGs를 작성하는 과정에서 시민사회, 기업, 학계, 주민 등 참여

- HLP 보고서 작성 시 고위급 패널들이 5,000개 이상 시민사회단체, 250여 개 기업 CEO로부터 의견 수렴.
- 공개작업반회의, 고위급 정치적 포럼(HLPF) 시 공동의장과 함께 시민사회의 주요 단체 등 여러 이해관계자들이 각 세션마다 1시간의 브리핑 시간을 가지고, 회원국과 시민사회 참여 조정회의를 개최.
- UN이 총 88개 개도국에서 '국가 및 주제별 논의' 진행(정부, 시민사회, 민간부문, 학계 등 다양한 이해관계자들이 참여한 것은 물론이고 아동, 청소년, 장애인, 여성, 노인, 소수민족 등과 함께 하는 사회단체도 참여)
- 오픈 포럼인 '우리가 원하는 세상 The World We Want(www.worldwewant2015.org)'라는 온라인 플랫폼을 통해 세계 1백여만 명의 목소리를 담은 '백 만 명의 목소리(A Million Voices)'와 국가 및 주제별 논의의 결과 보고서인 'Delivering the Post-2015 Development Agenda-Opportunities at the National and Local Levels' 발간

⑤ 가장 큰 특징은 이에 대한 SDGS 17개의 목표를 모두 ISO 표준에 근거하여 만들었다는 데 있다.

(4) ISO 개요

1) ISO 인증개요

국제표준화기구(ISO)는 각국의 표준 제정 기구들(ISO 회원 기구)로 구성된 국제 기구이다. 국제 표준 작성 업무는 통상적으로 ISO의 기술 위원회를 통해 수행된다. 각 회원 기구는 기술 위원회의 설립 목적에 해당하는 주제에 관심을 가지고 있으며 당해 위원회에서 대표권을 행사할 권리를 가진다. 정부 및 비정부 국제 기구들 역시 ISO와 접촉하여 당해 업무에 참여한다. ISO는 전기 기술 표준화와 관련한 일체의 사항에 관해 국제전기위원회(IEC)와 긴밀히 협조한다.

이 문서 작성 시 사용한 절차 및 향후 정비 시 사용하게 되는 절차는 ISO/IEC Directives, Part 1에 규정되어 있다. 특히 다양한 유형의 ISO 문서에 필요한 다양한 승인 기준에 주의하여야 한다. 이 문서는 ISO/IEC Directives, Part 2 (www.iso.org/directives 참조)에서 정한 편집 규칙에 따라 작성되었다.

주의 사항으로는 이 문서의 일부 요소는 특허권 등록 대상이 될 수 있다는 점이다. ISO는 이러한 특허권 중 어떤 특허권도 확인할 책임이 없다. 문서 작성 시 확인된 특허권 내역은 개요 또는 접수된 ISO 특허 신고 목록(www.iso.org/patents 참조)을 참고한다.

이 문서에서 사용되는 상호는 사용자의 편의를 위해 제공된 정보이며, 특정 제품을 추천하는 것이 아니다.

적합성 평가에 관련한 ISO 특유의 용어 및 표현의 의미에 대한 설명을 비롯하여 기술적 무역장벽협정에 명시된 WTO 원칙을 준수하는 ISO의 입장에 관한 안내는 머리말-보충의 안내(Foreword-Supplementary information)에서 확인할 수 있다.

예를 들면 모든 ISO 표준은 위 절차를 걸쳐서 기준이 제정되며 기존에 이미 역사와 전통이 있으며 권위가 있는 IEC(국제전기위원회)기준 등은 ISO표준으로 거의 채택되어 있다.

ISO 45000 표준 문서는 ISO/PC 283 산업안전보건 관리체계 위원회에서 담당한다. 고유번호가 지정되어 있으며 ISO37000과 관련된 리스크 기반 경영 시스템은 다음과 같다.

- ISO 5000 에너지 경영 시스템 표준
- ISO 9000 품질관리 경영 시스템 표준
- ISO 14000 환경관리 경영 시스템 표준
- ISO/IEC 20000 IT 서비스 관리 시스템 표준 IEC2000과 BS15000을 기반으로 표준화함(관세청 유니패스, 한전 KDN, SKT 인증)
- ISO 22000 식품안전 경영 시스템 표준 FDA, HACCP기반(대신식품, 동원팜스 등 인증)
- ISO 22301 비즈니스 연속성 관리 경영 시스템 표준(BCM). 모건스탠리, SCRM
- ISO 26000 기업의 사회적책임 경영 시스템 7대의제 평가, 행동지침 안내서('10.11.1)
- ISO/IEC27000 정보보호관리 경영 시스템 표준(라이지움)
- ISO 31000 리스크 관리 경영 시스템 표준. 각 표준과 호환성을 통한 시스템 효과성과 효율성 증대(인증서 취득을 위한 규격, 표준은 아님)
- ISO 37001 반부패 경영 시스템 표준 인증
- ISO 39000 도로교통안전 경영 시스템 표준 범용적, 프레임워크(framework) 제공(우체국 물류지원단)
- ISO 45000 산업안전보건관리 경영 시스템 표준(OSHA, KOSHA 18001 이미 인증적용)

따라서 ISO 표준들은 근본적으로 인류가 태동하면서 발전을 한 조직이론을 알아야 하며 특히 ISO 37001 반부패 경영 시스템 표준을 인증 받기 위해서는 안전과 감사(청렴)분야 기본 이론을 알아야만 ISO 37001 표준의 근본적인 철학과 목적을 이해할 수 있으며 안전과 감사(청렴)는 동전의 양면으로 기본 이론을 이해하지 않고는 깊이 있는 내면의 추구하는 방향을 소화하기가 어렵다고 판단되어 교재를 보완하여 작성하였다.

ISO 45000 산업안전 보건관리 경영시스템 표준은 이미 100년 전에 세계산업보건대회와 세계산업안전대회 출범하면서 기준이 만들어지기 시작하였으며 UN

산하 전문기구인 국제노동기구(ILO)가 1919년 발족하면서 안전보건 기준이 모든 국가에 권고되고 적용(가입국 198개국)됨으로써 인류의 보편성과 타당성 기준으로서 역할을 하고 있으며 ILO와 ISO가 협력하여 ISO 45000 산업안전보건관리 경영 시스템 표준이 태동되었다. (2018.3)

특히, 여기에서 IEC(국제전기위원회)가 많이 언급되는 것은 표준의 원조라고 할 수 있는 기준을 IEC에서부터 처음으로 시작하였으며 초기에는 표준이 IEC밖에 없었다. 표준을 다른 분야로 확대하면서 IEC를 기반으로 ISO가 출범하였기에 IEC가 계속 언급된 것이다.

2) ISO란?

- Founded in 1947 / 설립 1947
- Independent / 독립적
- Non-governmental organization / 비정부기구
- Global network of national standards bodies* / 국가표준기구의 글로벌 네트워크
- One member per country / 국가당1명
- ISO membership comes with rights, benefits, obligations and good practice / 동등성 회원은 권리, 의무 그리고 좋은 관행을 가지고 있다.
- 163members / 163명의 회원
- 22,000 International Standards / 22,000 국제표준
- 100 new standards each month / 매랄 100가지의 새로운 기준
- More than 100,000 experts / 100,000 이상의 전문가
- 245 technical committees / 245 기술위원회

※ IEC표준 : 7,500개, ISO표준 : 22,000개

※ WTO 회원은 ISO에 자동가입

※ National standard body = national body most representative of standardization / 국가표준기구 = 표준화를 가장 대표하는 국가기구

3) ISO 및 WSC World Standards Cooperation / 세계표준협력

① High level cooperation between IEC, ISO and ITU All developing international standards / EC, ISO 및 ITU 간의 높은 수준의 협력을 통해 국제표준을 개발

② IEC : electrical, electronic and related technologies / 전기, 전자 및 관련 기술

③ ITU : telecommunications / 통신업

④ ISO : everything else! For example in the fields of quality, safety and security, general management, health and medical, environment and energy, industry, services, information technology / 다른 모든 것/ 예컨대 품질과 안전 및 보안, 일반 관리, 건강 및 의료, 환경 및 에너지, 산업, 서비스, 정보 기술 분야의 경우

4) 경영 시스템의 목표

5) 경영 시스템의 국제표준

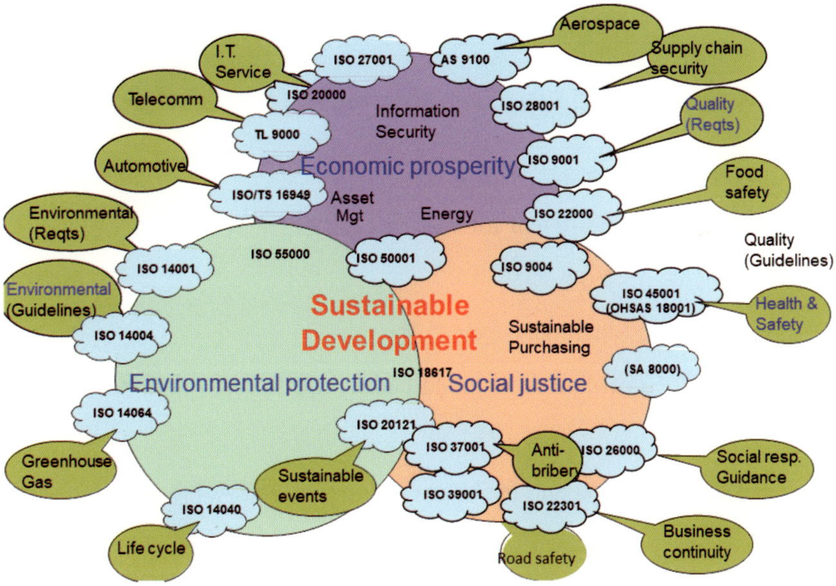

(5) SDGs와 ISO와의 관계

1) SDGs 목표 17개

① 기아 종식(End hunger)

- ISO 22000 Food safety management / ISO 22000 식품안전관리
- ISO 4002 Equipment for sowing and planting / 파종 및 식재용 장비
- ISO 4197 Equipment for working the soil / 토양 작업용 장비
- ISO 6880 Machinery for / 기계
- ISO 20635 Infant formula and adult nutritionals / 유아용 식과 성인용 영양제
- ISO 1871 Food and feed agriculture products / 식품 및 사료 농산물

② 건강과 복지(Good health)

- ISO 11137 Sterilization of health care products / 의료용품 살균
- ISO 8828 Implants for surgery / 수출용 임플란트
- ISO 18615 Traditional Chinese medicine / 한의학
- ISO/IEEE 11073 Health informatics Point of care medical device communication / 의료기기 통신의 건강정보학 포인트
- TS 13131 Telehealth services / 텔레헬스 서비스업
- IWA 18 Framework for integrated community based life long health and care services for aged societies / 노인 사회를 위한 통합 커뮤니티 기반 평생 건강 및 서비스를 위한 프로엠 워크

③ 물과 위생(Water and sanitation)

- ISO 14046 Water footprint / 물 발자국
- ISO 15839 Water quality / 수질
- ISO 20325 Service activities relating to drinking water supply and wastewater systems / 음용수 공급 및 폐수 시스템과 관련된 서비스 활동
- ISO 24516-1 Drinking water distribution networks / 음용수 분배망
- ISO 24518 Crisis management / 위기 관리
- ISO 24526 Water efficiency management systems / 수질 효율 관리 시스템
- IWA 24 Non-sewered sanitation systems, General safety and performance requirements for design and testing of water utilities / 비하수도 위생 시스템, 일반안전 및 수질 통합 설계및 테스트를 위한 성능 요구 사항
- ISO 24526 Water efficiency management systems / 물 효율 관리 시스템
- IWA 24 Non-sewered sanitation systems, General safety and performance requirements for design and testing / 비 선회식 위생 시스템, 일반 안전 및 설계 및 테스트를 위한 성능 요구 사항

④ 지속 가능한 에너지(Sustainable energy)

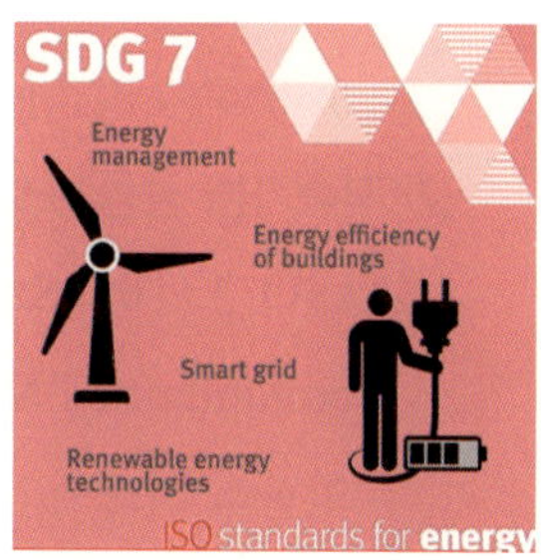

- ISO 50001 Energy / 에너지
- ISO 9553 Solar energy / 태양 에너지
- TR 10217 Solar energy / 태양 에너지
- ISO 13065 Sustainability criteria for bioenergy / 바이오에너지의 지속 가능성 기준
- ISO 17743 Energy savings / 에너지 절약
- ISO 20619 Calculation methods for energy savings / 에너지 절약을 위한 계산방법

⑤ 탄력적인 인프라, 혁신(Resilient infrastructure, innovatio

- TR 37150 Smart community infrastructures Review of existing activities relevant to metrics / 스마트 커뮤니티 인프라 메트릭과 관련된 기존 활동 검토
- ISO 37154 Smart community infrastructures Best practice guidelines for transportation / 스마트 커뮤니티 인프라 교통을 위한 최선의 실천 지침
- ISO 21542 Building construction Accessibility and usability of the built environment / 건축환경의 건축공사 접근성 및 사용성
- ISO 50501 Innovation management system / 혁신 관리 시스템

⑥ 사회적 책임(Social responsibility)

- ISO 26000 Guidance on social responsibility / 사회적 책임에 대한 지침
- ISO 37001 Anti-bribery / 뇌물 방지
- ISO 20400 Sustainable procurement / 지속 가능한 조달
- ISO 45001 Occupational health and safety management systems / 산업 보건 안전 관리 시스템
- IWA 9 Framework for managing sustainable development in business districts / 비즈니스 지구에서 지속 가능한 개발 관리를 위한 프레임워크

⑦ 지속가능 공동체(Sustainable communities)

- ISO 37101 Sustainable development of communities Management systems / 지역사회관리 시스템의 지속 가능한 발전
- ISO 37104 Guide to establishing strategies for smart cities and communities / 스마트 도시 및 커뮤니티를 위한 전략 수립 안내

- ISO 37120 Sustainable development of communities Indicators for city services and quality of life / 도시 서비스와 삶의 질을 위한 지역 사회 지표의 지속적 개발
- ISO 10711 Intelligent Transport Systems / 지능형 교통 시스템

⑧ 기후변화(Climate change)

- ISO 14001 Environmental management systems / 환경관리 시스템
- ISO 14044 Life cycle assessment / 수명주기 평가
- ISO 14064 Greenhouse gases / 온실 가스
- TS 14067 Carbon footprint of / 탄소 발자국
- ISO 14080 Framework and principles for methodologies on climate actions / 기후변화 방법론의 틀과 원리
- ISO Guide 82 Guidelines for addressing sustainability in standards products / 표준제품의 지속 가능성 해결을 위한 ISO 가이드 82 가이드

⑨ 해양의 지속 가능한 이용(Sustainable use of oceans)

- ISO29400 Ships and marine technology Offshore wind energy / 선박 및 해양기술 해상 풍력 에너지
- ISO 21070 Marine environment protection / 해양환경보호
- ISO 35101 Petroleum and natural gas industries Arctic operations / 석유 및 천연가스 산업과 북극사업
- ISO 12878 Environmental monitoring of the impacts from marine finfish farms / 해양 어업의 영양환경 모니터링
- ISO 19900 General requirements for offshore structures / 해양 구조물의 일반요건

⑩ 육상 생태계의 이용(Use of terrestrial ecosystems)

- ISO 14055 Combating land / 전투제
- ISO 38200 Chain of custody of wood and wood based products / 목재 및 목재계 제품의 보관체인
- ISO 23611 Soil quality / 토질
- ISO 15952 Effects of pollutants on juvenile land snails / 오염물질이 육상달팽이에 미치는 영향 토양품질 생물학적 방법
- ISO 22030 Soil quality Biological methods / 토양품질 생물학적 방법
- ISO 11850 Machinery for forestry General safety requirements / 임업국 안전요건 기계

(6) ILO 2030 개발 아젠다

SDGs의 17개 목표 중 세부목표 169개 항목 적용

1) 작업장에서 안전보건 관련 SDG 목표

① 목표 3. 건강하고 질 좋은 삶(GOOD HEALTH) : 모두를 위한 전 연령층의 건강한 삶을 보장하고 웰빙을 증진한다.

- 관련주제 분야 : 미래의 일, 직장에서의 안전보건
- 세부 목표
  - 3.9 2030년까지 유해한 화학물질이나 공기, 수질, 토지 오염으로 인한 사망 및 질병을 대폭 줄인다.
  - 3.A 모든 국가에서 적절하게 세계건강기구 담배규제 기본협약(World Health Organization Framework Convention on Tobacco Control)의 이행을 강화한다.

② 목표 8. 양질의 일자리와 경제성장(DECENT WORK AND ECONOMIC GROWTH) : 모두를 위한 지속적 · 포용적 · 지속 가능한 경제성장을 촉진하며 완전고용과 양질의 일자리를 증진한다.

- 관련주제 분야 : 적극적인 노동 시장 정책, 고용이 풍부한 경제 성장, 기업 개발, 평등, 결사의 자유와 단체 교섭, 미래의 일, 양성 평등과 차별 금지, 직장에서의 안전보건, 노동 시장 정보 시스템, 노동 이주, 노동 기준, 국가 고용 정책, 사회적 대화와 삼파주의, 근무 조건
- 세부목표
  - 8.8 이주노동자, 특히 여성 이주자와 불안정한 고용상태에 있는 노동자를 포함한 모든 노동자의 권리를 보호하고, 안전하고 안정적인 노동환경 조성을 확대한다.

③ 목표 16. 평화, 정의, 그리고 강력한 제도(PEACE AND JUSTICE) : 지속 가능 발전을 위해 평화롭고 포용적인 사회를 증진하고 모두가 정의에 접근할 수 있게 하며, 효과적이고 책임성 있으며 포용적인 제도를 구축한다.

- 관련주제 분야 : 결사의 자유와 단체 교섭, 미래의 일, 직장에서의 안전보건, 사회적 대화와 삼파주의, 근무 조건
- 세부목표

- 16.6 모든 수준에서 효과적이고 투명하며 책무성 있는 제도를 개발한다.

2) 양질의 일자리 목표

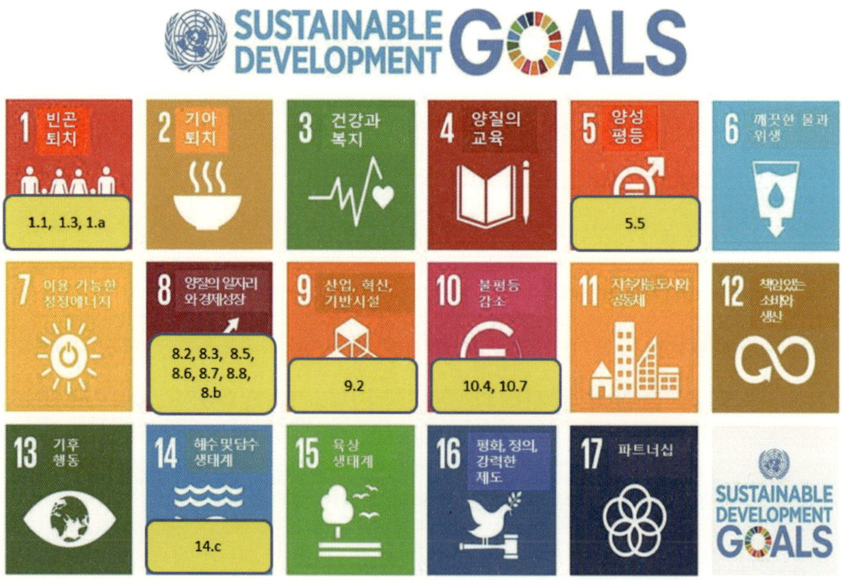

① 목표 1. 빈곤 퇴치(POVERTY) : 모든 곳에서 모든 형태의 빈곤을 종식시킨다.

세부목표

- 1.1. 2030년까지 현재 기준으로 하루에 $1.25 미만으로 살아가는 절대 빈곤인구를 모든 곳에서 근절한다.
- 1.a 개발도상국, 특히 최빈국이 모든 형태의 빈곤을 근절하기 위한 프로그램과 정책을 이행할 수 있도록 적절한 수단 제공과 개발협력 확대를 포함한 다양한 재원의 실제적 동원을 보장한다.

② 목표 5. 양성 평등(GENDER EQUALITY) : 성평등 달성 및 모든 여성과 여아들이 자신의 능력을 발휘할 수 있도록 한다.

세부목표 : 5.5 정치, 경제, 공공부문 등 모든 차원의 의사결정 과정에 여성의 완전하고 효과적인 참여와 리더십에 대한 공평한 기회를 보장한다.

③ 목표 8. 양질의 일자리와 경제성장(GOOD JOBS AND ECONOMIC GROWTH) :

모두를 위한 포용적 지속가능한 경제성장을 촉진하며 완전고용과 양질의 일자리를 증진한다.

세부목표

- 8.2 고부가가치 산업 및 노동집약적 산업에 중점을 두는 것을 포함하여 산업다각화, 기술 발전, 혁신을 통해 경제 생산성 향상을 달성한다.
- 8.3 생산 활동, 양질의 일자리 창출, 기업가 정신, 창의성과 혁신을 지원하고, 금융 서비스에 대한 접근 확대를 포함하여 소규모 비즈니스 및 중소기업의 형성과 성장을 촉진하는 개발지향 정책을 증진시킨다.
- 8.b 2020년까지 청년 고용을 위한 글로벌 전략을 개발하고 운용하며 국제노동기구(International Labor Organization) 세계고용협약(Global Jobs Pact)을 이행한다.
- 8.7 강제노동과 현대판 노예제, 인신매매를 근절하고, 소년병 징집 및 동원을 포함해 가장 가혹한 형태의 아동노동 금지 및 종식을 보장하기 위해 즉각적이고 효과적인 조치를 취하고, 2025년까지 모든 형태의 아동노동을 없앤다.
- 8.8 이주노동자, 특히 여성 이주자와 불안정한 고용상태에 있는 노동자를 포함한 모든 노동자의 권리를 보호하고, 안전하고 안정적인 노동환경 조성을 확대한다.

④ 목표 9. 산업, 혁신 기반시설(INNOVATION AND INFRASTRUCTURE) : 복원력 높은 사회 기반시설을 구축, 포용적이고 지속 가능한 산업화를 증진하고 혁신을 촉진한다.

- 세부목표 : 9.2 포용적이고 지속 가능한 산업화를 증진하고, 2030년까지 국가 상황에 맞게 고용과 국내총생산(GDP)에서 산업 비중을 대폭 늘리되, 특히 최빈국에서 두 배 증대한다.

⑤ 목표 14. 해수 및 담수 생태계(LIFE BELOW WATER) : 지속 가능한 발전이 가능토록 대양, 바다, 해양자원을 보존하고 사용한다.

• 세부목표 : 14.c "우리가 원하는 미래" 158항에서 환기한 바와 같이, 해양과 그 자원에 대한 보존과 지속 가능한 사용의 법률적 프레임워크를 제공하는 유엔해양법협약(UNCLOS: the United Nations Convention on the Law of the Sea)과 같은 국제법을 이행함으로써 해양과 그 자원에 대한 보존과 지속 가능한 사용을 강화한다.

SDGs 목표	지표1	지표2
1.1	1.1.1	
1.3	1.3.1	
1.A		
5.5	5.5.2	
8.2	8.2.1	
8.3	8.3.1	
8.5	8.5.1	8.5.2
8.6	8.6.1	
8.7	8.7.1	
8.8	8.8.1	8.8.2
8.b	8.b.1	
9.2	9.2.2	
10.4	10.4.1	
10.7	10.7.1	
14.c	14.c.1	

3) SDGs에 관한 기업행동지침 어떻게 실천할 것인가?

Step 1. SDGs 이해하기(지속 가능한 개발목표)

Step 2. 우선순위 정하기

Step 3. 목표 설정하기

Step 4. 통합하기

Step 5. 보고 및 소통하기

① 이해하기(SDGs가 무엇인가? : 모든 사람이 추구해야 할 가치)

기업이 SDGs에 익숙해지고, SDGs가 기업에 제시하는 기회와 책임을 이해하는 것이 중요하다.

- 우리의 세상 변화시키기: 지속 가능 발전을 위한 2030 의제
- 193개 모든 유엔 회원국이 동의한 제67항: “민간 기업활동, 투자 및 혁신은 생산성, 포괄적인 경제성장 및 일자리 창출의 주요 동력입니다. 우리는 영세기업에서 협동조합, 다국적 기업까지 민간 부문의 다양성을 인식합니다. 우리는 모든 기업이 지속 가능 발전의 도전과제들을 해결하기 위해 창의력과 혁신을 발휘할 것을 요청합니다.”

② 비즈니스 케이스 이해하기

- 미래 비즈니스 기회 파악
- 기업 지속 가능성의 가치 증진
- 이해관계자와의 관계 강화 및 정책 발전과의 속도 유지
- 사회와 시장의 안정화
- 공통의 언어와 공유된 목적 사용
- SDG Compass는 기업의 규모, 산업, 활동지역에 관계없이 모든 기업이 관련 법규를 준수하고, 국제적으로 인정된 최소 기준을 지지하며, 보편적인 권리를 존중할 책임이 있다는 인식을 바탕으로 한다.

유엔 글로벌콤팩트의 인권 원칙에 내재되어 있고, 유엔 기업과 인권에 관한 이행 원칙에서 재차 설명하듯, 인권 존중은 기업의 인권 지지 및 증진을 위한 노력과는 구별된다. 이는 모든 기업이 인권 침해를 방지하고, 기업 활동 및 사업 관계로 인해 연루될 수 있는 어떠한 침해에 대해서도 다루어야 한다는 기업에 대한 기본적인 기대이다. 이러한 책임은 인권 및 지속가능 발전 증진을 위한 어떤 노력에도 상쇄될 수 없다.

유엔 이행 원칙에 따르면, 기업 운영과 가치사슬에 관련된 인권에 관한 모든 부정적 영향을 다루는 것은 항상 기업의 우선 순위여야 한다. 기업이 이 사안에 대

한 우선순위를 정해야 할 필요와 관련해, 유엔 이행 원칙은 기업이 다른 무엇보다 잠재적인 부정적 영향의 심각성, 즉 그 영향이 얼마나 중대하고 광범위한가, 구제하기 어려운가 등에 근거해 우선순위를 정해야 함을 분명히 명시하고 있다.

기업의 잠재적 비용이나 혜택과는 관계없이, 기업은 인권침해 영향과 인권침해로 인한 위험을 제거하는 데 우선순위를 두어야 한다. 그럼에도 불구하고, 인권 리스크와 기업 리스크의 공통 부문이 증가하고 있으며, 이는 특히 인권 영향이 심각하게 대두될 때 그 상관관계가 더 깊어진다는 증거가 더욱 많아지고 있다.

③ 현행 프레임워크, 원칙 및 지침

지난 수십 년 간에 걸친 기업, 정부, 시민사회 및 지식인들의 논의는 책임 있고 윤리적인 기업행동을 위한 국제 프레임워크, 원칙 및 지침을 형성해 왔다.

아래는 모든 기업에게 보편적으로 적용되는 원칙들이다.

- 국제노동기구 다국적 기업 및 사회정책의 원칙에 관한 삼자선언

(ILO Tripartite Declaration of Principles Concerning Multinational Enterprises and Social Policy)

- 유엔글로벌콤팩트 원칙(UN Global Compact Principles)
- 유엔 기업과 인권에 관한 이행 원칙(UN Guiding Principles on Business and Human Rights)

이러한 원칙들은 기업이 보편적인 권리를 존중하고 특정 최소 기준들을 존중하도록 안내한다. 예컨대 인권, 노동, 환경, 반부패를 다루는 유엔글로벌콤팩트 10대 원칙은 지속가능발전에 관여하는 모든 기업에 대한 최소 기대치를 규정한다. 또한, 유엔 기업과 인권 이행 원칙은 모든 기업이 인권을 존중할 책임에 대하여 재차 설명한다.

더불어, 기업의 SDGs 기여에 관한 기본 자료로 고려할 수 있는 여러 지침들이 있다. 이는 'ISO 26000 사회적 책임에 관한 지침(ISO 26000 Guidance on Social Responsibility)'과 '보다 지역을 위한 지침인 OECD 다국적기업 가이드라인(OECD Guidelines for Multinational Enterprises)'을 포함한다.

4) 우선순위 정하기

지속가능발전목표(SDGs)가 제시하는 기회와 도전으로부터 혜택을 얻기 위한 우선순위 선정은 기업이 해당 분야에 노력을 집중할 수 있도록 도와줄 것이다.

SDGs 17개 목표 모두가 동일하게 기업과 관련이 있는 것은 아니다. 기업이 각 목표에 기여할 수 있는 정도와 SDGs가 제시하고 있는 위험과 기회는 많은 요인에 따라 달라지게 된다. SDGs에 전략적인 접근을 취할 때, 기업의 첫 번째 업무는 기업 활동이 가치사슬 전반에 걸쳐 SDGs에 미치는 '현재의, 잠재적인, 긍정 또는 부정적인' 영향에 대한 평가를 수행하는 것이다. 이는 긍정적인 영향이 어디서 확대될 수 있고, 부정적인 영향이 어디서 감소 또는 방지될 수 있는지를 파악할 수 있게 돕는다.

이 단계에서는 다음과 같은 세 가지 광범위한 행동을 중심으로 기업이 어떻게 우선순위를 정할 것인지를 설명한다.

① 영향 범위 식별을 위한 가치사슬 맵핑

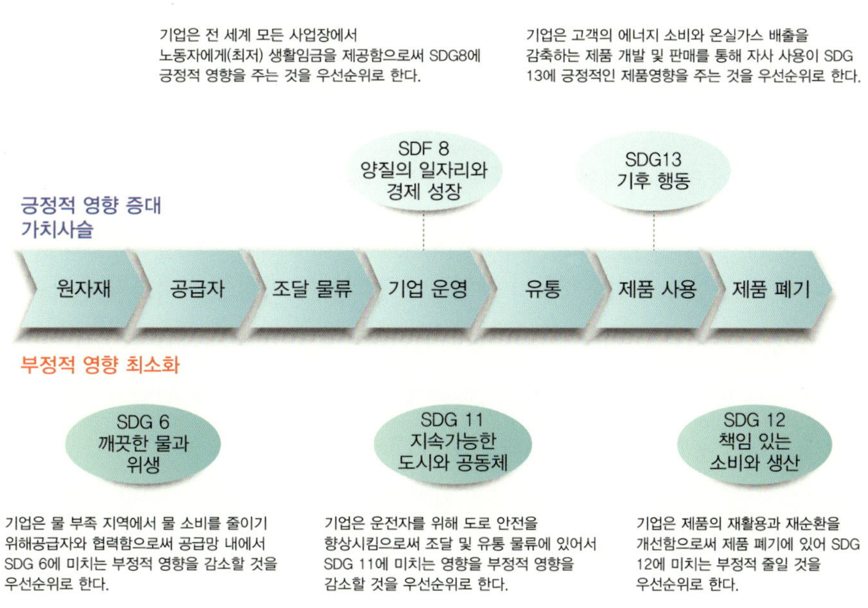

② 지표 선정과 데이터 수집

이 예시는 논리 모델이 어떻게 작동하는지 설명한다. **정수제에 논리 모델**에서 오른쪽으로 갈수록, 정확한 데이터를 얻기가 더 투자하는 기업은 잠재적으로 수인성 질병 발생빈도의 감소와 어려워집니다. 따라서, 많은 기관들은 투입물, 활동, 산출물을 SDGs 목표 3.3 '2030년까지 에이즈의 유행, 결핵, 말라리아, 소외 측정하여 결과 및 영향 측정을 위한 대체 자료로 이용한다. 열대 질환의 전염, 간염 투병, 수인성 질병 및 다른 전염병의 종결에 기여하는 것이다.

기업은 다음 절차를 통해 SDG 목표 3.3에 대해 이해할 수 있다.

더 많은 설명은 WBCSD' s Measurlng soclo-economic Impact guide for busicess에서 확인 할 수 있다.

투입물 :	활동 :	산출물 :	결과 :	영향 :
어떤자원이 SDGs에 긍적적인 또는 부정적으로 영향을 끼치는가?	어떤 활동을 하는가?	이 활동으로 산출되는 것은 결과로부터의 무엇인가?	목표 인구 내 발생한 변화는 무엇인가?	이러한 산출 변화는 무엇인가?
예: 연구개발 생산,마케팅 지출 (지출비용)	예: 정수제, (마케팅 및 유통 노력의 질적 측면 서술)	예: 정제약 판매(정제약을 구입한 물 고객에 대한 인구 통계학적 정보와 판매 수)	예: 깨끗한 물의 소비 (전체 소비 대비 비율)	예: 수인성 질병 발생를 감소 (판매 전 vs 감소 비율)

③ 우선순위 선정

기업은 이제 지속가능 발전에 대한 '현재의, 잠재적인, 부정적, 긍정적인' 영향에 대해 이해해야만 한다. 다음 단계는 SDGs에 대한 기업의 우선순위를 정하는 것이다. 모든 기준을 포함하지는 않지만, 아래와 같은 기준을 참고하면 도움이 될 것이다. 2단계의 세 가지 행동에 따라 일을 진행할 때, 영향을 평가하고 우선순위를 결정하는 것은 과학적인 과정이 아니라 주관적 판단을 요구하고 있음을 인지하는 것이 중요하다. 그러므로 이 과정에서 투명한 문서 작성을 권장한다.

이와 함께 영향과 우선순위들이 끊임없이 진화하는 과정을 추적하기 위하여 세 가지 행동을 주기적으로 반복하는 것도 권한다. 현재 및 잠재적인 부정적 영향의 규모와 심각성 및 가능성 등 핵심 이해관계자에게 미칠 이러한 영향의 중요성 및 자원 효율성을 통한 경쟁력 강화의 기회를 고려해야 한다.

새로운 규제, 표준화, 시장에서의 원자재 또는 노동력 부족, 공급망 중단, 이해당사자의 압력 또는 일정 시간에 걸친 시장 동력 변화로 인한 가능성을 포함해 추가 고려 사항은 이러한 부정적인 영향이 기업에 비용이나 위험을 초래할지도 모른다.

기업이 SDGs 전반에 걸쳐 현재 및 잠재적인 긍정적 영향으로부터 이익을 얻거나 성공하기 위한 기회를 평가해야 한다. 이는 혁신을 위한 기회, 새로운 제품 및 해결책의 개발을 위한 기회 혹은 새로운 시장을 겨냥한 기회를 포함하기도 한다.

5) 목표 설정하기

목표 설정은 2단계에서 다룬 영향 평가 및 우선순위 선정의 결과를 기반으로 하며, 이는 좋은 성과를 이루기 위해 필수적이다. 구체적이고, 측정가능하며 시한이 있는 목표를 설정하는 것은 우선순위의 공유를 장려하고 조직 전반에 걸쳐 성과 향상에 도움을 준다. 기업은 SDGs를 연계함으로써 더욱 의미 있는 목표를 설정할 수 있고, 지속 가능 발전에 대한 기업의 노력을 더욱 효과적으로 소통할 수 있다.

목표 설정에 관한 네 가지 행동 지침은 다음과 같다.

① 목표 범위 파악 및 KPIs 선정

② 기준치 설정 및 목표 유형 선정

③ 야심찬 목표 설정

④ SDGs 지지 선언

6) 통합하기

목표 설정의 결과로서, 기업은 구체적인 KPIs를 파악하고, 전략적 우선순위를 위한 목표를 설정하게 될 것이다. 지속 가능성을 핵심 사업에 통합시키고, 모든 직무에 세부 목표를 내재화하는 것은 이러한 목표를 다루기 위해 필수적이다.

지속 가능성의 통합은 제품과 서비스 제공, 고객 분류, 공급망 관리, 원자재 선택과 사용, 운송 및 유통망, 제품 폐기 등을 포함한 기업 핵심 사업의 모든 측면에서 변화를 이끌어내는 잠재력을 갖고 있다.

공동의 목적을 추구하거나 체계적인 변화를 다루기 위해, 기업은 영향과 파급력을 강화하기 위해 파트너들과의 협력을 확대하고 있다.

이 단계에서는 기업이 어떻게 아래의 행동을 통해 SDGs를 통합할 수 있는지를 설명한다.

① 기업 내 지속 가능성 목표의 정착

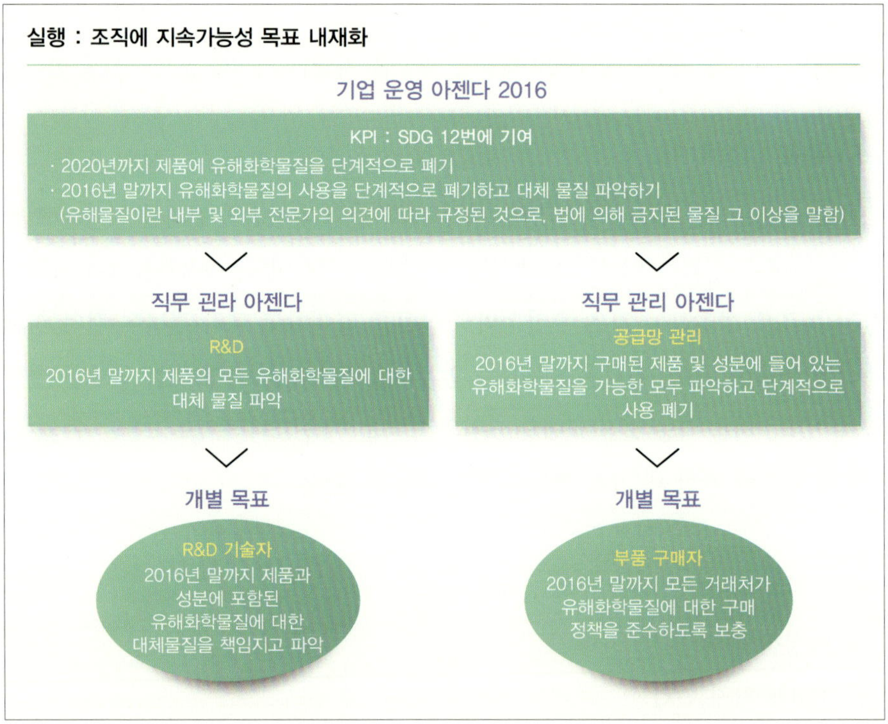

② 파트너십 참여

2014년 38,000명의 기업 임원, 관리자 및 지식인들을 대상으로 한 조사에 따르면, 응답자의 90%가 독자적으로는 지속 가능성 이슈를 효과적으로 다룰 수 없다는 데에 동의했다. 협력의 가치에 대한 공감대는 분야간 파트너십을 위해 다양한 목표를 제시하고 있는 SDG 17번 목표와 더불어 SDGs의 설계에 명확하게 반영되어 있다. 일반적으로 기업은 최소한 세 가지 형태의 파트너십을 모색할 수 있다.

- **가치사슬 파트너십** : 가치사슬 내에 있는 기업들은 상호보완적인 능력과 기술 및 자원을 결합하여 시장에 새로운 솔루션을 제시할 수 있다.
- **분야별 이니셔티브**(initiative) : 여러 산업별 지도자는 산업 전반에 걸친 기준과 활동의 수준을 올리고 공통의 도전 과제를 극복하기 위한 노력에 동참할 수 있다.

• 다자간 파트너십 : 정부와 민간부문 및 시민사회가 함께 힘을 모아 복잡한 문제를 해결할 수 있다.

SDGs는 공동의 목표와 우선순위를 위해 파트너들이 협력할 수 있게 한다. 효과적인 지속 가능 발전 파트너십 구축을 위해서는 높은 수준의 이행이 필요하다.

7) 보고 및 소통하기

지난 10여 년 간, 기업의 지속 가능성 공시 활동은 이해관계자의 정보 공개에 대한 요구와 함께 급격히 증가하였다. 기업은 이해관계자들의 요구를 충족시키기 위해 SDGs 이행에 대해 지속적으로 보고하고 소통하는 것이 중요하다.

최근 많은 정부와 시장 규제기관 및 증권거래소에서 공시 정책 및 규정을 수립하였다. 전 세계적으로 최소 180여 개의 지속 가능성 보고에 관한 국가 정책 및 조치가 있고, 이 중 약 2/3는 법적 의무가 있다. 오늘날 전세계 대기업의 대다수는 지속 가능성 성과와 영향을 공시한다. 전세계 상위 250개 기업의 93%가 지속 가능성 성과를 공시하고 있다. SDGs는 보고 수준에 대한 명확한 기대를 제시한다. SDG의 세부목표 12.6은 각국 정부가 '기업, 특히 다국적 기업이 지속 가능한 활동을 도입하고 지속 가능성 정보를 주기적으로 보고하는 것을 장려'하도록 촉구하고 있다. 이 단계는 보고 및 소통에 필요한 행동을 설명한다.

① 효과적인 보고 및 소통

기업이 GRI가 제공하는 종합적인 표준, 탄소공개 프로젝트(Carbon Disclosure Project, CDP) 등의 특정 이슈별 보고 메커니즘과 같이 국제적으로 공인된 지속 가능성 보고 표준을 사용하는 것은 중요하다. 그 외의 이슈별 보고 메커니즘에는 유엔 이행 원칙 프레임워크(UN Guiding Principles Reporting Framework), 기후정보공개표준화위원회 프레임워크(Climate Disclosure Standard Board Framework, CDSB)가 있다. SDG Compass 웹사이트 (www.sdgcompass.org)에서 더 많은 표준 및 프레임워크를 확인할 수 있다.

기업은 기존의 보고 형식과 소통 방식을 이용하거나, 더 간결한 독립 보고서 및 소통 방식을 마련할 지에 대해 결정할 수 있다.

② SDG 성과 소통

SDGs는 보고를 위한 공통의 언어를 제공한다. 또한, 지속 가능 발전을 위한 공통 프레임워크는 보고서 서술 및 기업의 지속 가능발전 성과에 관한 다양한 소통 방식 및 성과 공시 형태의 우선순위를 형성하는 데도 도움이 될 것이다. 많은 기업은 기후변화, 지속가능한 수자원관리, 고용 및 좋은 일자리와 같이 SDGs에서 다루는 주제들에 대해 이미 보고하고 소통하고 있다. 기업의 보고 및 소통을 SDGs에 연계하는 것은 SDGs의 기대치에 대한 맥락 속에서 성과를 논의하는 것과 더불어 이해관계자들 간 공통의 대화를 위해 SDGs의 언어로 공시하는 것을 의미한다. 기업은 연관 있는 SDG에 관해 아래 항목을 공시할 수 있다.

- SDG가 왜 그리고 어떻게 관련이 있는지 등
  (예: SDG 우선순위 선정 과정 및 참여 이해관계자 서술)
- SDG와 연관된 주요 긍정적 · 부정적 영향
- SDG에 대한 기업의 목표들과 달성 과정
- SDGs 관련 영향 관리 및 기업 전반의 통합을 통한 목표 달성 전략과 활동
  (예: 정책, 시스템 및 상세한 주의와 같은 과정 서술)

(7) 결론

경영 시스템의 중요 이슈가 이제 완성되었다.

- SDGs
- OHSMS 2018 : 경영 시스템에 대한 제도도 준비되었다.
- KOSHA MS : 잠재 고객도 준비되었다.
- 관공서

이제 KISA(대한산업안전협회)가 안전보건 경영 시스템에 대한 책임 있는 행동을 할 때가 되었다. KISA의 장래 계획에 경영 시스템이 중요한 역할하기 바라며 ISO45001과 KOSHA MS 인증이 국내에서 동일효력을 인증받으나 ISO45001로 정착되어 통일되기를 간절히 소망한다.

13. ISO 45001 경영 시스템

(1) 경영 시스템의 개요

- 경영 시스템의 국제표준화
- Annexs SL
- ISO 45001제정배경
- Risk based thinking/위험 기반 사고
- 문서화된 정보
- ISO 45001 이전

(2) 경영 시스템의 국제표준화

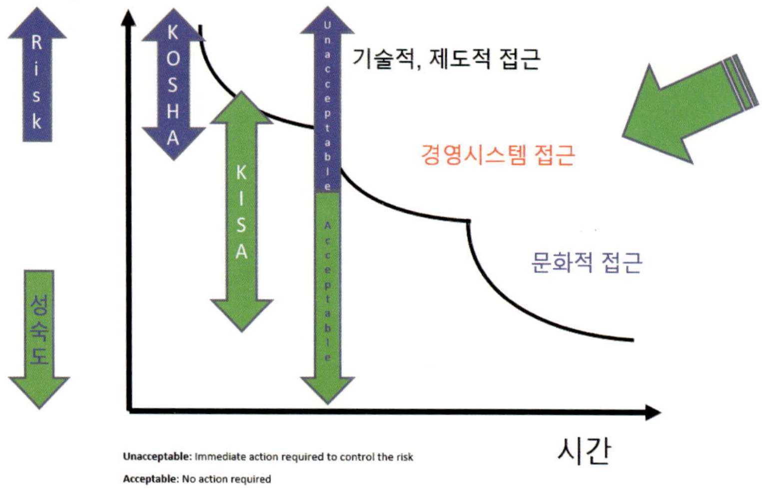

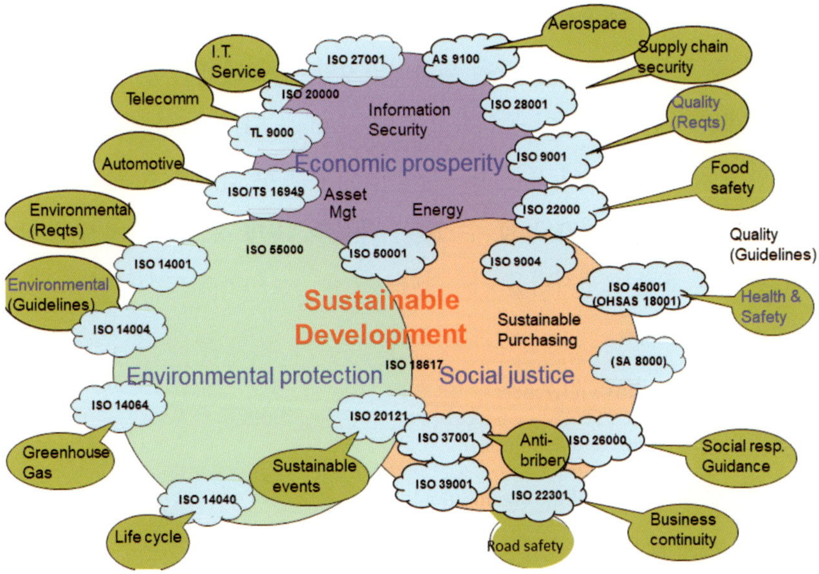

• ISO45001요구사항 및 HLS(High Level Structure)

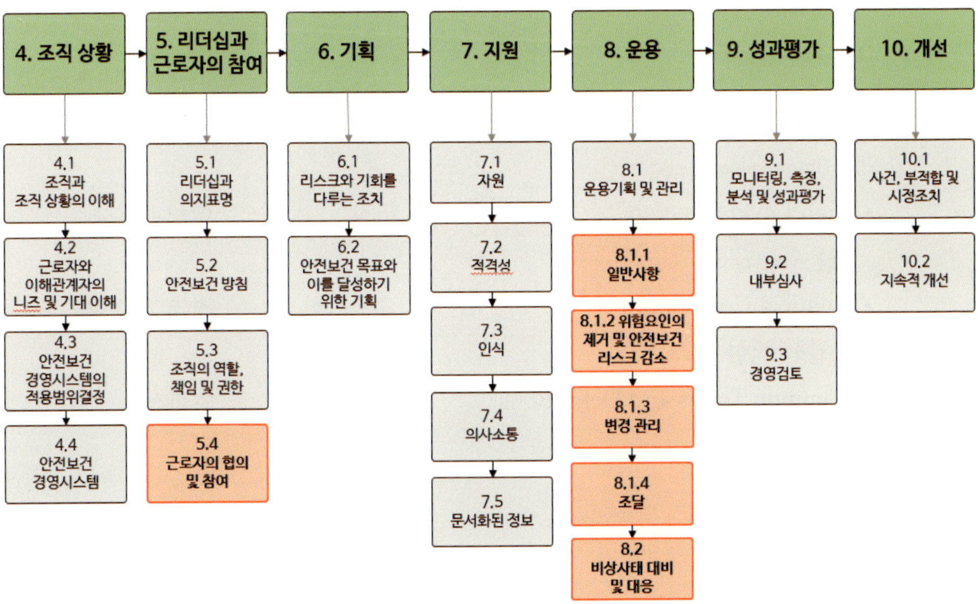

(3) Annexs SL

Annex SL은 ISO/IECDirectives(Part1)의 부속서 순서에 따른 명칭이다.

(Annex SK – Annex SL – Annex SM)

'ISO 9001의 제정 이후, 경영 시스템의 가장 중요한 사건이다.' 영국 IRCA에서 이 진술을 처음 했을 때는 작은 의견이었지만, 오늘날에는 경영 시스템 규격 분야에 관계된 사람 대부분이 동의하고 있다. Annex SL은 ISO 표준을 문서화할 때 동일한 구조를 사용하여 표준 요구사항을 기술할 수 있도록 요구한 "ISO 표준 문서구조에 대한 규격"이라고 할 수 있다. 다음의 10개 장으로 목차를 동일하게 구성한 후에 각 표준 요구사항을 기술한다.

① 적용 범위(Scope)
② 인용 표준(Normative references)
③ 용어와 정의(Terms and definitions)
④ 조직의 상황(Context of the organisation)
⑤ 리더십(Leadership)
⑥ 기획(Planning)
⑦ 지원(Support)
⑧ 운영(Operation)
⑨ 성과 평가(Performance evaluation)
⑩ 개선(Improvement)

- High Level Structure/ 높은수준 구조
- Identical Core Text/ 동일한 핵심 텍스트
- Common Terms and Definitions/ 공통용어 정의

조직	이해관계자
요구사항	경영 시스템
최고경영자	효과성
방침	목표
리스크	적격성
프로세스	성과
외주	모니터링
측정	심사
적합성	부적합
시정조치	지속적 개선
문서화된 정보	

1) Annex SL 부록 2 강제사항

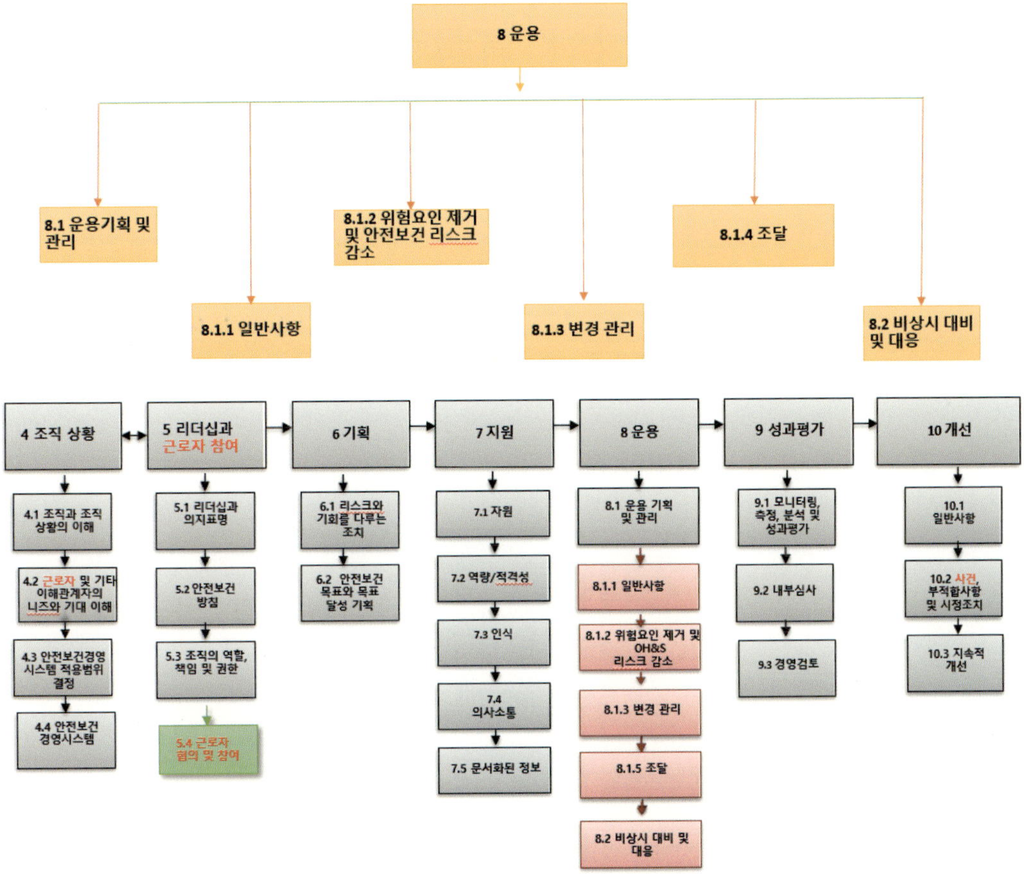

① High Level Structure/ 높은수준 구조

Clause 1–적용범위
Clause 2–인용표준
Clause 3–용어와 정의
Clause 4–조직 상황
Clause 5–리더십
Clause 6–기획
Clause 7–지원
Clause 8–운용
Clause 9–성과 평가
Clause 10–개선

② High Level Structure

③ Identical Core Text

5. 리더십

5.1. 리더십 및 의지

최고경영자는 ××× 경영시스템에 관한 리더십 및 의자를 실증하여야 한다.

- ×××방침과 ×××목표의 수립 및 조직의 전략적 방향과 조화됨을 보장
- ×××경영시스템 요구사항이 조직의 비즈니스 프로세스로 통합됨을 보장
- ×××경영시스템에 필요한 자원의 가용성 보장

2) ISO 45001 2018 **용어와 정의**

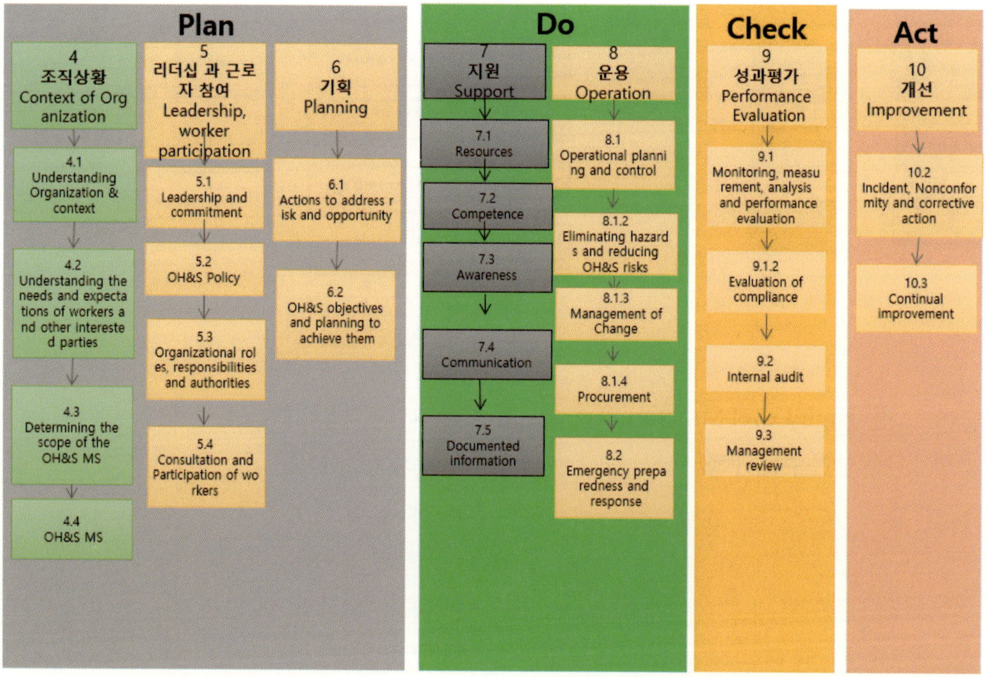

① 조직(organization)

조직의 목표(16)를 달성하기 위한 책임, 권한 및 관계가 있는 자체의 기능을 가진 사람 또는 사람의 집단

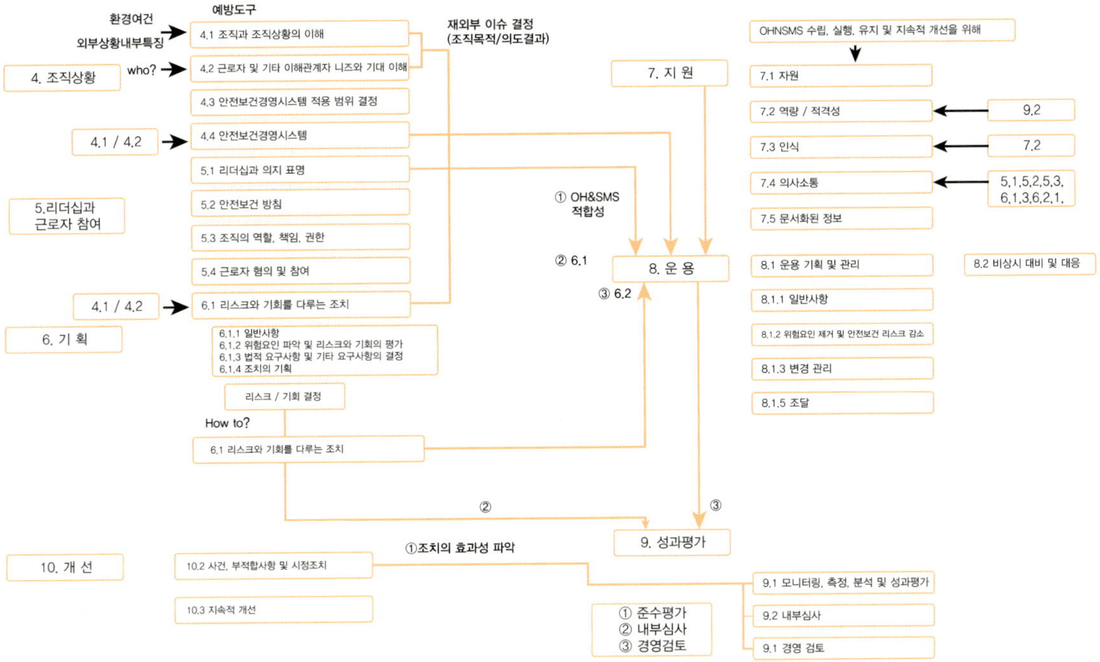

※ Common Terms and Definitions(37개 용어)

- 비고 1 : 조직의 개념은 다음을 포함하나 이에 국한되지 않는다. 개인사업자, 회사, 법인, 상사, 기업, 당국, 파트너십, 협회, 자선단체 또는 기구 혹은 이들이 통합이든 아니든 공적이든 사적이든 이들의 일부 또는 조합
- 비고 2 : 이것은 ISO/IEC 지침, 제1부에 대한 통합된 ISO 보충자료의 부록서 SL에 주어진 ISO 경영 시스템 표준에 대한 공통 용어 및 핵심 정의 중 하나를 구성

② 이해 관계자(선호하는 용어)/이해 관계자(허용된 용어)

의사결정 또는 활동에 영향을 줄 수 있거나, 영향을 받을 수 있거나 또는 그들 자신이 영향을 받는다는 인식을 할 수 있는 사람 또는 조직(1)

- 비고 : 이것은 ISO/IEC 지침, 제1부에 대한 통합된 ISO 보충자료의 부록서 SL에 주어진 ISO 경영 시스템 표준에 대한 공통 용어 및 핵심 정의 중 하나를 구성한다.

③ 근로자(worker)

조직(1)의 관리 하에 있는 작업 또는 작업 관련 활동을 수행하는 사람

- 비고 1 : 개인은 정기적 또는 일시적 · 간헐적 또는 계절적, 우연한 또는 시간제 등 다양한 방식으로 유급 또는 무보수로 작업 또는 작업–관련 활동을 수행한다.
- 비고 2 : 근로자에는 최고경영자(12), 관리직 및 비관리자직을 포함한다.
- 비고 3 : 조직의 관리 하에 수행되는 업무 또는 업무–관련 활동은 조직이 고용한 근로자, 외부 제공자의 근로자, 계약자, 개인, 대리 근로자 및 조직의 상황에 따라 업무 또는 업무–관련 활동을 공유하는 범위 내에서 다른 인원에 의해 수행할 수 있다.

④ 참여(participation)

의사 결정에서 참여/개입

- 비고 : 참여는 안전보건위원회 및 존재하는 경우, 근로자 대표가 참여하는 것을 포함한다.

⑤ 협의(consultation)

결정 이전에 의견을 구함

- 비고 : 협의는 안전보건위원회 및 존재하는 경우, 근로자 대표가 참여하는 경우를 포함한다.

⑥ 작업장(workplace)

인원이 일을 해야 하거나 일의 이유로 갈 필요가 있는 조직(1)의 관리 하에 있는 장소

- 비고 : 작업장에 대한 OH&S 경영 시스템(11)의 조직의 책임은 작업장 전반에 걸친 관리의 정도에 의존한다.

⑦ 계약자(contractor)

합의된 규격, 계약 조건에 따라 조직에 서비스를 제공하는 외부 조직(1)

- 비고 : 서비스에는 건설 활동이 포함될 수 있다.

⑧ 요구사항(requirement)

명시적인 니즈 또는 기대, 일반적으로 묵시적이거나 의무적인 요구 또는 기대

- 비고 1 : "일반적으로 묵시적인"은 조직(1) 및 이해관계자(2)의 요구 또는 기대가 묵시적으로 고려되는 관습 또는 일상적인 관행을 의미한다.
- 비고 2 : 규정된 요구사항은, 예를 들면 문서화된 정보(24)에 명시된 것을 말한다.
- 비고 3 : 이것은 ISO/IEC 지침, 제1부에 대한 통합된 ISO 보충자료의 부록서 SL에 주어진 ISO 경영 시스템 표준에 대한 공통 용어 및 핵심 정의 중 하나를 구성한다.

⑨ 법적 요구사항 및 기타 요구사항(legal requirements and other requirements)

조직(1)이 준수해야하는 법적 요구사항 및 조직이 준수해야 하거나 준수하기로 선택한 기타 요구사항(8)

- 비고 1 : 이 표준의 목적 상, 법적 요구사항 및 기타 요구사항은 OH&S 경영 시스템(11)과 관련된 것이다.

⑩ 경영 시스템(management system)

방침(14) 및 목표(16)를 수립하고 그 목표를 달성하기 위한 프로세스 (25)를 수립하기 위한 조직(1)의 상호 관련되거나 상호 작용하는 요소의 집합

- 비고 1 : 경영 시스템은 단일 분야 또는 여러 분야를 다룰 수 있다.
- 비고 2 : 경영 시스템 요소는 조직의 구조, 역할과 책임, 기획, 운영, 성과평가 및 개선을 포함한다.

⑪ 안전보건 경영 시스템

OH&S 경영 시스템(OH&S management system) OH&S 방침(15)을 달성하기 위해 활용된 경영 시스템(10) 또는 경영 시스템의 일부.

- 비고 1 : OH&S 경영 시스템의 의도된 결과는 근로자(3)에게 상해 및 건강상 장해(18)를 예방하고 안전하고 건강한 작업장(6)을 제공하는 것이다.
- 비고 2 : "안전보건"(OH&S) 및 "보건안전"(OSH)은 동일한 의미이다.

⑫ 최고경영자/최고경영진(top management)

최고 계층에서 조직(1)을 지휘하고 관리하는 사람 또는 그룹

• 비고 1 : 최고경영진은 OH&S 경영 시스템(11) 보유에 대한 최종 책임이 있는 조직 내에서 권한을 위임하고 자원을 제공할 힘을 갖는다.
• 비고 2 : 경영 시스템(10)의 적용범위가 단지 조직의 일부만을 포함하는 경우, 조직의 그 일부분을 지휘하고 관리하는 사람들을 최고경영자로 부를 수 있다.

⑬ 효과성(effectiveness)

계획된 활동이 실현되어 계획된 결과가 달성되는 정도

⑭ 방침(policy)

최고경영자(12)에 의해 공식적으로 표명된 조직(1)의 의도 및 방향

• 비고 : 이것은 ISO/IEC 지침, 제1부에 대한 통합된 ISO 보충자료의 부록서 SL에 주어진 ISO 경영 시스템 표준에 대한 공통 용어 및 핵심 정의 중 하나를 구성한다.

⑮ 안전보건 방침(occupational health and safety policy)/OH&S 방침

근로자(3)에게 상해 및 건강상 장해(18)를 예방하고 안전하고 건강한 작업장(6)을 제공하기 위한 방침(14)

⑯ 목표(objective)

달성되어야 할 결과

• 비고 1 : 목표는 전략적이고 전술적이며, 또 운영적일 수 있다.
• 비고 2 : 목표는 다른 분야(예를 들면 재무, 안전보건, 그리고 환경목표)와 관련될 수 있고, 상이한 계층 [예를 들면, 전략적, 조직-전반, 프로젝트, 제품, 그리고 프로세스(25)]에 적용될 수 있다.

⑰ 안전보건 목표(occupational health and safety objective)OH&S 목표

OH&S 방침 (15)과 일관성 있는 구체적인 결과를 달성하기 위해 조직 (1)이 설정한 목표 (16)

⑱ 상해 및 건강상 장해(injury and ill health)

사람의 신체적 · 정신적 또는 인지적 상태에 대한 악영향

- 비고 1 : 이러한 악영향은 직업병과 질병 및 사망을 포함한다.
- 비고 2 : “상해 및 건강상 장해”라는 용어는 상해 또는 건강상 장해가 자체 또는 조합 형태로 존재함을 의미한다.

⑲ 유해위험 요인(hazard)

상해 및 건강상 장해(18)의 잠재적 가능성이 있는 근원

- 비고 : 유해위험 요인은 해를 끼칠 수 있는 위험이 있거나 위험한 상황 및 상해 또는 건강상 장해를 초래할 수 있는 노출 가능성이 있는 원인을 포함할 수 있다.

⑳ 리스크(risk)

불확실성의 영향

- 비고 1 : 영향은 긍정적 또는 부정적 예상으로부터 벗어나는 것이다.
- 비고 2 : 불확실성은 사건과 사고의 결과 또는 가능성에 대한 이해 또는 지식에 관련된 정보의 부족, 심지어 부분적으로 부족한 상태이다.

㉑ 안전보건 리스크(occupational health and safety risk)

OH&S 리스크 작업 관련 위험한 사건 또는 노출에 의한 발생 가능성과 사건 또는 노출에 의해 야기될 수 있는 상해 및 건강상 장해(18)의 심각성의 조합

㉒ 안전보건 기회(occupational health and safety opportunity) OH&S 기회

OH&S 성과(28) 개선으로 이어질 수 있는 상황 또는 상황의 조합

㉓ 역량/적격성(competence)

의도된 결과를 달성하기 위해 지식 및 스킬을 적용하는 능력

- 비고 : 이것은 ISO/IEC 지침, 제1부에 대한 통합된 ISO 보충자료의 부록서 SL에 주어진 ISO 경영 시스템 표준에 대한 공통 용어 및 핵심 정의 중 하나를 구성한다.

㉔ 문서화된 정보(documented information)

조직(1)에 의해 관리되고 유지되도록 요구되는 정보 및 정보가 포함되어 있는 매체

㉕ 프로세스(process)

입력을 출력으로 변환하는 상호 관련되거나 상호작용하는 활동의 집합

• 비고 : 이것은 ISO/IEC 지침, 제1부에 대한 통합된 ISO 보충자료의 부록서 SL에 제공된 ISO 경영 시스템 표준에 대한 공통 용어 및 핵심 정의 중 하나를 구성한다.

㉖ 절차(procedure)

활동 또는 프로세스(25)를 수행하기 위하여 규정된 방식

• 비고 1 : 절차는 문서화될 수도 있고 문서화되지 않을 수도 있다.

㉗ 성과(performance)

측정 가능한 결과

• 비고 1 : 성과는 정량적 또는 정성적 발견 사항과 관련될 수 있다. 결과는 정성적 또는 정량적 방법으로 결정되고 평가될 수 있다.

㉘ 안전보건 성과(occupational health and safety performance)

OH&S 성과

근로자(3)에게 상해 및 건강상 장해(18)의 예방과 안전하고 건강한 작업장(6) 제공에 대한 효과성(13)과 관련된 성과(27)

㉙ 외주 처리하다, 동사(outsource, verb)

외부 조직(1)이 조직의 기능 또는 프로세스(25)의 일부를 수행하도록 하다.

• 비고 1 : 외주 처리된 기능 또는 프로세스가 경영 시스템의 적용범위 내에 있다고 하더라도 외부 조직은 경영 시스템(10) 적용범위 밖에 있다.

㉚ 모니터링(monitoring)

시스템, 프로세스(25) 또는 활동의 상태를 결정

- 비고 1 : 상태를 확인하기 위해서는 점검이나 감독 또는 심도 있는 관찰이 필요할 수 있다.
- 비고 2 : 이것은 ISO/IEC 지침, 제1부에 대한 통합된 ISO 보충자료의 부록서 SL에 주어진 ISO 경영 시스템 표준에 대한 공통 용어 및 핵심 정의 중 하나를 구성한다.

㉛ 측정(measurement)

값을 결정하는 프로세스(25)

- 비고 : 이것은 ISO/IEC 지침, 제1부에 대한 통합된 ISO 보충자료의 부록서 SL에 주어진 ISO 경영 시스템 표준에 대한 공통 용어 및 핵심 정의 중 하나를 구성한다.

㉜ 심사(audit)

심사기준에 충족되는 정도를 결정하기 위하여 객관적인 증거를 수집하고 객관적으로 평가하기 위한 체계적이고 독립적이며 문서화된 프로세스(25)

- 비고 1 : 심사는 내부심사(1자 심사), 또는 외부심사(2자 또는 3자)가 있으며, 결합심사(둘 또는 그 이상 분야를 결합한)가 있을 수 있다.
- 비고 2 : 내부심사는 조직(1) 자체에서 또는 외부 의뢰인에 의해 수행된다.

㉝ 적합(conformity)

요구사항(8)의 충족

- 비고 : 이것은 ISO/IEC 지침, 제1부에 대한 통합된 ISO 보충자료의 부록서 SL에 주어진 ISO 경영 시스템 표준에 대한 공통 용어 및 핵심 정의 중 하나를 구성한다.

㉞ 부적합(nonconformity)

요구사항(8)의 불충족

- 비고 1 : 부적합은 이 표준의 요구사항 및 조직 (1)이 자체적으로 수립한 추가 OH&S 경영 시스템(11) 요구사항과 관련된다.
- 비고 2 : 이것은 ISO/IEC 지침, 제1부에 대한 통합된 ISO 보충자료의 부록

서 SL에 주어진 ISO 경영 시스템 표준에 대한 공통 용어 및 핵심 정의 중 하나를 구성한다. 이 표준의 요구사항 및 조직 자체의 OH&S 경영 시스템 요구사항에 대한 부적합의 관계를 명확히 하기 위해 보기 1이 추가되었다.

㉟ 사건(incident) → 사고

상해 및 건강상 장해(18)에 악영향을 미칠 수 있는 외적인 작업 또는 작업 과정에서 생긴 일

㊱ 시정조치(corrective action)

부적합(34) 또는 사건 (35)의 원인을 제거하고 재발을 방지하기 위한 조치

㊲ 지속적 개선(continual improvement)

성과(27)를 향상시키기 위하여 반복하는 활동

- 비고 1 : 성과향상은 OH&S 방침(15) 및 OH&S 목표(17)와 일관성 있는 전체 OH&S 성과(28)의 개선을 달성하기 위해 OH&S 경영 시스템 (11)의 활용과 관련이 있다.
- 비고 2 : 지속적은 연속적을 의미하지 않으므로 모든 분야에서 활동을 동시에 수행할 필요는 없다.
- 비고 3 : 이것은 ISO/IEC 지침에 대한 보충 ISO의 부록 SL에 있는 ISO경영 시스템 표준에 대한 공통용어 및 핵심 정의 중 하나를 구성한다. 비고 1 및 비고 2가 추가되었다: 비고 1은 OH&S 경영 시스템의 상황에서 "성과"의 의미를 명확히 하기 위한 것이고, 비고 2는 "지속적"의 의미를 명확히 하기 위한 것이다.

3) Annex SL 현재표준의 구조

ISO 9001 품질경영 시스템과 ISO 14001 환경경영 시스템은 유사하면서 서로 다른 부분이 있다. HSL의 Annex SL의 동일한 핵심내용으로 공통적인 용어 및 정의가 중첩되는데, ISO 9001:2015 품질경영 시스템은 그 비율이 30%를 차지하고 특정 요구사항은 70%에 이른다. ISO 14001:2015 환경경영 시스템은 HSL

의 Annex SL의 동일한 핵심내용으로 공통적인 용어 및 정의가 55%, 특정요구사항은 45%로 구성된다.

ISO 45001:2018 안전보건경영 시스템은 ISO 9001 품질경영 시스템과 HSL의 Annex SL의 동일한 핵심내용으로 공통적인 용어 및 정의가 50% 중첩되고 특정요구사항은 50%이다.

4) Annex SL – benefits

Annex SL을 통하여 더 원활해진 경영 시스템의 통합을 이루며, 중복적인 활동을 방지하고 그 효율을 증대시킬 수 있다. 또한 통합경영 시스템의 전반적인 운영비용을 절감하는 효과가 있다.

통합방법은 아래와 같다.

① ISO HLS Annex SL을 활용한 구조

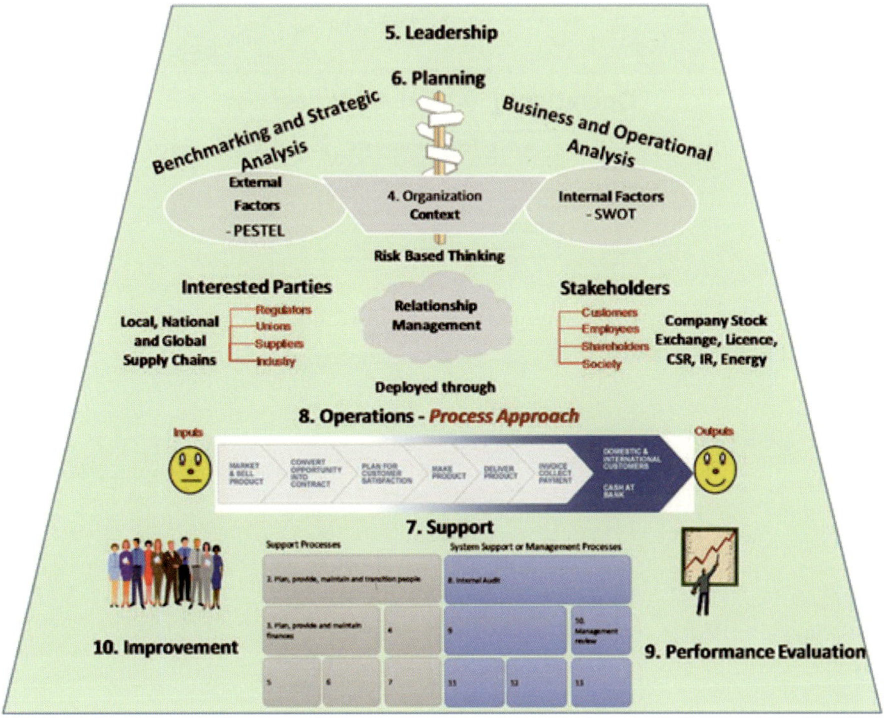

② 프로세스 맵을 활용한 전략적 구조

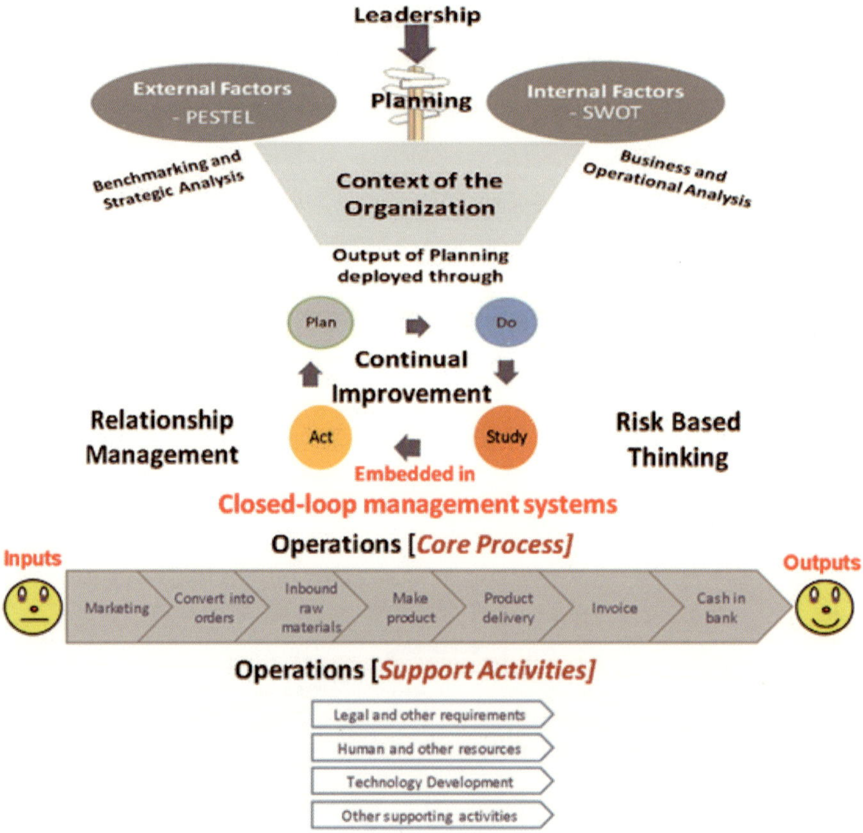

(4) ISO 45001 제정 배경

1) OHSMS 발전과정

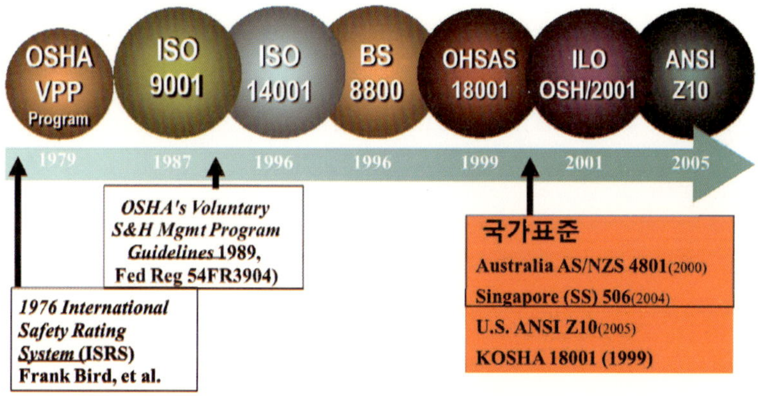

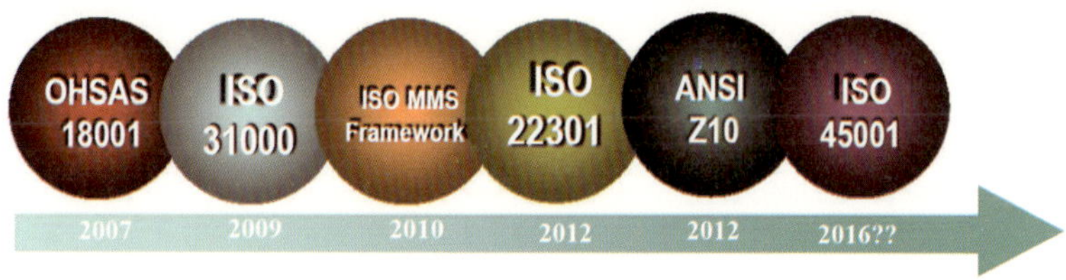

ISO 31000:2009
Risk management -- Principles and guidelines

ISO 22301:2012
Societal security -- Business continuity management systems

제5장

결 어 結語

안전문화운동은 결과적으로 말하면 안전문화 혁명으로의 국가적 사회적 백년대계(百年大計)입니다. 개인의 삶의 질을 향상시켜 행복한 사회를 꽃 피우는 길에 안전문화 혁명이 앞장서 나아가야 하겠습니다.

제5장

결어結語

1. 안전문화운동은 혁명이자 백년대계(百年大計)이다.

(1) 안전문화 수준향상은 혁명적으로

1) 혁명(革命:revolution)이란?

혁명은 정부를 전복하는 형태를 취할 수도 있지만, 산업혁명처럼 사회적 · 경제적인 성격을 띨 수도 있다. 그뿐만 아니라 우리나라 촛불문화운동이 촛불문화혁명으로 승화되어 사회전반을 변화시키고 있다.

원래 혁명은 통치형태의 순환을 설명하는 용어였다. 18세기에 미국과 프랑스에서 혁명이 일어난 뒤, 혁명은 과거의 전통적 양식에서 갑자기 벗어나는 것을 의미하기 시작했다. 유럽의 주요 혁명들은 통치형태만이 아니라 경제체제와 사회구조 및 사회의 문화적 가치에도 상당한 변화를 가져왔다.

고대 그리스 시대부터 중세에 이르기까지 혁명이라는 개념은 매우 파괴적인 힘으로 간주되었다.

고대 그리스 사람들은 사회의 기본 도덕과 종교적 신조가 타락한 뒤에야 혁명이 일어날 수 있다고 생각했다. 플라톤은 변함이 없고 확고한 신념체계가 혁명을 막을 수 있다고 믿었다. 아리스토텔레스는 혁명이라는 개념에 대해 자세히 설명하면서 문화의 기본 가치체계가 허약해지면 그 사회에서는 혁명이 일어나기 쉽다고 결론지었다. 중세에도 고대와 마찬가지로 기존의 신앙과 통치형태를 유지하는 것이 무엇보다도 중요했다.

중세 사람들은 혁명과 싸우고 사회변화를 억누르는 방법을 찾는 데 많은 관심을 기울였다. 종교적 권위가 워낙 강하고 질서유지에 대한 신념이 종교의 바탕을 이루고 있었기 때문에, 교회는 사회안정을 어지럽히지 말고 힘의 불균형을 인정하라고 사람들에게 가르쳤다. 르네상스 시대에 세속적 휴머니즘(인문주의)이 등장하면서 혁명을 신성 모독의 한 원인으로만 여기던 관점이 바뀌어 보다 근대적인 개념으로 받아들이게 되었다.

니콜로 마키아벨리는 혁명의 위협에 견딜 수 있는 나라를 만드는 것이 중요하다고 인정했다. 그러나 권력을 자세히 분석한 결과, 그는 필요할 경우 통치구조를 바꾸는 것이 옳다고 믿게 되었다. 마키아벨리는 저서에서 혁명이라는 말을 한 번도 쓰지 않았고 진정으로 안정된 국가를 만드는 방법에만 주로 관심을 쏟았지만, 변화에 대한 이와 같은 견해 때문에 근대 혁명사상의 선구자로 간주한다.

17세기 영국의 작가 존 밀턴은 사회로 하여금 자체의 잠재력을 깨달을 수 있도록 도와주는 데 혁명의 고유한 능력이 있다고 믿었다. 그는 또한 혁명이 권력을 남용하는 폭군에 대항하여 자신을 보호하고, 백성의 요구를 반영하는 새로운 질서를 만들기 위한 사회의 권리라고 생각했다. 밀턴에 따르면 혁명은 자유를 얻기 위한 수단이었다.

18세기에 일어난 프랑스와 미국의 혁명은 압제적인 지도자로부터 자유를 쟁취하려는 시도였다. 근대혁명은 유토피아를 변화의 기준으로 삼는 경우가 많았다.

독일의 철학자 임마누엘 칸트는 혁명을 인류의 진보를 위한 힘이라고 생각했다. 그는 혁명이 희생과 고통을 낳는다는 것을 인정했지만 그것은 불가피한 과정이라고 생각했다. 혁명은 사회에 좀더 높은 윤리적 토대를 실현하기 위한 '자연스러운' 단계라고 믿었다.

미국과 프랑스 혁명의 토대가 된 이러한 생각은 정치적 변화에만 국한되지 않고 사회적 · 문화적 격변도 포괄하고 있었다. G.W. F. 헤겔은 20세기 혁명사상의 형성에 결정적인 촉매작용을 했다. 그는 혁명을 인간 운명의 완성으로 생각했고, 혁명지도자들은 개혁을 부추기고 실행하는 데 반드시 필요한 사람들이라고 생각했다. 헤겔의 이론은 가장 영향력 있는 혁명사상가인 카를 마르크스 사상의 토대가 되었다.

마르크스는 사회의 경제적 과정을 지배하기 위한 싸움에 주안점을 둔 계급투쟁 이론을 만들 때 헤겔의 추상적 관념을 토대로 이용했다. 마르크스는 인류역사가 정신적으로 발전해 결국에는 지배계급과 그들을 더욱 강하게 해주는 사회구조가 허물어질 것이라고 믿었다. 또한 그는 권력이 사회변화에 없어서는 안 될 기본 요소라고 생각했는데, 사회가 진보하기 위해서는 노동계급, 즉 프롤레타리아가 생산수단을 장악해야(이양받아야) 한다고 보았다. 마르크스는 이러한 결말이 자유롭고 계급 없는 사회를 위한 투쟁의 결과이며, 이런 사회가 이루어지면 더 이상의 정치적 변화가 일어날 필요성이 완전히 사라진다고 생각했다.

그러나 20세기의 공산혁명은 '아파라트'(apparat : 정부나 당의 관료)라는 새로운 계급을 만들어냈으며 90년대에 공산주의가 구소련 붕괴 등으로 몰락하게 되었다.

근대 역사가인 크레인 브린턴은 큰 혁명이 일어나기 직전의 사회경향을 분석했는데, 혁명을 앞둔 사회에서는 그 사회의 가치가 점점 무너지기 때문에 사회적 긴장과 정치적 긴장이 동시에 존재한다고 생각했다. 따라서 정치적 권위가 무너지면 정부는 권력을 유지하기 위해 점점 더 필사적으로 공권력에 의존할 수밖에 없다.

이와 함께 개혁론자들이 등장하는데, 이것은 정치적 권위의 실추를 더욱 두드러지게 만든다. 그 사회에 존재하고 있는 정치질서가 권위를 잃기 시작함에 따라 다양한 반대세력들은 힘을 축적한다. 정부가 더 불안정해지면 기존 질서를 위협하고 있던 반대세력들이 권력을 무너뜨리기 위해 힘을 뭉친다. 브린턴은 또한 주요혁명의 여러 단계를 관찰했다. 정부가 무너지면 낙관적인 이상주의 시대가 한동안 계속되는 것이 보통이다. 그러다가 나라를 운영해야 한다는 현실에 부딪히면 이상주의는 차츰 사라진다.

여러 파벌들은 권력 다툼을 시작하는데 이 싸움이 내전으로 번지는 경우도 많다. 하나의 파벌이 이 싸움에 승리해 권력을 유지하기 위해서는 무력 사용이 거의 불가피하다. 전체주의적 정권이 지배권을 장악함에 따라 혁명의 목표는 희미해진다. 그러나 원래의 혁명운동이 갖고 있었던 기본적 신조의 일부는 결국 이루어진다.

사회혁명과 관계없이 일어나는 순수한 정치혁명, 예를 들면 미국 혁명 등은 혁명이 일어나기 전후에 이런 과정을 밟지 않았다.

순수한 정치혁명은 권력구조가 아니라 권력자만 바뀌는 것이 보통이다. 이런 점에서 순수한 정치혁명은 국민의 뜻과는 상관 없이 일어나고 쿠데타와 비슷한 과정을 거치는 경우가 많다. (러시아 혁명, 미국독립전쟁, 영국 내란, 프랑스 혁명)

2) 혁명의 역사적 의미

혁명사에서 보면 프랑스 출신 알베르 소불(Albert Soboul,1914~1982)을 빼놓을 수가 없다. 알베르 소불은 《프랑스 혁명사》에서 혁명의 개념을 명확히 정립하고, 이를 통해 프랑스 혁명의 본질적인 특성을 설명한다. 그에 따르면, 혁명이란 기존 국가 기구의 파괴뿐만 아니라 국가 기구를 지배하는 사회적 관계와 정치 구조의 근본적인 변모를 뜻한다. 즉, 프랑스 혁명의 목표는 구질서의 개선과 고약한 폐단의 완화에 있는 것이 아니라 특권과 봉건제를 폐지하고 새로운 사회 질서를 창설하는 데 있었다는 것이다.

프랑스 혁명이 일어난 원인은 봉건제에서 자본주의로 이행하는 과정 중 당시 프랑스 국민들이 겪었던 모순적인 현실에 깊이 뿌리내리고 있었다. 혁명의 과정에서 옛 사회적 관계는 특권계급과 민중계급 간에 일어난 계급투쟁을 거치며 파괴되었고, 혁명 이후에는 그 이전의 절대 왕권주의와 본질적에서 다른 민주주의와 같은 제도가 힘을 얻었다. 소불은 부르주아지(bourgeoisie)라는 새로운 사회 세력이 도시의 민중 층과 농촌의 농민 층의 지원과 견제를 받으면서 어떻게 혁명을 통해 근대 사회와 근대 국가를 빚어냈는지를 보여준다.

왜 여전히 소불이 혁명사에서 중요한가를 살펴보면 “1789년에 발생한 프랑스 혁명은 인기를 잃었다. 역사적 의미는 여전히 인정받고 있지만, 평판은 추락했다. 대중과 학계의 많은 이들에게 프랑스 혁명은 근대 세계에서 폭력, 공포 정치, 전체주의, 그리고 심지어 집단 학살(제노사이드)의 전조가 되었다.” 영·미의 혁명사 학계를 대표하는 이가 ‘미국역사학회(AHA)’ 회장으로 취임하면서 한 증언이다. 이 얼마나 엄청난 의미의 역전인가? “모든 혁명이 단두대에 오른 것은 아니다. 혁명은 ‘좋은’ 혁명과 ‘나쁜’ 혁명으로 분류되었다. 영국 혁명과 미국 혁명은 폭력과 유혈 사태를 동반하지 않은 '좋은' 혁명으로, 프랑스 혁명과 러시아 혁명, 기타 5 · 16 쿠데타를 비롯한 모든 제3세계의 혁명들은 모두 엄청난 인권 유린을 부른 '나쁜' 혁명으로 치부되었다." 우리가 이런 일련의 수정 해석에서 발견하게 되는 것은 기존 질서(특히 자본주의)를 문제시하는 모든 근본적인 물음을 불온시하는 순응주의이다. 그리고 이렇게 과거를 현재 및 미래와 단절하는 모든 학문적 시도는 이데올로기의 공세일 뿐이고 참된 의미의 역사학이 아님은 말할 나위도 없다.

우리가 소불을 여전히 읽어야 하는 까닭이 바로 여기에 있다. 역사학은 과거를 통해 우리의 오늘을 낯설게 봄으로써 성찰하는 것을 학문적 사명으로 삼고 있다. 그렇기에 '역사의 견인차'인 혁명을 반혁명으로 치부하는 행위는 아무리 아카데미즘의 외피를 쓰고 있다고 하더라도 비역사적이요, 심지어 반역사적이다. 소불의 이 책은 프랑스 혁명이라는 과거에, 그 주인공들과 심지어 희생자들에게조차 현재적 의미가 무엇인지 끊임없이 질문을 던진다.

3) '전 인민에게 권력을' – 루소 철학의 혁명성

평민의 영혼을 지닌 루소는 세기의 흐름에 맞섰다. "1750"이라는 첫 번째 논문에서, 그는 당대의 문명을 비판하고 문명의 혜택을 받지 못한 자들을 변호하였다. "사치는 우리의 도시에서 백 명의 빈민을 먹여 살리나, 사실상 우리의 농촌에서는 십만 명을 죽게 한다." 두 번째 논문에서 《인간불평등기원론》 그는 소유권을 공격하였다. 그리고 《사회계약론》에서는 인민주권론을 개진하였다. 몽테스키외와 볼테르가 권력을 각각 특권계급과 상층 부르주아지에 국한했던 반면에, 루소는 미천한 자들을 해방하고 전 인민에게 권력을 부여하였다. 루소는 개인적 소유권의 남용을 억제하고 상속에 관한 입법과 누진세를 통하여 사회적 균형을 유지하는 역할을 국가에 부여하였다. 정치적인 영역과 마찬가지로 사회적인 영역에서 평등을 촉구하는 이러한 주장은 18세기에는 새로운 것이었다.

4) 그러면 프랑스 혁명을 만든 이들은 누구인가?

《프랑스 혁명사》는 구체제 부르주아와 혁명의 무대 뒤편에 존재했던 도시 민중과 농민을 중심으로 하여 프랑스 혁명을 재구성한다. 다양한 부류의 부르주아들이 혁명을 주도했지만, 지배층의 분열 속에서 도시와 농촌의 민중이 대거 혁명 무대에 진입했음을 밝힌다. 알베르 소불은 민중의 관점에서 프랑스 혁명을 서술하여 '아래로부터 보는(vue d'en bas) 역사학'을 이룩한 장 조레스의 연구 성과를 이어받아, 엄청난 사료 작업을 거쳐 '농민 혁명'과 '민중 혁명'이 존재했음을 입증했다. 부르주아지가 주인공이지만 도시 민중과 농민이 개성이 강한 조연 역할을 하는 거대한 사회 혁명으로서 프랑스 혁명의 진면목을 보여준다.

우리는 이질적인 동시에 통일된 전체인 혁명적 군중들의 구성에 관한 정확한 상을 얻을 수 있다. 이들이 바로 파리의 '서민'이다. 이 혁명적 군중들은 사회적 유대가 단절된 주변인이나 "독립적인" 개인들도 아니었고, 그렇다고 안정된 직장을 갖지 못하여 빈곤 때문에 무질서로 빠지기 쉽고 선동가들에게 쉽게 동원될 수 있으며 전문적인 기술 훈련을 받지 못한 프롤레타리아도 아니었다. 이들은 수공업의 장인과 직인들, 사무원, 소상점주와 소매상인들로서, 말하자면 생계비의 앙등과 정치 위기로 똑같이 격앙되어 있던 소사업주와 임금 노동자들의 집합체였다.

이렇듯 상퀼로트(Sansculotte)가 압도적 비중을 차지했다. 그러나 또한 '부르주아', 금리 생활자, 자유 전문 직업인들도 봉기에 소규모로 참여했다. 바스티유 함락, 샹드마르스 사건(1791년 7월 17일), 튈르리 궁 공격, 혁명력 3년 프레리알에 폭발한 봉기 등이 그러했다. 여성들은 베르사유를 향한 행진, 1792~1793년에 일어난 식량 폭동과 약탈, 프레리알의 봉기 등에서 특히 중요한 역할을 했다.

위의 혁명사에서 보는 바와 같이 최근 우리나라의 촛불 문화혁명은 촛불 문화운동에서 출발하였으며 "이게 나라냐?"에서 "나라를 나라답게"로 전 국민이 참여하여 평화적으로 새 정부를 탄생하게 하였으며 촛불 문화혁명으로 승화시킨 사례라 할 수 있다.

(2) 안전은 백년대계이지만 혁명적으로

우리나라 속담에 '10년이면 강산도 변한다.'라는 말이 있다. 10년이라는 세월이 흐르는 동안 세상에 변하지 않는 것이 없다는 것을 비유적으로 표현한 말이다.

10년 전인 2009년, 우리나라에서 스마트폰 시대가 열릴 때만 해도 지금과 같은 큰 변화를 예상했을까? 4차 산업혁명을 필두로 급변하는 시대에 피부로 와서 닿는 속담이다.

허나 빠르게 바뀌는 세상에서도 안전(안전보건문화)은 100년을 내다보고 바로 세워야 하는 소중한 가치다. '안전은 백년대계'라는 말이다.

'백년대계'란 말은 흔히들 교육분야에서 사용되는데 중국 제자백가 시대의 〈관자(管子)〉란 책에서 유래했다.

"1년 계획으로는 곡식 심는 것만 한 게 없고, 10년 계획으로는 나무 심는 일만 한 게 없으며, 일평생 계획으로는 사람 키우는 일만한 것이 없다. (一年之計 莫如樹穀, 十年之計 莫如樹木, 終身之計, 莫如樹人)"

인재 양성은 국가의 미래가 걸린 것이니만큼 100년 앞을 내다보고 계획을 잘 세워 진행해야 한다는 의미다. '교육은 백년지대계(百年之大計)'라는 말도 이로부터 비롯된 것이다.

안전보건문화도 이와 같다. 안전보건문화는 하루아침에 이뤄질 수 없다. 그리고 전 사회적인 합의를 바탕으로 인재를 키우는 것처럼 안전(안전보건문화) 수준 향상을 위해서는 사회구성원 모두의 노력과 관심이 필요하다. 가정에서부터 어린이집, 유치원, 학교시장에 이어 심지어 군대를 거쳐 노동시장에 나오기 전까지 가치, 사고방식, 관습이나 행동방식에 안전이 확고하게 자리 잡고 있어야 관습이나 도덕 및 법률 등의 규범, 사회구조 체계에서 안전보건문화 수준이 선진국 수준에 도달할 수 있다.

노동시장에서 안전보건문화 수준을 향상한다고 제아무리 노력하여도 한계가 있다는 것을 우리는 너무나 잘 알고 있다.

그렇다고 너무 낙담만 해서도 안 될 것이다. 안전보건문화 수준이 생각만큼 향상되지 않았다고 실망하고, 좌절만 할 것이 아니라, 실패 속에서 얻은 교훈을 잊지 말고 지금부터라도 아무도 거들떠보지 않는 작은 노력이 수백 번, 수천 번 쌓여 이루어지는 것이 성공이듯이 "안전문화혁명"을 한다는 사고로 노력해 나가면 된다.

물론, 지금까지 우리 사회에서 이런 프레임이 없었던 것은 아니다.

'대형 재해 → 원인 분석 → 법 · 제도 강화 → 예방'이라는 사후조치 프레임이 계속 이어져 왔다. 삼풍백화점 붕괴사고, 성수대교 붕괴사고, 대구 지하철 화재사고, 구미 불산(불화수소) 누출 사고, 세월호 사고 등 우리사회 모두를 슬픔에 젖게 하는 대형 재해 이후에는 많은 변화가 있었다. 하지만 더 이상 이런 프레임으로는 급변하는 4차 산업혁명 시대에 예방적으로 대응할 수 없다. 사전 예방을 위한 안전보건문화 혁명이 필요한 것이다.

현 정부 들어 사람존중, 노동존중, 포용적인 사회 실현을 위한 정책의 일환과 대선 100대 공약 등에 하나인 3대 사망재해(산업재해, 교통, 자살)를 2022년까지 반으로 줄이는 정책은 처음에는 무모하기도 하였으나 엄청난 효과를 발휘하고 있으며 안전보건문화 수준 향상에 결정적인 역할을 하고 있다고 평가할 수 있다. 여기에 일명 김용균법으로 불리는 산업안전보건법이 30여 년 만에 전부 개정됐다.

그리고 그림 5-1과 같이 공공기관 경영평가 기준 중 안전분야와 윤리 분야에서 사회적 가치 창출을 위해 평가 기준을 대폭 강화하였다. 안전분야에서는 2점에서 6점으로 대폭 상향 조정하고 기관장에게 책임을 묻겠다고 하는 "공공기관 안전관리지침"은 어떠한 대책보다 효력을 발휘하고 있으며 "안전문화혁명"적인 수준은 아니라도 가장 큰 획기적인 변화와 혁신의 성과를 이룰 것으로 보인다.

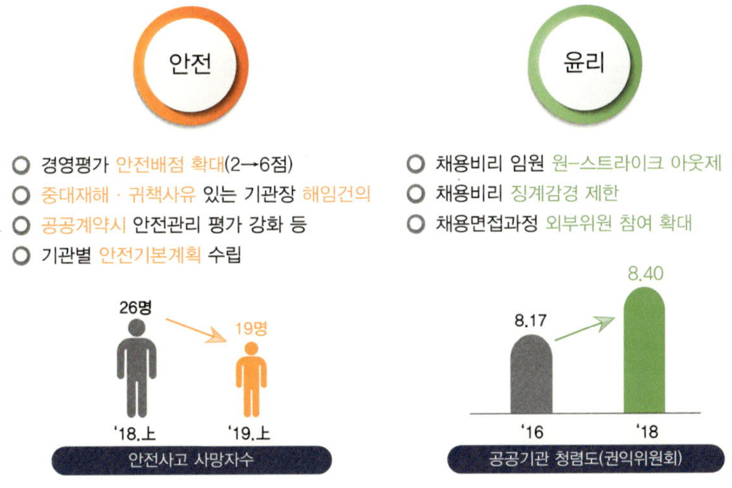

그림 5-1 공공기관 경영평가 기준

이러한 노력에도 50~60년이 넘도록 압축고도 경제성장에 매몰된 우리나라의 DNA는 가까운 시일 내 바뀌지 않을 것이다. 담배의 니코틴이 담배를 피우는 기간만큼 지나야 모두 배출되는 것처럼 말이다.

2018년 노벨경제학상을 받은 폴로머 뉴욕대 교수가 말한 것처럼 '압축 고도성장은 우리가 생각하는 것보다 훨씬 광범위하게 파괴적'이다. 그러므로 우리나라에서는 안전보건문화 수준 향상을 위한 혁명적인 발상이 들어간 특단의 대책이 요구된다.

2. 2018년 노벨경제학상 수상자 폴 로머 교수 특별강연 내용의 의미

폴 로머 교수는 2019년 3월, 우리나라에서 특별 강연을 했는데, 그때의 기억이 아직도 남아 있다.

30년 전부터 양적인 확장 팽창은 생산성 향상과 인적 자원개발만 못하다고 줄곧 주장한 폴 로머 교수는 신자유주의의 메카인 시카고 대학을 졸업하고 스탠퍼드대 교수를 거쳐서 현재 뉴욕대 교수로 재직하고 있다. 그런데도 공교롭게 신자유주의와 좀 거리가 있는 폴 크르크만 교수와 비슷한 경제이론을 주장했다.

"한국은 급속한(Rapid) 고속성장으로 물질적 성장을 이루었으나 이것은 "파괴적인 성장"으로 요즘 화두가 되는 사회적 삶의 질을 높이기 위한 안정성(Stable)과 포용성(Inclusive)으로 결속력을 높이기 위한 노력이 절대적으로 부족하다." 특히, 급속한 성장은 수많은 파괴적인 부작용을 낳는다고 여러 사례를 든 것에서 안전을 도외시하고 급성장한 우리나라가 떠올랐다. 또한, 긴급한 문제와 중요한 문제가 있으면 중요한 문제에 집중하라든가 소득보전정책은 비판적이나 임금보전정책은 바람직하다는 등 수많은 한국정치, 경제, 사회문제를 명쾌하게 정리해 주었다.

그뿐만 아니라 이미 독일 출신으로 도쿄대 의학부에서 27년 간 학생들을 가르쳐 온 베르츠 교수는 메이지 유신으로 이룩한 고도성장은 "죽음의 도약"이며 필사의 도약이라고 일찍이 100여 년 전에 설파한 바 있다.

3. 산업안전보건법 및 관련 조직 유래

(1) 산업안전보건법

세계의 모든 산업안전보건법은 1919년 UN 산하 전문 기구로 탄생한 ILO(국제노동기구) 헌장이나 지침 등에 근거하여 제정되었다고 할 수 있다.

우리나라에서는 1953년에 근로기준법이 제정되면서 법 제6장에 안전보건 조문이 신설됐다. 그러다 1963년 근로안전보건관리규정(대통령령)으로 1981년까지 운영되었다. 1981년에 산업안전보건법이 독립법으로 제정되어 탄생되었으나 이것은 어떻게 보면 민심을 호도하고 눈 가리고 아웅하는 형식적인 법에 지나지 않았다.

그러다 1988년 이례적으로 야대여소가 구성되고, 환경노동위 4총사(노무현, 이해찬, 이상수, 이인재)의 혁혁한 활약 등으로 존 허베이(J.Harvey)의 3E대책(관리, 교육, 기술적인 대책)에 근거한 철학적인 의미를 가진 진정한 의미의 체계적인 산업안전보건법이 탄생되었다. (1991년 시행)

지난 2018년 말에는 소위 김용균법이라고 불린 산업안전보건법 전부 개정안이 국회를 통과(2018년 12월 28일)했고, 2019년 1월 15일에 공포됐다. 이에 따라 2020년 1월 16일부터 선진국 수준의 틀을 갖춘 강화된 법이 본격적으로 시행된다고 할 수 있다.

(2) 산업안전보건 조직

산업안전보건분야 조직은 법의 변천과 밀접한 관련이 있다고 할 수 있다. 해방 후 보건사회부 노정국에서 1963년 노동청이 만들어지고, 1979년까지 근로기준국 산업안전과로 이어오다 1980년 산업안전정책관(국장급)이 근로기준국 내에 잠시 설치되었으나 산업안전보건법이 독립법으로 최초로 제정되면서 산업안전정책관은 없어지고 산업안전과로 격하됐다. 이런 노동부 본부 직제는 1989년 2월까지 지속하였다.

더구나 동 시기인 1981년 4월 8일에 노동청은 노동부로 승격하여 초대장관(마지막 청장에서 초대장관으로 승진 권중동)이 부임하였는데 산업안전보건 정책관인 국장급을 없앤 것은 시대의 자화상을 그대로 보여준 것이라고 할 수 있다.

지금과 비교하면 격세지감을 느낀다. 필자는 1977년 제1회 산업안전보건 분야 특별사법경찰관 및 근로감독관 공개경쟁채용 시험에 합격하여 현 의정부 지청에 1977년 6월 28일자로 임관발령을 받았다.

당시 의정부 지청 근로감독관 정원은 2명에 불과했는데, 그마저도 고양 군청에 1명이 파견돼 있었다. 이제 막 공직에 입문한 필자 혼자 근로감독관 역할을 도맡았던 것이다. 의정부 지청만의 문제는 아니었다. 그때에는 전국적으로 근로감독관 수가 92명뿐이었다.

현재 의정부지청과 고양지청의 근로감독관수가 100명이 넘는 것을 보면 얼마나 격세지감이 있는지 알 수 있다. 단순히 규모만이 아니라 권한과 책임 및 전문성 등에서 많은 차이가 있다고 할 수 있다.

한편, 1977년 ILO에서는 UNDP자금을 확보하여 우리나라에 100만 불을 원조하여 국립노동과학연구소(노과연)를 설립하도록 하였으며 이 덕분에 필자는 연구소에서 10년을 근무할 수 있었다. 하지만 노과연은 ILO와 MOU 협약을 위반해 가면서 56명 직제정원을 그대로 승계, 노동부 산업안전보건국으로 전환(1989년 2월)하여 현재에 이르고 있으니 행정수요와 환경변화에 가장 신속하게 대응해야 할 산재예방정책국이 30여 년 동안 거의 답보 상태에 있었다고 할 수 있다.

만시지탄이지만 불행 중 다행으로 전부 개정 산업안전보건법이 2020년 1월 16일부터 시행된다. 이에 따라 우리 사회 안전보건문화 수준 향상에 분명 긍정적인 영향이 있을 것으로 기대한다.

다만, 한 가지 우려스러운 것은 운영하는 시스템이 뒷받침되지 않으면 효과가 반감된다는 것이다. 현재 우리나라 산업안전보건 정책은 고용노동부에서 총괄 관장하고 있는데, 독립적인 기관이 아니라 '국'(산재예방보상정책국) 차원에서 진행되고 있다. 국토교통부 등 다른 정부기관도 사정은 마찬가지다.

최소한 우리나라는 일본보다 3배의 압축 고도성장으로 인한 죽음의 도약이라거나 필사의 도약 또는 파괴적인 성장의 부작용을 치유하기 위해서뿐만 아니라 경제 규모로 보아도 최소한 안전보건정책실 규모를 가지고 있어야 안전의 기본원리인 크로스체크(cross-check) 및 피드백(Feedback)이 제대로 작동할 수 있는데 그렇게 되지 않을 가능성이 큰 상황이다. 가장 좋은 해법은 독립성을 갖춘 정부 기관인 산업안전보건청이 중심축을 잡고 혁명적인 사고로 한시적이라도 진두지휘를 해나가야 한다. 또한, 차관급 산업안전보건정책본부를 운영하는 등 다양한 방법을 가지고 우리나라에 맞게 운영할 수도 있다.

한편, 일부에서는 산업안전에 대해 중복규제가 많고, 부처별로도 기준이 상이해 혼란이 많다는 의견이 나오고 있다.

이는, 너무나 중요하기 때문에 좀 더 자세히 설명을 하자면 안전은 크로스체크가 기본 원리이자 철학 이념이다. 안전은 결코 공짜가 없으며 투자한 만큼 나오는 것이다. 재해로 인한 손실이 이제는 너무나 크게 발생하는 만큼 능동적인 투자가 선행돼야 한다.

예를 들면 18부 정부 부처 중에서 산업안전보건 분야는 고용부가 산안법 등을 통해 크로스체크를 하고 있다. 전기 · 가스 등의 업종을 총괄하는 산업통상자원부가 생산 · 공정관리 · 제조 · 품질관리 · 정비 등에서 우월한 지식과 전문성을 가지고 있지만, 안전관리는 고용부에서 담당하고 있으며, 국토부는 건설시공 · 구조기술 · 토목측량 · 설계 등에서 월등한 건설전문기술을 갖고 있으나 고용부에서 최종적으로는 크로스체크를 하도록 되어 있다.

이는 국제노동기구(ILO) 헌장에 명시되어 있는 규정이자, 모든 나라에서 통용되는 일반 보편적이고 국제적인 규범이자 제도이다. 이러한 것을 바탕으로 안전보건관리의 모든 편제가 되어 있으므로 "안전보건의 기본원리이자 철학 이념"이라고 한 것이다.

우리나라 사업장도 상황은 비슷하다. 대표이사나 공장장 직속으로 안전관련 부서를 독립적으로 편제하여 사업장 전체를 크로스체크 하고 있다.

너무나 당연한 논리와 기본 이론임에도 불구하고 많은 분이 사업장 안전관리를 하면서 생산, 품질, 공정관리 우선의 논리를 답습하고 있다. 고도 성장기의 의식과 관습, 태도, 인식을 아직도 갖고 있는 것이다.

이와 같은 어려운 과제를 안고 있는 안전문화 수준 향상을 위해서는 특단의 대책으로 혁명적으로 해야 한다고 누누이 강조하였다. 불행 중 다행으로 "이게 나라냐?"에서 "나라를 나라답게"를 위해서 사람존중, 인명존중, 생명존중, 건강존중을 목표로 촛불 문화운동이 촛불 문화혁명으로 승화되어 새 정부가 탄생하였다. 이에 부응이라도 하듯이 만시지탄이며 유감이라 할 수 있지만, 불행 중 다행으로 그동안 답보상태를 보이던 새 정부의 제2기 경제사회노동위원회(위원장 문성현)가 2019년 하반기에 새롭게 출범하면서 산업안전보건청 신설이 주요논의안건으로 채택되었다.

산업안전보건청은 가장 확실하고 신속한 방법으로 안전문화 수준 향상을 위한 안전문화 혁명을 이룰 수 있는 기폭제요 우리나라 경제 수준과 안전문화 수준에 맞는 방법과 도구라 확신한다. 그러나 쉽지 않은 과제이기에 대선, 총선 공약과제로 설정 이행하여야 한다고 한 바 있다. 그러나 첨예한 이해관계에 의한 합의가 어렵다면 적어도 최소한 산업 안전 정책실 또는 한시적 산업안전보건청이라도 신설은 되어야 나라다운 나라에 부응한다고 할 것이다.

4. 위험감수성 사회에 대한 대응

(1) 위험감수성 사회

현대사회는 복잡 · 다양화되어 위험을 배척하는 것이 아니라 위험을 감수하는 사회가 된 것은 물론이고 불가피하게 위험을 취하도록 권장(장려)하는 사회가 되었다. 위험이 특수한 문제나 제거의 대상이 아니라 일상적인 관리대상의 문제가 된 것이다. 운전자가 가해자가 되기도 하고, 피해자가 되기도 하는 현상이 대표적인 예다.

그 때문에 위험은 개인적인 문제 또는 운(運)의 문제가 아니라 구조적인 문제로 사회(국가/공공기관 포함)가 책임을 져야 하는 것이다.

우리나라의 산업안전 근간인 산업안전보건법도 앞으로 '사후 처벌'보다는 '사전 예방'에 중점을 두고 발전해 나가야 한다.

(2) 안전의 동기와 규제의 변화

안전관리의 시작은 위험을 인식하는 것이다. 위험을 인식하는 만큼 안전관리에 신경을 쓰게 된다는 말이다.

위험을 인지하는 방법은 크게 자율적 방식과 타율적 방식으로 나눌 수 있는데, 그동안 정부는 규제 등을 통한 타율적 방식을 써 왔다. 산안법 등 법적 기반에 의한 안전관리를 시행토록 한 것이다.

그러나 이제는 사회가 결과(책임)를 묻는 방식으로 안전을 규제하기 시작했다.

따라서 안전을 자율적으로 스스로 하지 않으면 안 되는 사회가 되었으므로 이에 걸맞는 법과 제도 및 안전문화를 갖춰 나가야 한다. 그러기 때문에 안전보건공단에서 "안전은 권리이다."라고 선포식을 하였으며 안전보건 강조주간 행사 캐치플레이스를 "함께 지킬 안전, 모두가 누릴 권리"라 한 것이다.

5. 안전보건의 궁극적인 목표

매슬로(Maslow)의 5단계 이론에서 첫 번째 단계인 생리적인 욕구 다음에 안전에 대한 욕구가 2번째임을 모르는 분은 거의 없을 것이다. 안전에 대한 욕구가 충족되지 않고는 사회적인 욕구, 존중에 대한 욕구에 이어서 궁극적으로 자아실현의 욕구도 실현이 불가능할 것이다.

우리는 "금강산도 식후경이요", "먹고 살기 위해 하는 일이니 먹고 일을 하자"라는 속담을 무의식적으로 되뇌면서 개발 연대(경제개발을 최우선 정책으로 내세우던 1960~1980년대)를 보냈다.

지금도 한 번 굳어진 개발연대의 문화수준은 안전 분야뿐만 아니라 정치, 경제,

사회 문화 각 분야에서도 맹위를 떨치고 있다.

그러나 이제는 먹고 살 만한 게 사실이다. 모든 경제지표가 세계 10위권이며 우리나라 수출이 세계 6위(중국, 미국, 독일, 일본, 네덜란드, 한국), 4대 스포츠 그랜드 슬램 달성(동 · 하계올림픽, 월드컵, 대구세계육상선수권대회 개최), 국민소득 3만 달러, 인구 5,000만 명을 달성한 국가로 2018년에 30~50클럽에 7번째로(미국, 영국, 프랑스, 독일, 일본, 이태리, 한국) 가입했다. 어떻게 보면 경제적인 측면에서는 G7국가라고 할 수 있다. 더군다나 2006년에 20~50클럽에도 7번째로 가입하기도 했다.

더 이상 8번째 가입국가가 우리 세대에는 나오지 않을 것이라고 확언하는 경제학자들이 많을 정도로 경제적인 측면에서는 영광스런 대한민국이라고 할 수 있다.

문제는 사회적인 주요 지표라 할 수 있는 재해율은 OECD국가 중에도 하위 수준이며 통계적으로 정확할 수밖에 없는 사망재해율(사고사망만인율, 노동자 1만명당 사고사망자수)은 우리나라가 0.5%로 미국(0.36%), 일본(0.19%), 독일(0.16%), 영국(0.05%)과 비교하면 2~10배 높은 수준이다. 산재왕국이라 해도 과언이 아닐 정도다.

우리나라는 모든 정책이 50~60년 동안 압축 고도성장에 맞추어 왔기에 국민 대부분의 DNA가 고도경제성장에 길들어 있다. 안전보건문화 수준이 상대적으로 낮은 가장 큰 이유다. 이런 측면에서 냉철하게 살펴보면 해답이 정확하게 나온다고 할 수 있다.

심지어 사회 저명인사들도 개발연대 시각을 가진 분들이 의외로 많으므로 문화로서 승화하지 않으면 안 되며 사회 곳곳에 안전문화 수준 향상의 걸림돌이 너무나 많으므로 세대를 걸쳐 점진적으로 개선되도록 꾸준하고 과감한 노력이 요구되며 아울러 혁명적인 발상이 요구된다 할 수 있다.

이렇게 지난한 과제가 하루 아침에 해결되기 어려울 것이다. 그러나 현재처럼 꾸준한 정책적 노력과 제도적인 개선을 지속하다 보면 우리 국민의 DNA도 바뀔 것이며 안전보건문화 수준도 향상되어 안전관리비용을 손실비용으로 보는 관점이 아니라 생명을 구하고 건강을 지키는 필수불가결한 우선 투자로 여기는 관점으로 선진국처럼 바뀔 것이라 확신한다.

특히, 대학연의(大學衍義)에서는 세 가지 차원, 즉 국가적 차원, 사회적 차원, 개인적 차원의 '평천하(平天下)' 의미가 나타나고 있다. 수신제가 치국평천하(修身齊家治國平天下)에서 말하는 '평천하(平天下)'는 국가적 차원에서 국가와 국가 간의 평화(平和)를, 사회적 차원에서 개인과 개인 간 화평(和平)을, 개인적 차원에서 개인의 평안(平安)을 의미한다. 좀 더 구체적으로 설명하면 평천하는 첫째, 평화 국가 둘째, 포용 국가 그리고 셋째, 행복 국가의 의미를 지니는 것으로 볼 수 있는데 이들 세 가지는 상호 연결되어있다.

즉, 대동 사회를 지향하는 이상사회는 곧 모든 국민이 행복한 세상인데 국민이 행복한 국가는 평화가 전제되지 않거나 국민이 서로가 불신하고 갈등하면 이루어지기 어렵고 국가 간 평화도 국민통합이 이루어지지 않으면 확보하기 어려우므로 이 세 가지는 하나의 유기체와 같이 긴밀하게 연결되어있다.

이를 합해서 OECD에서는 "행복"이 인간의 최종 목표라고도 한다. 따라서 안전문화 수준 향상도 안전문화 혁명도 목표는 행복이기 때문에 근본 뿌리가 대학연의(大學衍義)에 있다고 하는 것이다.

다만, 우리나라는 50~60년 동안 압축 고도성장이 문화적으로 우리 국민 대다수에 DNA가 내재되어 있는 만큼 대학연의(大學衍義)에 나와 있는 대동 사회와 우리나라 반만년 역사의 근간인 단군조선의 사상이 오롯이 담겨있는 홍익인간 사상을 바탕으로 혁명적인 사고로 발상의 전환을 하여 안전보건문화 운동을 해야 할 것이며 '안전문화혁명'을 한다는 각오로 하지 않으면 효과를 거두기가 어려울 것이다.

6. 안전보건문화의 정의로 살펴본 방향

US 철강 설립자인 Gary가 1902년 안전제일(First Safety)을 주창한 이래 존 허베이의 3E 대책, 하인리히 등 안전이론 및 그림 5-2 안전보건문화 수준 3단계 발전론에서 보는 바와 같이 이제는 규제 · 법적 기반에 의한 안전관리, 위험기반에 의한 안전관리에서 안전보건문화 수준 향상만이 재해예방의 첩경이라 하였다.

그림 5-2 안전보건문화 3단계 발전론

따라서 이렇게 중요한 안전보건문화의 뿌리인 문화를 마지막으로 다시 한 번 더 간단하게 정리해 보면 “자연상태에서 벗어나 일정한 목적 또는 생활 이상을 실현하고자 사회구성원에 의하여 습득, 공유, 전달되는 행동양식이나 생활양식의 과정이며, 의식주를 비롯하여 언어, 풍습, 종교, 학문, 예술, 제도 따위를 모두 포함한다.”라고 말할 수 있다.

좀 더 간단하게 표현하면 “한 사회에서 그 구성원들에 의해 역사적으로 형성되어 공유되고 학습되는 가치, 규범, 사고방식, 의식 · 인식수준, 관습이나 행동방식” 등을 지칭한다.

안전보건문화의 개념은 앞에서 언급한 바와 같이 1986년 체르노빌 원자력 발전소 방사능 유출사고를 계기로 다음과 같이 정의되기 시작했다.

안전보건문화의 개념은 국제원자력기구(IAEA:International Atomic Energy Aagency)의 국제원자력 안전자문 그룹(INSAG:International Nuclear Safety Advisory Group)이 작성한 보고서 『“Summary Report on the Post-Accident Review Meetion on the

Chernobyl Accident"』에서 최초로 사용하였으며, "최우선의 가치로서 원자력 시설의 안전이 그 심각성에 따라 적절한 관심을 받도록 하는 관련 조직과 개인의 특성과 태도들의 집합체"라고 정의했다.

안전(보건)문화의 다양한 정의를 살펴보면,

① 캐럴(Carroll, 1998)(Nuclear power, US) : 안전(보건)문화란 모든 집단의 성원과 산업현장에서 근로자 안전 및 공공(핵)안전에 최우선의 가치를 부여하는 것을 말한다. 안전(보건)문화란 안전을 도모하고 확보하기 위해, 안전에 대한 개인적 책임성을 갖고 행위하며, 이러한 가치에 대해 지속적인 보상이 제공될 것으로 기대하는 것을 의미한다.

② Ciavarelli & Figlock(1996)(Naval aviation, US) : 안전(보건)문화란 안전에 대한 개인 및 집단적 태도뿐만 아니라 조직적 의사결정을 좌우할 수도 있는 공유된 가치, 믿음, 가정 및 규범이다.

③ 콕스(Cox & Cox, 1991)(Industrial fases, European) : 안전(보건)문화는 안전과 관련되어 근로자들이 공유하는 태도, 믿음, 인지 및 가치를 말한다.

④ 플린(Flin), Mearns, Gordon & Fleming(1998)(Offshore oil and gas, UK) : 안전(보건)문화란 집단에 속해 있는 사람들이 안전과 관련해 공유하는 태도 및 견해를 말하며, 이러한 안전(보건)문화는 안전환경(safety climate)보다 훨씬 더 안정적이고 변화에 저항적이다.

⑤ Helmreich & Merritt(1998)(Aviation, US) : 안전(보건)문화란 집단 내의 개인들이 자신의 행동을 안전에 대한 중요성을 믿고 따르는 것이며, 모든 구성원들이 집단의 안전규범을 기꺼이 지지하고 공통의 목적을 위해 다른 구성원들을 지원하는 공유된 이해라고 할 수 있다.

⑥ Pidgeon(2001)(Theoretical in context of driver behavior) : 안전(보건)문화란 위험과 안전과 관련되어 형성되는 일련의 가정 및 이와 관련된 관행을 말한다.

우리나라에서 1990년대 고용노동부에서 최초로 정식 사용하기 시작하였으며 공식문서에서 "안전보건문화란 안전제일의 가치관이 충만하여 모든 활동 속에서

의식, 관행이 안전으로 체질화되고 인간의 존엄성과 가치의 구체적 실현을 위한 행동양식과 사고방식, 태도 등의 총체적 의미"라고 안전(보건)문화를 정의 내렸다.

안전(보건)문화 정의에서 포함된 내용을 정리해서 살펴보면,

① 집단과 조직을 매개로 개인이 인지하는 가치와 관련되어 있다.

② 조직 내의 공식적 안전문제와 직접적으로 연계되어 있다.

③ 조직의 각 층위 모두에 속해 있는 구성원의 인식과 태도를 요구한다.

④ 조직 내 모든 구성원에게 영향을 미친다.

⑤ 보상체계 및 안전성과 사이의 관계에 반영된다.

⑥ 이전의 실수, 사건 및 사고로부터 교훈을 얻어내고자 하는 조직의 의지에 반영된다.

결국 안전보건문화의 일반적인 정의는 문화의 정의에서 보는 바와 같이 한 조직의 안전보건관리 형태 및 효과(성과), 안전보건관리에 대한 몰입을 결정하는 개인 및 그룹의 가치, 태도, 인식, 능력 그리고 행동유형의 결과물이다. 긍정적인 안전보건문화가 정착된 조직은 상호간의 신뢰에 따른 의사소통과 안전의 중요성에 대한 공유된 인식, 예방조치의 효과를 자신 있게 인정하는 것에 의해 구별된다고 할 수 있다.

또한, 모든 조직에서 안전문화를 포함한 문화의 중요성을 살펴보면 궁극적으로는 안전보건문화 수준 향상만이 재해예방의 첩경임을 알 수 있다.

① 구성원들의 일체감을 바탕으로 안정성 제고에 기여

② 공유된 가치와 신념을 통해 구성원 간 갈등의 소지를 줄이고 협동심 유발 및 커뮤니케이션 촉진

③ 최고경영자로 하여금 일관된 경영 스타일을 지속하도록 하는 매개체 역할

④ 일반구성원은 물론이고 중간관리자의 행위 기준을 설정해 주고 구성원들 간 상호작용을 촉진

⑤ 대외적으로 사회적 이미지와 조직의 위상을 제고

궁극적으로 안전보건문화 수준 향상만이 재해 예방의 첩경이라 수 차례 말했는

데 그러면 왜 그러한가를 좀 더 구체적으로 설명하고자 한다.

안전보건문화가 정착되려면 "조직원 또는 구성원 상호 간의 신뢰에 따른 의사소통과 안전의 중요성에 대한 공유된 인식, 예방조치의 효과를 자신있게 인정하는 것에 의한다."라고 강조한 바 있다.

여기에서 무엇보다 중요한 것은 신뢰사회 구축이라고 할 수 있다. 심리학자인 서울대 최인철 교수(서울대 행복 연구센터장)는 "행복이란 무엇인가?"라는 주제로 한 강의에서 "인간은 최종적으로 행복해지기 위해서 산다."라고 했다. 행복의 정의는 OECD 가이드라인 등에서 'Good Mental State(최상의 마음상태)'라고 한다. 또 나이가 들어가면서 진짜 중요한 것은 물질이 아니라는 것을 자동적으로 깨닫게 된다고 했다.

나이가 들면 '건강한 것, 날씨가 좋은 것' 등 살아 있어서 느낄 수 있는 모든 것에 감사하게 되고 행복을 느낀다고 한다. 이 사실들을 자신들만 느껴도 좋지만, 더욱 의미가 있게 하기 위해서는 젊은이들이 조금 일찍 깨우치도록 가르칠 필요가 있다고 한다. 가장 행복감이 낮은 요일은 목요일로 알려져 있는데, 이 역시 나이가 들면 어느 요일이든 행복하게 느껴진다고 한다. 그간 여러 언론 등을 통해 방글라데시나 부탄 네팔 등의 행복지수가 높다고 보도된 바 있는데, 사실 가장 행복지수가 높은 나라는 덴마크, 노르웨이, 스웨덴, 핀란드 등 북유럽권의 나라들이라고 한다.

직장생활에서 직장인들이 가장 행복감을 느낄 때는 인간관계가 원만할 때라고 한다. 그 반면에 가장 불행할 때는 모욕감을 느끼거나 수치심을 느끼게 될 때라고 한다. 어느 누구도 동료, 부하, 상사 등을 불행하게 할 권리는 없기 때문에 누구든 좋은 동료, 부하, 상사가 되어야 한다. 특히 '직장 내 괴롭힘 방지법'이 2019년 7월 16일부터 시행에 들어갔다는 점을 감안하면 더욱 유념해야 할 것이다. 재해예방을 위해서는 안전문화 수준 향상이 첩경이지만, 안전문화 수준 향상을 위해서 사람들은 상호간에 존중하고 신뢰해야 한다. 그래야만 행복지수도 올라갈 수 있다. 북유럽 국가들은 이처럼 서로 존중하고 신뢰하는 사회가 형성되었기 때문에 행복지수가 높다고 한다.

이에 대한산업안전협회도그림 5-3에서 보는 바와 같이 3대 경영방침(전문성, 신뢰성, 청렴성)의 제정을 통해 신뢰성을 절대적으로 강조하고 있다. 결국 안전보건문화 수준 향상을 위해서는 신뢰사회 구축이 선행되어야 하고 신뢰사회를 구축하는 것은 인간의 최종목표인 '행복하기 위해서'하는 것이라고 말할 수 있다. 다시 말하면 안전문화수준 향상을 위한 노력은 결국 인간의 최종 목표인 행복하기 위해서 하는 것이라 할 수 있으니 어떤 가치보다 중요하다.

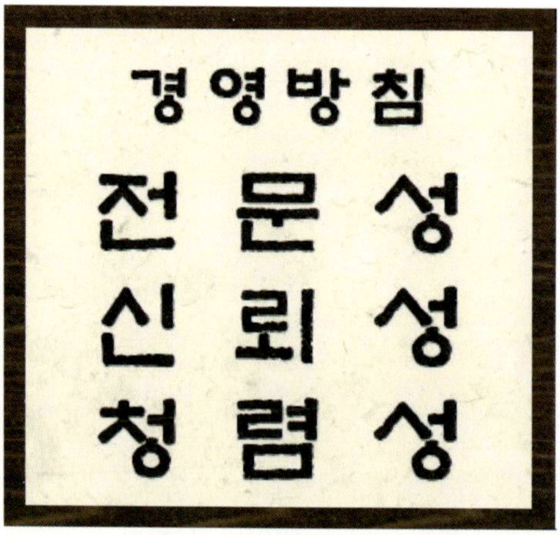

그림 5-3 대한산업안전협회 경영방침

즉, 재해예방을 위한 안전보건문화 수준 향상 노력은 인간의 고귀하고 숭고하기까지한 생명과 건강을 지키는 지고지순한 직무인 것은 물론 인간 사회의 상호 신뢰를 구축하여 인간의 최종 목표인 행복하게 하기 위해서 하는 것이 아니겠는가. 따라서 안전보건문화 수준 향상을 위해서 어떠한 과감한 투자와 노력을 하여도 보람이 있는 가장 우선 순위의 가치이다. 위와 같은 안전(보건)문화의 정의를 바탕으로 다음과 같은 안전(보건)문화의 평가요소 5가지를 포함 안전의식을 진단하고, 안전관리 시스템과 안전행동을 진단한 후 과학적인 방법으로 수준 높은 기법 등을 적용하여 평가지표와 평가방법으로 결과를 도출, 각 조직과 기업에 활용하여야 효과가 있을 것이다.

안전(보건)문화 평가요소

① 안전성이 조직 내에서 명확하게 인지되는 가치인가?

② 조직 내에서 안전성에 대한 책임은 명확한가?

③ 안전성이 조직 내의 모든 활동에 골고루 잘 퍼져 있는가?

④ 조직 내에 안전성 리더십 과정이 존재하는가?

⑤ 안전보건문화가 조직 내에서 학습에 의하여 추구되고 있는가?

7. 안전보건문화의 변천과정

다음 그림 5-4에서 안전보건문화의 변천과정을 살펴보면 판교 공연장 환풍구[17] 추락사고 등에서 매스컴에서 이야기하는 안전불감증이나 안전의식이 낮다는 표현이 얼마나 잘못된 것 등에 대해 더욱 확실하게 이해가 될 것이다.

안전관리	산업혁명	시스템안전보건경영	마케팅	자연과학과 인문사회과학
안전보건문화수준향상	**4차산업혁명** **(2016.1)** ·AI,IoT,로봇,드론	·ISO45001(2018.3) 안전보건경영 ·ISO37001(2017) 반부패경영 ·SDGs와 ISO	마케팅4.0 소통과 공감	인문사회 과학적인 소양
위험(Risk)기반에 의한 **안전관리(RBS)** · 리스크 엔지니어링 · HEMP · PSM 안전관리 · 인간공학 · 무재해운동 · 위험예지훈련 · 시스템 안전관리 · 리질리언스 · BCMs와 SCRM · MDG&SDGs에서 ISO · ISO45001 경영시스템	**3차산업혁명** **(1969년~2015년)** ·인터넷 등 정보화산업(ICT)혁명	·MDG&SDGs와ISO ·ISO9001(품질) ·ISO14001(환경)	마케팅3.0 꿈과 열정	
법적(규제)기반에 의한 **안전관리** ·존허베이의 3E대책 ·안전제일(First Safety) ·1970년대 선진국 산업안전보건법제정	**1·2차 산업혁명** **(1750년~1820년)** ·증기기관차, 전기발명	·IEC(국제전기협회)탄생	마케팅2.0 마케팅1.0 돈과 홍보	자연과학적인 소양

그림 5-4 안전보건관리의 변천과정

17 판교공연장 환풍구 추락사고 : 2014년 10월 17일 경기도 성남시 분당구 삼평동 판교테크노밸리의 야외 공연장 인근 지하주차장 환풍구 덮개가 무너져 일부 관람객이 추락한 사고이다.

즉, 사회문화적으로 모든 국가의 큰 정책방향을 압축고도성장으로 맞추어 놓고 이율배반적으로 국민이나 근로자에게 책임을 전가하는 것은 우선순위가 잘못되었다. 즉, "환풍구"에 근본적으로 올라 갈 수 없도록 방호책 등을 설치하여야 하는데 근원적인 대책은 강구하지 않고 안전의식이 낮다느니, 안전불감증이니 하는 것은 근본적으로 잘못된 지적이라 할 수 있다.

안전보건문화 수준 향상을 위해서는 노동시장에 나오기 전 예비근로자들이 대기하고 있는 교육현장에서의 역할이 가장 중요하다. 그동안 교육현장에서 압축고도성장을 뒷받침하기 위한 일등교육, 줄세우기 교육, 암기교육으로 수십 년 간을 일관한 결과, 지금의 이런 낮은 안전의식을 만들어 내는 교육문화가 정착되었다. 대량복제 생산시대와 파괴적인 성장이며, 죽음의 도약 또는 필사의 도약이라고 하는 압축고도 경제성장 시대에는 이러한 교육문화가 불가피한 측면이 있었으나 이제는 소량다품종의 창의적이고 더불어 가야 하는 선도적인 시대에 접어들었다.

그러기에 더욱 창의적이고 인권, 노동, 안전보건문화 등 사람존중의 교육이 되어야한다는 총론에 대해서는 큰 이의가 없으나 각론에 가보면 요즘 자사고 문제가 줄세우기 교육의 표본이며 교육문화를 바꾸고 교육문화 수준을 향상시키는 것이 얼마나 어려운 것인지 증명하듯이 교육개혁이 지지부진한 것 중에 하나라고도 할 수 있다.

그래서 안전보건문화 수준 향상은 교육현장[18](군생활포함)에서부터 시작하여야 효과적임을 알 수 있다. 따라서 노동시장에서 다음과 같이 교육현장뿐만 아니라 모든 분야에서 선도적으로 견인하고 추진해야할 것이다.

안전보건문화 수준 향상을 위해서는

① 법적(규제) 기반에 의한 안전관리

② 위험 기반에 의한 안전관리(RBS)를 충분히 하면서

③ 궁극적으로 안전보건문화 수준 향상 노력을 기울여야 한다고 누누이 강조했다.

---

18 **군 생활** : 우리나라는 군생활이 4대 의무인 만큼 군대 내의 안전문화가 노동시장에 많은 영향을 끼친다. 부사관 이상 직업군인이나 군무원은 산업안전보건법이 적용되나 선진국과 다르게 의무복무 장병에게 적용되는 안전에 관련된 법이 없다. 따라서 조속한 제도보완과 소위 "까라면 까"하는 조직문화가 개선되어 법제도 기준에 의거 안전한 병영생활을 하여야만 노동시장에 와서도 안전문화수준 향상에 이바지할 것이다.

따라서 안전보건문화 수준 향상을 위해서는 제4차 산업혁명 시대에 맞추어 인문사회적인 소양까지 갖추어서 범정부적 · 범국가적 차원을 넘어서 범국민적인 차원으로 승화시켜 변화와 혁신을 넘어 혁명적으로 노력을 하지 않으면 안 된다는 것을 알게 되었을 것이다. 이런 기본 전제하에 정부의 재해 · 재난예방 노력에 맞추어서 좀 더 제도적으로 보완하고 노력한다면 경제분야 수준에서 선진국 수준으로 진입하였듯이 안전보건문화 수준도 선진국 수준으로 빠른 시일 내에 진입할 것으로 확신하면서 기대도 해본다.

8. 안전보건문화의 출발점과 종점

결론적으로 안전보건문화 수준 향상은 ①법적(규제) 기반에 의한 안전관리를 모든 조직이 잘 실행하고 ①을 기반으로 ②위험(Risk) 기반에 의한 안전관리(RBS)를 하여도 재해는 발생하므로 ③전 조직, 국가차원에서의 가치, 사고방식, 관습이나 도덕 법률의 규범, 인식, 의식수준 등 사회구조 체계까지 바뀌어서 안전보건문화 수준이 향상되어야 근본적인 재해를 예방하고 감소시킬 수 있다.

여기에서 위험관리 기반에 의한 안전보건관리는 앞에서 언급한 모든 전 분야(경영, 감사, 청렴, 환경, 품질, 안전보건관리 등)에 걸쳐 적용되는 '리스크 기반에 의한 관리'에서 융합, 통섭 학문으로서 응용하는 쉬우면서도 지난한 실행학문이다.

오늘날 어디에나 적용되고 있는 리스크(Risk)는 네덜란드 동인도 주식회사에서 유래되었으며 위험기반에 의한 안전관리도 비슷한 방법으로 C/B(손실비용)나 통제비용 또는 통제 밖의 비용인지를 판단하여 안전보건관리를 포함한 모든 비용을 투자하게 된다.

따라서 휴먼 에러에서 본 바와 같이 불안전한 행동을 할 수밖에 없는 인간이기에 관계 법령기준들은 불안전한 행동을 하여도 근원적으로 재해가 발생하지 않도록 설계가 되어 있으며 사업주 입장에서 보면 거의 완벽한 시설을 하였음에도 불구하고 노동자의 불안전한 행동으로 재해가 발생하면 억울한 측면이 있다. 그러나 인간 삶의 궁극적인 목표는 행복(Good Mental State)하게 되는 것이며 행복하기 위해서는 신뢰사회를 구축하는 데 있다. 신뢰사회가 구축되면 안전보건문화 수준도 향상되는 것이며 안전보건문화 수준이 향상되면 재해도 예방된다.

재해가 발생하면 안전의식이 낮느니, 안전불감증이니 하고 탓하며 원인을 재해자에게 쉽게 돌리는 경향이 있다. 개인으로부터가 아니라 인식, 태도, 관습 등 사회전반적으로 안전문화 수준이 낮은 것을 무엇보다 우선하여 사회적으로 1차적인 원인을 찾고 2차적으로 개별적인 책임을 물어야 하기 때문에 범국가적인 노력이 선행되어야 한다. 따라서 쉬운 일은 아니지만 인식, 태도, 관습, 의식수준까지 올릴 수 있는 "안전보건문화 수준 향상"만이 재해예방의 첩경이다.

결국 앞에서 보는 바와 같이 지금까지는 기계 · 설비를 안전하게 제작 · 설치하면 산업재해가 발생하지 않을 줄 알았으나 크게 감소되지 않았고, 이에 대한 대책으로 도입된 것이 안전보건경영시스템, 즉 안전관리를 사람이나 설비가 아닌 시스템적으로 접근해야 한다는 것이었으나 이 또한 재해예방에는 한계가 있는 것으로 분석됨에 따라서 그림 5-5와 같이 시스템기반에 의한 안전문화 수준향상과 더 나아가 이제는 지능(Intelligent) 기반에 의한 안전문화 수준을 향상 시켜갈 수 밖에 없다고 결론을 내리는 것이다.

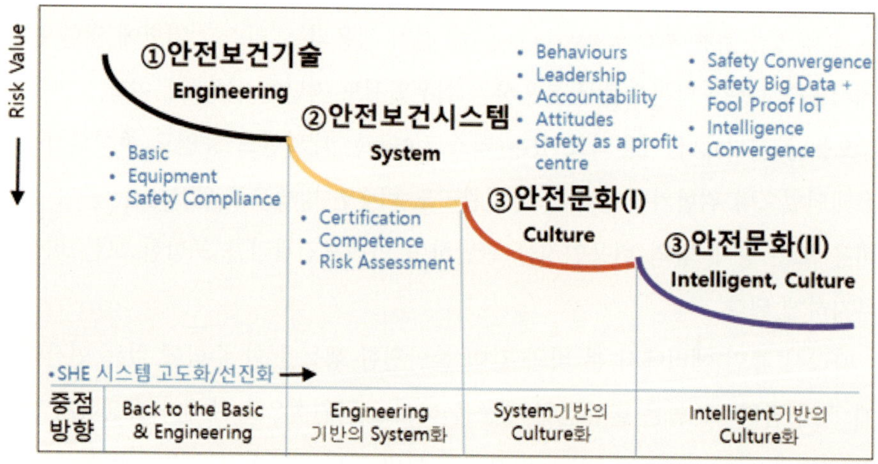

그림 5-5 안전관리패러다임의 변화

이는 범정부 차원을 넘어서 범국가적으로 매우 어렵지만, 안전문화 수준 향상을 위한 혁명적인 사고로 획기적인 노력을 기울여야 한다. 결론적으로 보아도 불안전한 행동을 최소화하고 습관적으로 의식하고, 인식수준을 높이고, 관습화까지 이를 때 진정한 재해 예방을 할 수 있다.

9. 안전문화 혁명의 발상지로서 HUB 기관 건립

(1) 안전문화회관 건립 배경

국내 최초로 위험예지훈련을 도입하고 무재해 운동사업을 전개하는 등 반세기 넘게 축적한 재해예방사업에 대한 기술력과 "안전문화를 선도하는 최고의 종합 컨설팅 기관"을 VISION으로 삼고 있는 사단법인 대한산업안전협회(이하 "협회"라 한다)는 '안전문화회관'을 단순한 건축물 이상의 혁명의 발상지이자 복합공간으로 조성하기 위해 노력하고 있다. 전 국가적으로 풀뿌리 안전문화운동을 전개하기 위한 안전문화의 컨트롤 타워 역할을 하면서 안전문화의 꽃을 활짝 피울 수 있는 안전문화회관을 건립하는 것은 바람직한 역할이라고 판단된다.

범정부차원을 넘어서 범국가적인 차원으로 풀뿌리 안전문화운동을 전개하기 위해서는 안전문화활동의 중추적인 역할과 현장 작동성 제고 및 혁명의 발상지역할을 담당할 민간기관인 협회가 앞장서야 한다.

(2) 안전문화회관 역할

안전문화회관은 한국형 안전문화 정착을 위한 R&D 역할을 수행하는 동시에 안전보건정책의 뒷받침 및 발전을 이끌어 나가는 초석으로 자리매김할 것이다. 또한, 범국민적인 안전문화운동의 메카로 활동하며, 안전분야 노 · 사 · 민 · 정 · 학 각계의 세이프티 스마트 워크오피스(Safety Smart Work Office)를 제공할 것이다.

이외에도 안전문화 기념관, 기록관, 체험관 등이 들어서 그야말로 안전문화에 있어서는 혁명의 기폭제와 발상지 및 HUB기관으로서 랜드마크 역할을 하게 된다.

(3) 국·내외 유사사례

안전문화회관은 중소기업중앙회 상암동 회관, 글로벌 숙련진흥원, 일본 후생노동성 산하 국립산업안전연구소 건물 등에서 착안하였다.

또한, 안전보건공단 인증원이었으며 국립노동과학연구소 터에 가칭 "안전보건문화 대국민 체험교육관"을 연차별로 건립하기 위해 고용노동부에서 1차적으로 100억 원 예산을 배정하였으나 기재부에서 삭감된 사례 등에서 참고하였다. 참고로 현재 일본 중앙노동재해방지협회(JISHA)에서 운영하는 국립산업 안전연구소는 산업재해로 희생된 노동자들의 넋을 기리고 안전의 중요성을 널리 전파하기 위해 건립됐다.

1940년 이토소메사 대표 이토이치로가 산업안전의 중요성 전파를 위한 연구소 건립을 위해 써달라고 50만 엔(현재가치 100억원)을 노동성에 기부한 것이 그 시작이다. 이후 히다찌 등 44개 기업이나 단체 등의 기부금 기탁이 이어져서 최종적으로 110만6,000엔의 기금이 모였다.

이를 기반으로 도쿄 도심에 1,800평 규모의 산업안전연구소화 박물관이 건립되었으며 오사카에도 비슷한 형태의 연구소가 건립됐다.

안전문화회관 건립은 위에서 살펴본 바와 같이 시재, 금융기관 차입, 후원금(성금), 기부금 등 4가지 방법이 있으나 우선 시재와 금융기관 정책금리를 활용한 차입으로 협회 중앙회부터 건립을 하면서 후원금과 기부금으로 점진적으로 지역본부나 지회 등으로 확산 · 발전시켜 나가고자 한다.

10. 불멸하는 성공조직(기업)의 조건

(1) 일반적인 성공조직의 조건

열심히 일하는	사람은, 즐기는 사람을	못 이긴다.
즐기는	사람은, 운좋은 사람을	못 이긴다.
운좋은	사람은, 혁신전략이 있는 사람을	못 이긴다.
혁신전략이 있는	사람은, 안전문화가 있는 사람을	못 이긴다.

문화는 '하루아침에 이루어지지 않으며 안전은 끊임없이 도전해야 이루어진다.'라고 하였다.

생각이 바뀌어야 말이 바뀌고,
말이 바뀌어야 행동이 바뀌고,
행동이 바뀌어야 습관이 바뀌고,
습관이 바뀌어야 안전문화가 바뀐다.

이런 지난한 과제를 해결하기 위해서는 국가차원의 범정부적인 노력과 민, 관, 학 모든 분야에서 우리나라가 수십 년 간 파괴적인 성장이라고 하며, 죽음의 도약 또는 필사의 도약이라고 불리는 압축고도 경제성장에 몰입한 것 이상으로 노력하여야 DNA가 바뀌고 습관이 바뀌며 안전보건문화 수준이 향상될 것이다.

최근 우리사회에서는 안전 · 보건 설비투자에 대한 세액공제를 대폭 확대할 것을 요구하거나 영국처럼 기업살인법을 제정해 안전사고가 발생하면 징벌적 벌금을 과징금으로 부과해 엄하게 처벌하자는 의견이 대두되고 있다. 이는 안전보건문화에 대한 의식 · 인식 수준이 급격히 향상되고 있다는 방증이다. 이와 같은 사회적 대화가 생산적인 결과를 내기 위해서는 안전은 투자한 만큼 결과가 나오며 공짜가 없으므로 큰 노력과 비용이 지출될 것으로 예상한다. 그러므로 하나하나 차근차근 실마리를 풀어 나가야 한다.

한국의 마윈, 스티브 잡스라 할 수 있는 SKT 손길승 명예 회장님께서는 '대기업이 왜 국가 경제발전에 그렇게 크게 기여하였음에도 불구하고 국민들로 하여금 비난을 받느냐'의 물음에 대하여 명쾌하게 다음과 같이 답변하였다. "자유주의를 바탕으로 경쟁체제에서 기업만이 우리나라를 선진국으로 이끌 수 있으며 선진국처럼 대기업이 노블리스 오블리제를 하여야 한다"고 단언하였다.

이와 같이 필자는 그 시작이 CSR(Corporate Social Responsibility)이라고 본다. 요즘은 더 나아가 기업공생과 가치증진(CSV)을 위해서 초 일류기업들은 "기업시민" 등을 경영이념에 반영하고 있다. 더구나 최근(2019.8.19.)에는 뉴욕에서 미국 주요 CEO(애플, 아마존 등) 180여명으로 구성된 BRT(Business Round Table) 멤버들이 뉴욕 선언을 통해서 새로운 기업의 목적에 서명하는 등 기업의 목적이 급격히 변화하고 있음을 알 수 있다. "주주이익 극대화(이윤추구)라는 기존의 목적을 넘어서 고객, 직원, 파트너사, 지역사회, 주주 등 모든 이해관계자(Stakeholder)에 가치를 제공하는 현시대의 새로운 기업의 목적을 정의"하였다. 하물며 기업이 안전문화 수준 향상에 노력하지 않는다면 기업가 정신을 망각한다고 해도 과언이 아닐 것이다.

안전은 투자한 만큼 결과가 나오며 공짜가 없으므로 많은 기업에서 CSR을 실천에 옮기고 있다. CSR은 "기업활동을 통해서 이해관계자를 만족시키고 경제, 사회, 환경문제를 기업이 속한 공동체와 사회에 긍정적인 영향을 미치기 위한 책임 있는 활동"을 말한다. 기업에서 자율적으로 노동자와 사업장 주변 주민들의 안전을 지키는 것을 CSR 활동 중의 하나로 여기고 실천한다면 압축 고도성장 때문에 매몰돼 있던 안전보건문화 DNA가 찬란한 빛을 내뿜게 된다.

(2) 기업의 성공 조건과 안전보건문화

한편, 대부분 기업들의 현안 문제로 아래 3가지가 안전문화 수준 향상의 중요한 관건이라고들 한다.

① 라인 조직/스텝 조직

② 최고경영자의 태도, 마음가짐, 의지 및 경영철학(mind set)이 바뀌어야 한다.

③ 전 임 · 직원이 참여하는 위험성 평가 등이 형식적이냐, 실질적이냐가 중요한 관건이다.

기업의 안전문화수준을 향상시키는 것은 한편으로는 우리 민족의 단군신화 사상이기도 한 [19]홍익인간의 훌륭한 정신을 되살려야만 우리가 진정한 만물의 영장으로서 존경을 받으며 우리 역할을 다할 수 있다고 말할 수 있다. 더 나아가서 지구촌을 한마음으로 화합시킬 수 있는 철학이라고도 할 수도 있다.

우리나라는 세계 어느 나라보다 지정학적으로 각축장의 위치에 있으나 반만년을 독립국으로 유지하여 왔으며 경제 선진화와 정치 민주화를 이룬 유일무이한 위대한 민족이다. 그렇다면 사회 문화 수준만 향상시킨다면 명실상부한 선진국으로 도약하는 것은 시간 문제라 볼 수 있다.

---

19 홍익인간(弘益人間) : 어떤 사람 어떤 민족 어떤 나라든 나와 너를 가리지 않고 내 몸처럼 이롭게 한다는 뜻으로 단군의 건국이념이다. 삼국유사 고조선 건국사에 나와 있다.

사회 문화 분야의 가장 주요한 지표 중의 하나인 안전문화 수준 향상은 압축 고도성장으로 경제의 기적을 이룬 것처럼 "안전문화혁명"을 한다는 각오로 하되 그동안 압축 고도성장으로 인한 파괴적인 성장, 죽음의 도약, 필사의 도약으로 나타난 부작용을 최소화하는 슬기로움을 발휘하여야 할 것이다.

그러므로 우리 민족의 뿌리인 홍익인간 사상과 대학연의(大學衍義)에 나와 있는 이상 사회를 구현하는 대동사회를 바탕으로 우리 민족이 주변국 4강과 등거리 외교와 북극 항로개척, 러시아와의 관계 재설정 등으로 극동아시아를 재편성해 나가는 등 또 다른 도약을 위한 발판을 마련하여야 할 것이다. 또한 경제 분야에 기적을 이룬 선각자들도 모두 동의하는 바와 같이 반만년 역사를 독립국가로 지켜오는 슬기로움을 역사적으로 반추해서 "안전문화혁명"을 이룬다면 모든 사회문화 지표를 견인하면서 행복한 국가를 이루어 우리 민족이 확고한 선진국으로 우뚝 설 수 있다고 확신한 바이다.

(3) 안전보건문화 혁명의 발상지와 기폭제

옛 선비들은 '주역공부 함부로 말라'라며 경계했다. "주역은 무서운 책이다. 만학의 으뜸이며 주역의 도는 음양오행설을 기반으로 하는 도의 학문이다. 음양의 도는 변화에 있고 늘 변하는 게 세상이고 그런 세상의 움직임을 알게 해주는 게 주역이다. 풍수지리가 다 여기서 나왔지만 그건 그냥 역이며 주역은 아니다. 3대가 '덕을 쌓아야' 주역 공부한다는 말이 있었다. 잘못 공부하면 미친다고도 했다.

(복희씨가 만든 역을 주나라 문왕이 완성해 주역이라고 부른다고 했다. 공자가 주역에 열가지 해설을 붙였고 주자는 점학으로 주역을 풀었다고 한다.)

주역의 대가이신 대산 김석진 선생께서는 "우리의 미래"[20]라는 책에서 일본은 어려워지고 한반도의 시대가 올 것이라고 이미 2000년대 초에 설파하셨다. 서양문화에서는 "바이블", 동양문화에서는 "다라니"라고 하는 기본지침서. 불경 8만 4

---

20 우리의 미래 : 세계의 중심이 대한민국으로 이동했고 10년 이내에 자본주의도 아니고 공산주의도 아닌 나와 너가 하나라는 홍익인간사상이 다시 일어나 아시아가 부흥한다. 지금의 혼란은 새문명이 탄생하기 위한 꽃샘추위라는 희망의 메시지를 대산 김석진 선생이 바라본 우리의 미래라는 책에서 설파한 내용이다.

천 경 중 가장 큰다라니 중에 하나가 금강경이다. 그 안에는 8만4천경이 다 들어 있다.

금강경을 한 마디로 요약하면 무심(無心)이라고 한다. 본서가 안전의 "바이블"과 안전의 "금강경"이 되었으면 한다. 특히 주역까지 포함된 4서3경(四書三經)뿐만 아니라 예기(禮記) · 춘추(春秋)까지 포괄하여 유가 철학의 이상 국가로 대동 사회를 이루기 위한 방법론을 제시한 대학연의(大學衍義)에서 국가, 사회, 개인 행복론까지 이미 정립한 동양의 철학의 근본이며 우리 민족문화에 가장 크게 영향을 끼치고 있는 유교 문화의 정수라 할 수 있다.

대학연의(大學衍義)에서 말한 공정한 세상에 사람들이 모이고 반칙없는 나라가 되어야 포용국가가 이루어진다고 하였다. 그리고 무엇보다도 전쟁이 없는 평화국가, 재난이 없는 안전한 사회가 국민행복의 첫 번째 조건이며, 사랑과 사람의 관계가 갈등이 없고 서로 사랑하고 존중하는 포용국가가 국민행복의 두 번째 조건이라 하였다.

이러한 이상 국가 실현을 위한 대동 사회 사상까지 포괄하면서 "나라다운 나라"의 근원이며 모범 국가의 리더십을 보여주는 대동 사회를 이룬다면 신뢰 사회를 구축할 수 있다.

이렇게 하여 신뢰 사회가 구축이 되면, 이미 앞에서 언급한 바와 같이 행복해질 수 있다고 심리학자들은 정의하였다. 안전보건문화 수준 향상은 결국 신뢰 사회의 구축이다.

금강경 다라니를 한마디로 요약하면 무심(無心)이듯이, 본서가 안전보건문화 수준이 재해 예방 3단계 발전론의 마지막 단계이면서 결국은 일본의 후쿠시마 원전 방사능 피폭 은폐 등 군국주의에 대항하는 대동 사회와 우리나라 반만년 역사의 뿌리 중의 뿌리로 단군조선의 홍익인간 사상으로까지 신뢰 사회를 구축한다면 우리의 비전이라 할 수 있는 유라시아 환태평양 시대에 세계적인 모범 선진국으로 갈 수 있다고 하였다.

이렇게되면 자연스럽게 본 서가 안전보건문화혁명의 발상지가 되고 기폭제가 되어서 안전문화의 꽃을 피워서 선진국 수준의 행복(幸福)한 사회를 만드는 데 일조하기를 간절히 기대해 본다.

에필로그

안전문화혁명을 꽃 피우기 위하여

이 책을 집필하기로 결심한 것은 20여년 전으로 거슬러 올라가지만[1] 필자의 망설임과 두려움 때문에 그 의지를 펜으로 옮기지 못하다가 산업안전보건분야 최고(最古)선도자라는 책임감으로 3년 전부터 본격적으로 집필을 시작했습니다.

그때가 바로 클라우스 슈밥(Klaus Schwab) 박사가 '4차 산업혁명'을 지구촌 아젠다로 제시했을 시기입니다.

1969년경 정보화의 물결이 몰려오면서 3차 산업혁명을 알렸으며, 2016년에 클라우스 슈밥 박사는 4차 산업혁명이 도래하여 앞으로 50년간 우리사회를 지배할 새로운 패러다임이라고 주장했습니다. 하지만 지금은 여기서 한발 더 나아가 5차, 6차 산업혁명을 주창하는 학자들도 있습니다.

분명한 것은 4차 산업혁명 시대에는 IoT(사물인터넷)를 통해서 데이터를 수집하고 이러한 빅 데이터가 클라우드에 저장되면 AI(인공지능)가 분석하여 현실세계의 정

---

1 본서는 뜻밖의 질문에서 태동했다. 필자는 산업안전 분야에 입문한 지 20여 만에 전문직으로서는 최초로 2004년 고용부 청주지청장에 보임이 됐다. 당시 산업안전과장으로 부임한 전모 과장님께서 "지청장님 저는 30여 년간 반평생 근로 감독만을 했는데 산업안전 전문가라 하시는데 산업안전을 어떻게 하여야 합니까?"라고 다소 생뚱맞은 질문을 했다. 어이가 없기도 하고 안타깝기도 하였으나 불가피하게 한마디로 설명하기가 어려워서 관사에 가서 답변을 정리하기 시작한 것이 효시가 되었다. "안전보건의 기본 원리"(안전보건의 십계명)라는 강의안을 만들어서 고용부 후배들에게 보급하기 시작하게 되었으며, 안전보건공단 상임감사 시에는 이를 바탕으로 "안전과 감사(청렴) 전략"이라는 주제로 대학강의와 동영상 보급으로 발전되다가 오늘의 "안전문화 혁명"에 이르게 되었다.

확한 예측을 통한 맞춤 서비스를 제공하는 Data Science(데이터 과학)가 일상화될 것이라는 점입니다. 나아가 이러한 과정의 반복을 통해 현실세계의 최적화가 이루어지게 될 것입니다.

한마디로 그 누구라도 '빅 데이터 생성(Data Science)→AI 활용→새로운 가치창출'의 단계를 밟아야 성공할 수 있는 것입니다. 안전 분야도 예외는 아닙니다. 현재 어느 조직에서나 이러한 현실과 가상을 융합하는 일에 사활을 걸고 있는 이유가 여기에 있다고 할 수 있습니다.

따라서 우리의 모든 조직은 지금부터라도 차근차근 Data Science를 일상화하는 조직으로 거듭나기 위한 준비를 해야 합니다.

물론 시스템을 구축한다고 모든 것이 마무리되는 것은 아닙니다. 삶이란 '사람'이라는 글자의 줄임말이며 삶은 '사람과 사람의 관계'입니다. 어느 사람도 혼자서는 이 세상을 살아갈 수가 없습니다. 아무리 어려운 일도 여럿이 뜻을 함께하면 쉽게 이루어집니다. 결국, 연결의 밑바탕은 사람입니다. 사람을 어떻게 연결할 것인가에 달려있습니다.

원활한 융합을 위해서는 서로 다른 분야의 사람들과 활발하게 의견을 나누어야 하고 데이터를 공유해야만 합니다. 이제 학문에서 문과와 이과의 경계는 무의미합니다. 인문사회과학을 모르는 자연 과학자나, 자연과학을 모르는 인문사회 과학자는 설 자리를 잃을 수밖에 없습니다.

글로벌 대표 정보통신기업들을 흔히 FAANG(페이스북, 아마존, 애플, 넷플릭스, 구글)이라고 하는데, 이들 글로벌 기업들이 왜 융합형 인재를 확보하기 위해 최선을 다하고 있는지 직시해야 할 것입니다. 융합(통섭)의 시대에는 상호 간의 긴밀한 교류, 이를 통한 지식과 경험의 공유가 가장 중요합니다. 구글은 자율과 개방, 아마존은 고객(소비자, Customer First)이 으뜸이며, 페이스북은 인간의 심장에 호소하고 애플은 머리에서 점점 몸통 쪽으로 내려간다고 합니다.

즉, 상호 배려하고 존중하는 마음과 믿음이 경영의 바탕이 되어야 합니다. 상호 간에 긍정적인 영감을 줌으로써 새로운 패러다임이 나올 수 있도록 하는 개인이나 조직으로 거듭나야 합니다. 안전보건(노동과학)은 예전부터 융합 학문으로 여겨졌습니다. 자연 과학적인 접근만 고집해서는 안된다는 말입니다. 이는 곧 어떤 분야보다 지속 가능하며 생명력이 강하며 경쟁력이 뛰어나다는 의미로도 해석할 수 있습니다.

그러나 위와 같이 안전보건 분야가 제아무리 경쟁력을 갖고 있다 하여도 추가로 요구되는 사항이 있습니다. 수평적인 리더십을 가지고 끊임없는 도전과 새로운 아이디어로 잠재력을 배양하여 가장 경영을 잘하고 있는 구글처럼 자유에 내재된 팽창 에너지에 기반을 두어 창의적으로 아이디어를 낼 수 있는 토대를 마련해야만 할 것입니다. 더불어 충만한 주인의식을 바탕으로 스스로 문제해결 능력을 길러야 할 것입니다.

아무리 창조적인 인재가 있다고 해도 조직문화가 받쳐주지 않으면 역량 발휘가 쉽지 않기 때문에 범조직적, 범국가적, 범국민적으로의 혁명을 한다는 각오로 안전문화 혁명을 하지 않으면 결코 재해예방을 위한 안전문화 수준 향상을 이룰 수 없다고 단호하게 강조하는 것입니다.

윈스턴 처칠 경은 "인생의 출발점에서 어려운 시련을 겪지 않은 사람에게 출세를 기대하는 것은 브레이크 없이 고속도로에 나서는 자동차처럼 위험하다"라고 말했습니다.

우리나라는 그동안 압축고도 경제성장이란 고속도로에서 무한 질주를 한 자동차라 할 수 있으며 이에 브레이크 역할을 할 "안전문화 혁명"을 우리사회 속에 우선적으로 안착시켜야 할 것입니다.

"안전문화 혁명"은 지난한 과제이지만 힘든 일을 앞에 놓고 긍정적인 생각을 가지고 덤벼들다 보면 없어 보이던 방법도 보이는데, 반대로 부정적인 접근을 하다

보면 있는 길도 보이지 않습니다.

어렵고 힘든 일도 자신감을 가지고 즐겁게 웃으며 하는 사람과, 쉬운 일도 두려워하고 불평하며 억지로 하는 사람은, 결과에서 차이가 크며 그 후에는 더 큰 차이가 납니다. 큰 시련에도 자신감과 적극적인 신념으로 임하면 안전문화 혁명을 이루게 될 것입니다. 우리나라가 산재 왕국이라는 오명을 벗는데, '내가 일익을 담당했다'라는 자부심을 여러분 모두가 공감하면서 안전문화 혁명의 선도자가 되어주실 것을 간절히 바랍니다.

아울러 가정의 행복과 건승을 기원합니다.

감사합니다.

부록

대학연의(大學衍義) 등 주요 부문 발췌본(拔萃本)

제 1 장 모범국가를 이끄는 리더십(43권 중 15 ~ 24권)

Ⅰ. 인재의 중요성

1. 인재가 있는데 몰라보는 것
2. 알고도 기용하지 않은 것
3. 기용하고도 맡기지 않은 것

Ⅱ. 인재를 분별하는 법

1. 인재를 알아보는 것
2. 인재를 알고 그를 등용하는 것
3. 등용한 인재를 다루는 것
   - 15권 : 성현이 사람을 살피는 방법(聖賢觀人之法)
   - 16권 : 제왕이 사람을 알아보는 일(帝王知人之事)
   - 17권 : 간웅이 나라를 훔치는 술수(姦雄竊國之術)
   - 18권~24권 : 간사한 자가 임금을 속이는 실상(邪罔上之情)과 관련해 간신이 어떤 사람들인지, 그리고 이들이 어떻게 나라와 군주를 망치게 하는 지를 자세하게 소개

Ⅲ. 인재를 분별하는 세부방법

1. 인재를 분별하는 기준

재능(전문성)을 기준으로 사람을 논하면서 여러 덕행을 돌아보지 않았기 때문에 재주만 있고 덕이 없는 소인이 등용된 적이 있었으니 그러고도 일을 그르치지 않는 경우가 드물었다.

• 군자와 소인의 분별기준

① 군자는 의(義)에서 깨닫고 소인은 이(利)에서 깨닫는다. 공공의 이익, 사적이익

② 군자가 갖추어야 할 덕목(14가지 덕목 a~n까지) : 의(義)와 도(道)로서 하여야 한다.

③ 구덕론으로 덕의 크기에 대한 분별

2. 인재를 관찰하는 방법

(1) 그 사람의 말로서 판단하되 그것만으로 인재를 분별하지 말라.

① 성현들은 '말만 잘하는 입이 나라를 뒤엎는다(이구복방, 利口覆邦)'하여, 싫어하였다. 공자 역시 "말을 듣기 좋게 하고 얼굴빛을 잘 꾸미는 사람치고 인(仁)한 경우가 적다."고 말한 바 있다.(역사적인 사례로 주발(주발(周勃)과 동현(董賢)을 언급)

② 행실을 살피되, 그 근원을 따져보라.

(2) 이극(李克)은 재상을 선임할 때 다섯 가지 행실을 보라고 강조

① 평소에 그가 가까이하는 사람

② 부유할 때 그가 베풀어주는 사람

③ 높은 자리에 있을 때 그가 천거한 사람

④ 어려운 시기에 있을 때 그가 하지 않은 것

⑤ 가난할 시기에 그가 하지 않은 것

(3) 다면 평가를 하되 그를 맹신하지 말라.

(4) 관찰할 때 간접 증거를 찾아보아라.

3. 인재를 기용하는 법

현자와 불초, 군자와 소인의 차이를 자세히 언급하고 배필, 태자, 내신(內臣, 즉 환관과 외척을 예로 제시) 또한 언급

4. 인재를 다루는 법(리더십 이론 전반을 통찰)

(1) 리더십이란 사람들로 하여금 리더가 원하는 것을 하게 할 수 있는 능력으로 정의 가능. 리더십은 일(원하는 것), 팔로어(부하) 그리고 리더(지도자 또는 관리자) 세 가지로 구성

(2) 일에 초점을 둔 이론은 변혁적 리더십이고 부하에 초점을 두면 섬김의 리더십과 진성 리더십(Authentic leadership)

(3) 리더십 종류와 세부내용

① 거래적 리더십

- 중용(中庸)의 구경(九經)으로 몸을 닦음(修身), 어진 사람을 높임, 친한 이를 가까이 함, 대신을 공경함, 신하를 내 몸같이 여김, 여러 백성을 사랑함, 장인들을 오게 함, 먼 곳에서 온 사람을 따뜻하게 함, 제후들을 품어줌.
- 구경 중 修身(자기 몸을 닦는 것) 말고는 주변의 제후들을 품어 주는 등 나머지 8가지는 서로 다른 처지에 있는 사람들에게 각각 바라고 원하는 것을 제공하는 것이 다스리는 요체라 함.

② 변혁적 리더십(지도자 리더십)

- 비전 제시
- 공유와 통합 그리고 소통

③ 섬김의 리더십

- 첫 번째 : 지도자가 부하를 다룰 때 禮(君使臣之禮)로 다루어야 한다는 예(禮)의 리더십

• 두 번째 : 부하를 믿고 그에게 일을 맡기는 섬김의 리더십

• 세 번째 : 부하가 일을 주도하도록 하게 하는 팔로어십(follower ship)

※ 대학연의(大學衍義)는 팔로어십 단계를 넘어서 책임 리더십(Responsible leadership)을 강조. 10~20%는 리더가 결정하고 80~90%는 팔로어가 결정하는 것이 가장 바람직.

④ 윤리적 리더십과 진성 리더십

• 리더 자신이 바로 서지 않고서는 부하들이 그 사람을 신뢰하지 않는 것은 물론 말도 듣지 않는다. 즉 리더 자신의 윤리성과 진정성이 부하들이 어떤 일을 하게 하는데 큰 영향을 미친다는 의미.

• 진정성의 리더십 요체는 수신요체 Ⅰ(35권)에서 나오는 말과 행동. 말과 행동은 군자의 추기(樞機)라며, 말과 행동의 일치를 강조. 진성 리더십은 수기(修己)의 리더십.

• 정약용은 수기보다 치인(治人)을 강조. 윤리적 이슈만 너무 강조해 조선사회가 개혁이 안 됨.

5. 바른 인사의 길은 자신을 밝히는 것

(1) 바른 인사를 위한 3가지(인재를 분별하는 법, 기용하는 법, 인재를 다루는 법) 부문을 모두 깨우쳤다고 해서 바른 인사가 바로 되는 것은 아니다.

① 사람을 알기 어렵다.(사람을 알기는 진실로 어렵다) 지도자 자신이 덕이 있지 않으면 사람을 제대로 알아보기 어렵다.

② 지도자는 반드시 그 마음을 바르게 하여 아첨에 현혹되지 않고 이익에 흔들리지 않은 뒤에야 신하들의 간사함과 바름을 판단할 수 있다.

③ 사람의 말을 듣는 것이 쉽지 않는 이유는 사람을 너무 믿어도 안 되고 너무 불신해도 안 되기 때문이다.

(2) 어떻게 하면 사람을 알아보고 현자를 중용하며 직언과 간언을 구별할 수 있나?

① 마음은 물이 그러한 것과 같으니, 그것을 휘저어 흐려지면 산악을 비출 수가 없고, 깊고 맑아서 일렁이지 않으면 터럭조차도 환히 비추어 볼 수 있다.

② 오직 지극히 공적이어야 천하의 사사로움을 볼 수 있고, 오직 지극히 발라야(正) 천하의 사악함(邪)을 볼 수 있으며, 오직 지극히 고요해야 천하의 움직임을 볼 수 있다

(3) 모든 지도자나 관리자를 임명하고 사람을 다루는 일에는 반드시 마음을 편안하게 하는 것(宅心)을 우선하여야 한다.

(4) 맹자(孟子)는 이를 보다 직접적으로 다음과 같이 말하였다.

① "인사의 잘못은 꾸짖는 것으로 부족하고 정사의 잘못은 비판하는 것으로 부족하다."

② "임금이 인(仁)하면 인(仁)하지 않음이 없고, 임금이 의(義)로우면 의(義)롭지 않음이 없고, 임금이 바르면(正) 바르지(正) 않음이 없으니, 한번 임금의 마음을 바로잡으면 나라가 안정된다. 따라서 사람을 아는 길과 중용하는 길, 다루는 길은 바로 자신을 밝히는 길이다."

종합하면, 위와 같이 군주(관리자)의 마음을 바르게 하는(正心) 학문이 없어서는 안 된다. 이것이 바로 대학연의(大學衍義)가 성의정심(誠意正心)을 중요하게 여기고 길게 설명하는 이유다.

제 2 장 자신을 닦는 길, 성의정심

1. 왜 그리고 무엇이 정심인가?

2. 왜 그리고 무엇이 성의인가?

3. 왜 그리고 무엇이 숭경외(崇敬畏)인가? (삼가 두려워하는 것)

① 공손하라.

② 하늘을 두려워하라.

③ 백성(직원)을 공경하라

④ 혼자 있을 때를 삼가라.

4. 왜 그리고 무엇이 계일욕(戒逸欲)인가? (감히 게으르지 않은 것)

인심(人心)을 억제 및 통제하는 것에 초점을 맞춘 것이다.

5. 규경잠계(規警箴戒)는 성의정심 2가지 '숭경외'와 '계일욕'의 상호 트레이드 오프(Trade Off) 관계로 해석할 수 있다.

6. 맺는말

(1) 국가 지도자(관리자)는 『大學』 첫 구절 '大學之道 在明明德 在親民 在止於至善'에서 제시하는 바와 같이 다음 삼강령(三綱領)의 어느 하나도 소홀히 해서는 안 된다.

① 국민이 바라고 꿈꾸는 모범국가

② 이러한 나라를 이룩하기 위해서 인재를 분별하고 중용하며 맡기는 것

③ 이를 실현하기 위해서 스스로 바른 사람이 되는 것

(2) 배움을 멈추어서는 안 된다. 대학연의(大學衍義)는 삼강령(三綱領) 팔조목(八條目)과 격물치지(格物致知)를 강조한다.

(3) 시간의 길이를 길게 가져야 한다.

(4) 대학연의(大學衍義)는 국가지도자 뿐만 아니라 일반국민, 기업조직에서도 지도자를 중심에 두고 해석하고 정리했다.(이것이 '大學衍義 : 모범국가 리더십을 말하다'라는 제목이 만들어진 배경)

(5) 국가지도자 뿐만 아니라 일반국민 조직에도 해당된다는 것을 누누이 강조한다. 국가의 모든 주체가 大學衍義의 메시지를 학습하고 적용할 필요가 있다. 그래야 국민이 바라고 직원들이 꿈꾸는 나라다운 나라, 모범국가, 회사다운 회사, 모범회사에 한 걸음이라도 더 빨리 도달 할 수 있다.

대학연의(大學衍義)에서 말하는 주역의 일부

무극에서 태극으로 왔으며 황극[1]으로서 새로운 역사를 써야만 세계의 황극이 되어서 새로운 문명을 열 수 있다. 지정학적으로 간방에 해당하는 우리나라가 재물의 흐름뿐만 아니라 철학과 문화의 중심이 될 수밖에 없는 황극으로서의 새로운 역사를 쓸 수 있게 된다는 말이다.

지금 우리나라는 100년이 넘는 고난의 역사를 딛고 나라를 나라답게 하여 안전문화의 꽃을 피우는 새로운 역사를 써내려갈 절호의 기회를 맞이하였다.

주요 4서3경(四書三經)구성 예(例)

4서3경(四書三經) : 논어, 맹자, 중용, 대학, 시경 · 서경 · 주역

論語解說

① 논어의 저자 및 성격

유교의 근본사상이 된 論語는 孔子의 언행과 사상, 孔子와 제자 및 여러 인사와의 문답, 제자들 간의 대화를 제자들(주로 증자 및 자사)이 기록하여 두었다가 孔子가 죽은 후 한나라 시대 孔子의 제자들에 의하여 책으로 만들어졌다는 설이 유력함.

고본으로는 魯論語, 齊論語, 古論語의 세 종류가 있어 일부가 여러 사람에 의해 전해 오다가 단편들을 모아 漢나라 시대 어느 정도의 원본이 만들어지면서 論語로서의 구실을 하게 되었으며 현재 많이 사용하고 있는 論語는 송나라 시대 주희(朱熹)에 의해 만들어진 "論語集註"이다.

---

1 **황극** : 세상에 퍼졌던 문명이 수명을 다하고 우리나라에서 문명이 다시 시작한다면, 일단 세상이 망한 뒤에 다시 시작해야 하는 것으로서 이론대로라면 무극(0)– 태극(1)– 양의(2)– 사상(4)– 팔괘(8)– 64괘(64)로 분화 발전하다가 어느 순간에 사라지는 것.

② 공자의 생애(BC 552 – BC 479 향년 73세)

孔子의 이름은 구(丘: 짱구)이며, 자는 중니, 춘추시대인 노나라 양공22년에 창평향의 추읍에서 태어났다. 孔子의 아들은 이(鯉)며 이의 아들이 論語의 저자로 알려진 孔子의 손자인 자사(子思)이다.

삼사십대에 들어 여러 나라를 전전하며 벼슬도 살면서 학문과 인격의 완숙한 경지를 이루었으며 오십대에는 노나라에서 대사구(법무장관)를 지냈으며 육십대에는 주유천하(周遊天下)하면서 도덕 정치를 추구하였지만 그 당시의 현실에서는 받아들여지지 아니하여 정치를 단념하고 고향으로 돌아와 제자들과 함께 시(詩) 서(書) 예(禮) 악(樂) 역(易)춘추(春秋) 등 6경을 정리 저작하여 후세의 사람들에게 불후의 명작을 남겨 주었다.

③ 공자의 사상

孔子는 인(仁) 애(愛)를 근본 사상으로, 서(恕:남을 용서함)와 충(忠)을 첫째로 중요시하라고 가르쳤으며, "서"는 '자기를 미루어 남을 아는 것'이며 "충"은 '자기를 다하는 것'이라고 주희는 풀이하였음.

정치에서는 덕으로 백성을 다스리며 정(正)을 기본으로 모범을 보이라고 함. (실지 노나라에서 대사구를 할 때 孔子 때문에 외침을 받지 않았으며 물건이 길에 떨어져 있어도 주어 가는 사람이 없었다고 함)

論語集註大全

논어집주대전

- 論語 : 공자(孔子)가 제자들이나 당시 사람들과 논란(論難: 어떤 문제에 대해서 옳고 그름을 따져 논하는 것) 하고 힐문(詰問: 잘못된 것을 따져 물음) 한 말을 제자들이 기록한 것이다.
- 集註 : 주자(朱子)가 서술한 주(註)를 명칭하는 것으로 송유십일가(宋儒十一家)의 주석(註釋)에서 좋은 점을 초출(抄出) 하고 논어 주소본(註疏本)에서 주(註)를 모아 자신의 학설을 덧붙여서 집주(集註)라는 이름을 붙인 것이다.
- 大全 : 명(明) 나라 성조(成祖)가 영락 년(永樂年) 중에 주자(朱子)의 집주(集註)를 근간(根幹)으로 하여 국가에서 발간을 한 영락대전본(永樂大全本)이다. 이 영락대전본은 명나라는 물론이고 우리나라에서도 교과서로 채택했다.

논어(論語)는 맹자(孟子)와 마찬가지로 편명(篇名)에는 뜻이 없다. 옛날 죽간을 말아놨을 때 제일 첫 번째 나온 글자 〈子日은 자주 나오므로 편명(篇名)으로 삼지 않고〉 그 다음의 두 글자 또는 세 글자를 편명으로 삼았다. 그러나 學 자를 제일 먼저 둔 것은 공자가 배움을 먼저 거론한 뜻이 있다고 본다.

* 일러두기

① 논어는 총20편으로 구성이 되어 있으며 주로 맨 처음의 2자 또는 3자를 편명으로 삼았으며 그 편명으로 내용을 알기는 힘이 든다.

② 보기 : "子日"은 공자님 말씀을 나타내며,

"---글자--- 글자---"와 같이 중간에 글자가 있는 것은 긴 문장 에서 그 구절만 추려 놓은 것이며, 연속된 구절에는 "---"이 빠져 있음.

제1권 논어 01 학이편(學而篇), 논어 02 위정편(爲政篇), 논어 03 팔일편(八佾篇), 논어 04 이인편(里仁篇), 논어 05 공야장편(公冶長篇), 제2권 논어 06 옹야편(雍

也篇), 논어 07 술이편(述而篇), 논어 08 태백편(泰伯篇), 논어 09 자한편(子罕篇), 논어 10 향당편(鄕黨篇), 제3권 논어 11 선진편(先進篇), 논어 12 안연편(顔淵篇), 논어 13 자로편(子路篇), 논어 14 헌문편(憲問篇), 논어 15 위영공편(衛靈公篇), 제4권 논어 16 계씨편(季氏篇), 논어 17 양화편(陽貨篇), 논어 18 미자편(微子篇), 논어 19 자장편(子張篇), 논어 20 요왈편(堯日篇).으로 구성되어 있다. 각 편마다 20 요왈편(堯日篇)같은 경우는 3장으로 비교적 짧게 구성되어 있으며 길게는 14 헌문편(憲問篇)같은 겨우는 47장으로 구성되는 등 총 498장으로 구성되어 있다.

논어는 기본적으로 총 4권으로 구성되어 있으며, 제 1권은 01 학이편(學而篇), 논어 02 위정편(爲政篇), 논어 03 팔일편(八佾篇), 논어 04 이인편(里仁篇), 논어 05 공야장편(公冶長篇)으로 구성되어 있다.

제1권 학이(學而) 편의상 1장~16장으로 구성되어 있다.

제1권 學而편은 논어의 서편(緖編)으로 학문의 중요성과 공자의 사상이 깃들어 있다.

1장 子曰 學而時習之면 不亦說乎아, 학이시습지 불역열호
배우고 때로 익히면 또한 기쁘지 아니한가
有朋이 自遠方來면 不亦樂乎아,
유붕 자원방래 불역락호
벗이 먼 곳에서 찾아오면 또한 즐겁지 아니한가
人不知而不이면 不亦君子乎아.
인불지이불온 불역군자호
남이 나를 알아주지 않아도 노여워하지 않음이 또한 군자가 아니겠는가
☞ 논어의 첫 구절인 위 구절은 명언으로써, 많이들 사용 하니 외어보길

2장 子曰 巧言令色이 鮮矣仁이니라.

교언영색 선의인

교묘하게 꾸민 말과 보기 좋게 꾸민 얼굴빛에는 어진 마음이 드물다

3장 曾子曰 吾 日三省吾身하나니

증자왈 오 일삼성오신

나는 매일 나 자신을 세 번씩 반성한다

爲人謀而不忠乎아, 與朋友交而不信乎아.傳不習乎아니라.

위인모이불충호 여붕우교이불신호 전불습호

남을 위해서 일을 하는데 정성을 다하였든가, 벗들과 함께 서로 사귀는데 신의를 다하였든가, 전수 받은 가르침을 반복하여 익혔는가, (또는 아래와 같이 번역하는 경우의 책도 있음.)

제대로 익히지 못한 것을 남에게 전하지 않았던가.

8장 --- 無友不如己者오 過則勿憚改니라.

무우불여기자 과즉물탄개

나보다 못한 사람과 벗하지 말며, 잘못을 깨달았을 때에는 고치기를 꺼리지 말라.

☞ 나보다 못한 사람이란 말은 인애에 어긋나지만 학업 정진에 충실하기 위한 방편이라고 생각함

15장 --- 告諸往而知來者온여

고저왕이지래자

지난 과거를 말해주면 미래를 아는구나.

16장 子曰 不患人之不己知오 患不知人也니라.

불환인지불기지 환부지인야

남이 나를 알아주지 않음을 걱정하지 말고 내가 남을 알지 못함을 탓하라.

제2권 위정(爲政) 1장~24장

제12권 안연편(顔淵篇) 1장~24장으로 모두 24장이다. 그 중 7장(章)을 보면 다음과 같다.

[七章]

子貢 問政한대 子曰 足食 足兵이면 民 信之矣리라

자공 문정한대 자왈 족식 족병이면 민 신지의리라.

자공이 정사(政事)에 대하여 물었는데 공자가 말씀하시기를 "식량이 충분하고 국방력이 튼튼하게 갖추어지면 백성들이 신뢰하게 될 것이다. 〔古註: 식량을 충분하게 마련하고, 국방력을 잘 갖추고, 백성들에게 신뢰를 받을 것이다〕"

子貢曰 必不得已而去인댄 於斯三者에 何先이릿고 曰 去兵이니라

자공왈 필부득이이거인댄 어사삼자에 하선이릿고 왈 거병이니라.

자공이 말하기를 "반드시 부득이해서 버린다고 한다면 이 세 가지 중에 무엇을 우선하시겠습니까?" 〈공자가〉 말씀하시기를 "병비(兵備)를 버리겠다. 〔반드시 부득이해서 이 세가지중에 버린다면 무엇을 우선하시겠습니까?〕"

子貢曰 必不得已而去인댄 於斯二者에 何先이릿고 曰 去食이니 自古 皆有死어니와 民無信이면 不立이니라.

자공왈 필부득이이거인댄 어사이자에 하선이릿고 왈 거식이니 자고 개유사어니와 민무신이면 불립이니라.

자공이 말하기를 "반드시 부득이해서 버려야 한다면 이 두 가지 가운데 무엇을 우선하시겠습니까?" 〈공자가〉 말씀하시기를 "식량을 버릴 것이니 예로부터 사람은 모두 죽음이 있었으나 백성들이 신뢰가 없으면 〈그 나라는〉 존립(存立) 되지 못한다.(지켜지지 못한다)"

※「足食 足兵이면 民 信之矣리라」가 원래의 구결인데 고주(古註)에는「足食 足兵하고 民 信之矣리라」로 세 가지로 나누었고,「必不得已而去인 댄 於斯三者에 何先이릿고」도「必不得已而去於斯三者 何先이릿고」로 두 가지로 구결을 붙인다. 맹자에「擇於斯二者(이 두 가지 중에 선택한다면)」의 문장과 같은 의미라는 것이다. 공자의 글을 가장 많이 따라온 사람이 맹자이다.

不立 : 나라가 존립되지 못함[不立之國]이다.

言 倉凜(?)實而武備修然後 敎化行而民信於我하여 不離叛也라.

창름(倉凜(?): 곡식을 저장하는 곳)에 곡식이 가득 차고 무비(武備: 국방력을 갖춘 것)가 잘 다스려진 연후에 교화가 행해져서 백성들이 나(爲政者: 정치를 하는 사람)를 믿어서 떠나가거나 배반하지 않게 된다고 말한 것이다.

爲政者 : 항상 위정(爲政)이라고 하면 君(임금)이고, 집정(執政)은 경대부(卿大夫), 종정(從政)은 대부(大夫)를 가리킨다.

言 食足而信孚면 則無兵而守固矣라.

식량이 충분하여서 〈임금과 백성의〉 신뢰가 깊으면 병비(兵備)가 없어도 나라를 지키는 것이 견고(堅固) 하다고 말한 것이다.

民無食必死라 然 死者는 人之所必不免이요 無信 則雖生而無以自立이니 不若死之爲安이라 故 寧死而不失信於民이요 使民亦寧死而不失信於我也라. 사람은 식량이 없으면 반드시 죽게 된다. 그러나 죽음은 사람이 반드시 면하지 못하는 것이고 〈사람이〉 신뢰가 없으면 비록 살아있다 해도 스스로 존립(存立) 되지 못하니 〈존립되지 못하면〉 죽는 것이 편안하게 되는 것만 못한 것이다. 그러므로 차라리 죽을지라도 백성들에게 신뢰를 잃지 않아야 되고 백성들로 하여금 차라리 죽을지라도 나(爲政者)를 신뢰하는 것을 잃지 않도록 만들어야 한다.

[章下註]

程子曰 孔門弟子善問하여 直窮到底하니 如此章者는 非子貢이면 不能問이요 非聖人이면 不能答也라.

정자(伊川)가 말하기를 공자 문하(門下)의 제자들은 질문을 잘해서 곧바로 궁구(窮究) 해서 밑바닥까지 이르게 하였으니 이장과 같은 것은 자공이 아니면 질문할 수 없고 성인이 아니면 대답하지 못하는 것이다.

愚는 謂 以人情而言이면 則兵食足而後에 吾之信 可以孚於民이요 以民德而言이

면 則信本人之所固有니 非兵食所得而先也라 是以로 爲政者 當身率其民하여 而以死守之요 不以危急而可棄也라.

내가(朱子) 생각건대 인정(人之常情)을 가지고 말한다면 병비(兵備)와 식량이 충분한 이후에 나(爲政者)의 신뢰가 백성들에게 믿어질 수 있고 사람의 덕성을 가지고 말한다면 신(信)은 본래 사람에게 고유한 것이니 병비와 식량이 우선될 수 있는 것이 아니다. 이 때문에 정사를 다스리는 사람(임금)은 마땅히 몸소 백성들에게 솔선하여서 죽음으로써 〈信을〉 지켜야 되고 위급하다는 이유로 〈신의(信義)를〉 버려서는 안 된다.

대학(大學)은 경(經), 전(傳) 10장으로 구성되어 있다.

제1장 경(經)

제2장 전(傳)

① 자신의 올바르고 밝은 덕을 밝힘 [明明德, 명명덕]

② 사람들을 올바로 이끌어 새롭게 함 [新民, 신민]

③ 지극히 훌륭한 경지에 놓이도록 처신함 [止於至善, 지어지선]

④ 근본과 말단 [本末, 본말]

⑤ 사물에 대하여 연구하여 앎에 이름 [格物致知, 격물치지]

⑥ 뜻을 정성스럽게 함 [誠意, 성의]

⑦ 마음을 바르게 함 [正心, 정심]

⑧ 자기 자신을 닦고 집안을 질서 있게 가지런히 함 [修身齊家, 수신제가]

⑨ 집안을 질서 있게 가지런히 하고 나라를 다스림 [齊家治國, 제가치국]

⑩ 나라를 다스리고 온 천하를 평화롭게 함 [治國平天下, 치국평천하]

참고 문헌

1. "국민안전의 디딤돌, 50년의 노력"(1964-2014)−대한산업안전협회
2. 고용노동부 백서 2018년 등
3. "고요할수록 밝아지는 것들", 혜민 스님, 수오서래
4. "논쟁으로 읽는 한국", 연세대학교 사회학과 김호기 교수 메디치 미디어
5. "다시 태어나면, 한국에서 살겠습니까?", 이재열 서울대 사회학과 교수 21세기북스
6. "대산 김석진 선생이 바라본 우리의 미래"(2009.02.01.)대유학당
7. "대학연의(大學衍義)", 진덕수(陳德秀, 1178~1235)송나라 대유학자, 김병섭 서울대 행정대학원 교수 편집, 서울대학교 출판문화원
8. "멈추면 비로소 보이는 것들", 혜민스님, 수오서래
9. "문재인정부 100대 국정과제"
10. "복잡성에 빠지다." 지용구 연세대 산업공학과 교수
11. "부의 탄생(The Birth of Plenty)", 윌리엄 번스타인, 시아출판사 2005.3.30
12. "4차 산업혁명 기업가 정신", 이민화 전 창조경제연구회 이사장
13. "4차 산업혁명의 시대, DT를 통한 기업혁신 전략", 김지현 SK경영연제연구소 연구위원
14. "소유냐? 존재냐?" 서울대 경영대학 안태식 교수
15. "새로운 문명의 축, 포노 사피엔스" 최재붕 성균관대학교 기계공학부 교수
16. "알기 쉬운 지속가능 발전목표" SDGs− KOICA
17. "일하는 사람의 행복 파트너", 제13대 이영순 이사장 3년의 기록(14.10~17.12) − 안전보건공단
18. "일에서의 자유"(2019 서울대 경영학과 강성추 교수)
19. "안전패러다임의 변화"(안전 Ⅰ→Ⅱ) KAIST 윤완철 교수
20. "우리의 미래", 김석진, 대유학당 2009.02
21. "위기의 시대, 경영의 길을 찾다!", 손길승 SKT명예회장
22. "이 폐허를 응시하라", 영국 사진작가 리에카 솔릿
23. "일본은 누구인가 : 근현대사 속의 일본", 박훈 서울대학교 동양사학과 교수
24. "제31회 국제산업보건대회 백서"−고용노동부, 안전보건공단
25. "전기안전공학", 1998년, 윤양배 외 5인
26. "제4차 산업혁명을 위한 대외혁신", 서울대 산업공학과 김태유 명예교수
27. "차미례의 발차기 도쿄올림픽과 방사능 오염"(내일신문)
28. "청백리 정신과 청렴 문화"(2017.04.07.), 청렴문화체험교육 교재 장성군 평생교육센터

29. "초격차와 일곱 현자의 표준신탁", 김상근 연세대학교 신과대학 교수
30. "초격차 권오현 쌤앤파커스"
31. "특수재난관리 정책방향", 유재욱 국장 행정안전부
32. "한국의 정책결정과정", 최종원 서울대 행정대학원 명예교수
33. "한일갈등의 안보적 합의", 구민교 서울대 행정대학원 교수
34. 현대제철 마이클슈볼 상무(안전기획실장), "Safety Managerment Cultural Difference)" 보고서, 2019.9.24.
35. Introduction to NFPA 850 : "미국발전소 및 고압변전소의 화재안전에 관한 설계", 운전, 및 방호에 대한 지침서
36. KS, JIS,ANSI, EU, ISO,IEC규격
37. "Launch of the second UNFSS report on Voluntary Sustainability Standards and the Role of the Government-ISO"
38. Mark upton, 2015, "that is social value?"
39. "OECD Reviews of Regulatory Reform, Published by OECD in 2010"
40. "Risk Based Regulation(RBR)", 위험통제학회
41. "SDG compass 지속가능발전목표(SDGs)에 관한 기업 행동 지침"-UN, GRI
42. "Smart Made Easy for CEOs 포스코", ICT 최두환 대표
43. "Stratefic Talent Management", 서울대 경영대학 김성수교수
44. "The role of statistics in achieving the Sustainable Development Goals(SDGs)-ILO"
45. "The Swiss Cgeese Model", 영국심리학자 James Reason
46. "UN 지속가능 발전 목표"–환경부
47. 고용노동부 홈페이지(http://moel.go.kr/)
48. 기술사인증원 김연성 홈페이지(http://www.spec.co.kr/)
49. 대한산업안전협회 홈페이지(http://www.safety.or.kr/)
50. 미국원자력 규제위원회(NRC)홈페이지(https://www.nrc.gov)
51. 한국민족문화대백과사전(https://encykorea.aks.ac.kr/)
52. DAUM 홈페이지(https://www.daum.net/)
53. GOOGLE 홈페이지(https://www.google.co.kr/)
54. ILO 홈페이지(https://www.ilo.org)
55. KOSHA18001등 KOSHA홈페이지(https://www.kosha.or.kr/)
56. NAVER 홈페이지(https://www.naver.com/)

4차 산업혁명 시대에 안전보건문화
수준 향상 위한 혁명을 어떻게 할 것인가?

안전문화 혁명

1판1쇄 | 2019년 11월 25일

지은이 | 윤 양 배
(사) 대한산업안전협회 회장

펴낸이 | 주 병 오

발행처 | ㈜지구문화 JIGU CULTURE Co.Ltd

출판등록 | 1979년 7월 13일
등록번호 | 제9-57호
주소 | 경기도 파주시 회동길 209
파주출판도시
전화 | (031) 955－7566 · 7577
FAX | (031) 955－7730

값 25,000원

ISBN 978-89-7006-862-6